CSS 预定义颜色

由于早期的浏览器只支持 16 色，所以最早只有 16 种预定义颜色，随着计算机技术的发展，现代浏览器可以支持更多的颜色了，因此预定义颜色也随之增加到 140 多种。

16 种预定义颜色如表 1 所示。

表 1

颜 色 名	十六进制颜色值	颜 色
Black	#000000	
Navy	#000080	
Blue	#0000FF	
Fuchsia	#FF00FF	
Green	#008000	
Teal	#008080	
Lime	#00FF00	
Aqua	#00FFFF	
Maroon	#800000	
Purple	#800080	
Olive	#808000	
Gray	#808080	
Silver	#C0C0C0	
Red	#FF0000	
Yellow	#FFFF00	
White	#FFFFFF	

全部预定义颜色如表 2 所示。

表 2

颜 色 名	十六进制颜色值	颜 色
AliceBlue	#F0F8FF	
AntiqueWhite	#FAEBD7	

续表

颜 色 名	十六进制颜色值	颜 色
Aqua	#00FFFF	
Aquamarine	#7FFFD4	
Azure	#F0FFFF	
Beige	#F5F5DC	
Bisque	#FFE4C4	
Black	#000000	
BlanchedAlmond	#FFEBCD	
Blue	#0000FF	
BlueViolet	#8A2BE2	
Brown	#A52A2A	
BurlyWood	#DEB887	
CadetBlue	#5F9EA0	
Chartreuse	#7FFF00	
Chocolate	#D2691E	
Coral	#FF7F50	
CornflowerBlue	#6495ED	
Cornsilk	#FFF8DC	
Crimson	#DC143C	
Cyan	#00FFFF	
DarkBlue	#00008B	
DarkCyan	#008B8B	
DarkGoldenRod	#B8860B	
DarkGray	#A9A9A9	
DarkGreen	#006400	
DarkKhaki	#BDB76B	
DarkMagenta	#8B008B	
DarkOliveGreen	#556B2F	
Darkorange	#FF8C00	
DarkOrchid	#9932CC	
DarkRed	#8B0000	
DarkSalmon	#E9967A	
DarkSeaGreen	#8FBC8F	
DarkSlateBlue	#483D8B	

续表

颜 色 名	十六进制颜色值	颜 色
DarkSlateGray	#2F4F4F	
DarkTurquoise	#00CED1	
DarkViolet	#9400D3	
DeepPink	#FF1493	
DeepSkyBlue	#00BFFF	
DimGray	#696969	
DodgerBlue	#1E90FF	
Feldspar	#D19275	
FireBrick	#B22222	
FloralWhite	#FFFAF0	
ForestGreen	#228B22	
Fuchsia	#FF00FF	
Gainsboro	#DCDCDC	
GhostWhite	#F8F8FF	
Gold	#FFD700	
GoldenRod	#DAA520	
Gray	#808080	
Green	#008000	
GreenYellow	#ADFF2F	
HoneyDew	#F0FFF0	
HotPink	#FF69B4	
IndianRed	#CD5C5C	
Indigo	#4B0082	
Ivory	#FFFFF0	
Khaki	#F0E68C	
Lavender	#E6E6FA	
LavenderBlush	#FFF0F5	
LawnGreen	#7CFC00	
LemonChiffon	#FFFACD	
LightBlue	#ADD8E6	
LightCoral	#F08080	
LightCyan	#E0FFFF	
LightGoldenRodYellow	#FAFAD2	

续表

颜 色 名	十六进制颜色值	颜 色
LightGrey	#D3D3D3	
LightGreen	#90EE90	
LightPink	#FFB6C1	
LightSalmon	#FFA07A	
LightSeaGreen	#20B2AA	
LightSkyBlue	#87CEFA	
LightSlateBlue	#8470FF	
LightSlateGray	#778899	
LightSteelBlue	#B0C4DE	
LightYellow	#FFFFE0	
Lime	#00FF00	
LimeGreen	#32CD32	
Linen	#FAF0E6	
Magenta	#FF00FF	
Maroon	#800000	
MediumAquaMarine	#66CDAA	
MediumBlue	#0000CD	
MediumOrchid	#BA55D3	
MediumPurple	#9370D8	
MediumSeaGreen	#3CB371	
MediumSlateBlue	#7B68EE	
MediumSpringGreen	#00FA9A	
MediumTurquoise	#48D1CC	
MediumVioletRed	#C71585	
MidnightBlue	#191970	
MintCream	#F5FFFA	
MistyRose	#FFE4E1	
Moccasin	#FFE4B5	
NavajoWhite	#FFDEAD	
Navy	#000080	
OldLace	#FDF5E6	
Olive	#808000	
OliveDrab	#6B8E23	

续表

颜　色　名	十六进制颜色值	颜　　色
Orange	#FFA500	
OrangeRed	#FF4500	
Orchid	#DA70D6	
PaleGoldenRod	#EEE8AA	
PaleGreen	#98FB98	
PaleTurquoise	#AFEEEE	
PaleVioletRed	#D87093	
PapayaWhip	#FFEFD5	
PeachPuff	#FFDAB9	
Peru	#CD853F	
Pink	#FFC0CB	
Plum	#DDA0DD	
PowderBlue	#B0E0E6	
Purple	#800080	
Red	#FF0000	
RosyBrown	#BC8F8F	
RoyalBlue	#4169E1	
SaddleBrown	#8B4513	
Salmon	#FA8072	
SandyBrown	#F4A460	
SeaGreen	#2E8B57	
SeaShell	#FFF5EE	
Sienna	#A0522D	
Silver	#C0C0C0	
SkyBlue	#87CEEB	
SlateBlue	#6A5ACD	
SlateGray	#708090	
Snow	#FFFAFA	
SpringGreen	#00FF7F	
SteelBlue	#4682B4	
Tan	#D2B48C	
Teal	#008080	
Thistle	#D8BFD8	

续表

颜　色　名	十六进制颜色值	颜　　色
Tomato	#FF6347	
Turquoise	#40E0D0	
Violet	#EE82EE	
VioletRed	#D02090	
Wheat	#F5DEB3	
White	#FFFFFF	
WhiteSmoke	#F5F5F5	
Yellow	#FFFF00	
YellowGreen	#9ACD32	

Django 2.0 Reference

Django 2.0

入门与实践

李健◎编著

清华大学出版社
北京

内容简介

本书从Web开发初学者的角度出发，循序渐进地讲解Django的相关技术，包括Python语言入门知识、Web相关基础技术，如HTML、CSS、JavaScript，通过本书前两部分的学习，读者可以基本掌握Python语言的应用以及Web相关技术。最后在Django讲解部分针对每一项技术点都编写了实例代码，通过理论与实践相结合的方式对Django开发框架进行讲解。本书内容由浅入深详尽地讲解Django框架的各项知识点，使任何层级的读者都能从中受益；每个技术点都有示例代码，以理论与实践相结合的方式使读者快速理解Django框架；包含基本Web技术介绍，是一本非常适合读者的工具书。

本书可供Web开发初中级读者以及希望使用Python作为编程语言的软件开发工程师参考。

图书在版编目(CIP)数据

Django 2.0入门与实践 / 李健编著. —北京：清华大学出版社，2019
ISBN 978-7-302-51355-1

Ⅰ. ① D… Ⅱ. ①李… Ⅲ. ①软件工具—程序设计 Ⅳ. ① TP311.561

中国版本图书馆CIP数据核字（2018）第229099号

责任编辑：秦 健 薛 阳
封面设计：李召霞
责任校对：徐俊伟
责任印制：李红英

出版发行：清华大学出版社
网 址：http://www.tup.com.cn，http://www.wqbook.com
地 址：北京清华大学学研大厦A座 邮 编：100084
社 总 机：010-62770175 邮 购：010-62786544
投稿与读者服务：010-62776969，c-service@tup.tsinghua.edu.cn
质 量 反 馈：010-62772015，zhiliang@tup.tsinghua.edu.cn
印 装 者：清华大学印刷厂
经 销：全国新华书店
开 本：186mm × 240mm **印 张**：22.5 **插 页**：3 **字 数**：468千字
版 次：2019年1月第1版 **印 次**：2019年1月第1次印刷
印 数：1 ~ 2500
定 价：79.00元

产品编号：079828-01

Foreword 前　言

写作本书的初衷

不知不觉间我已经大学毕业快十年了，从刚毕业踏入软件开发行列算起，大大小小的项目也参与或主导了不少，从最开始的职场新人到能够指导别人做项目，这期间经历了太多事情，也有过太多的曲折。

生活中经历过的每一家公司、合作过的每一个同事都给予我不同的成长经验。作为一名标准的程序员，我也有过加班熬夜只为了解决一个技术问题的狂热，我也会接一些私活而不是为了能够挣多少钱，只为了多一些提升自身技术水平的机会。记得刚毕业的时候，我经常去 51aspx、蓝色理想论坛等下载源码，把它们一一看透并用自己的方式实现。当我还沉浸在这种技术学习方式的时候，老同事贺春波的一句话如当头棒喝一样使我为自己定下一个新的目标，那就是要做出一款自己的产品或出版一本自己的书。记得当时我们聊到软件开发的时候，我说："我正在开发一个 Web 应用框架，希望这个框架能够做到尽可能通用，这样当我再接私活的时候就可以不用再做很多重复的工作了。"贺春波说："框架是一个很好的东西，很多开发人员都会做，也都做过，但是真正能做出来的人很少，这也是很多开发人员的通病：做事不能坚持。"当时我就在想，是呀，我都已经为自己定过多少个目标了？单就开发 Web 应用框架这一件事情，我就做了好几次，每次都是做一点就放弃了。难道当我工作很多年之后，回忆自己的成长历程时，留下的记忆只能是那些做了一半的半成品吗？难道就像那个笑话说的：本人能够熟练书写 JavaScript、C++、Java、C# 吗？

在我的内心中一直有两个目标：开发一款个人应用和出版一本个人书籍。这两件事情对我来说都不简单，开发应用程序一定要有真实的使用场景，能够为具体人群解决实际问题，也正因为如此，这件事情迟迟没有开始。第二件事情相对简单多了，每一个开发人员都曾学习过很多种技术，每一种技术又有很多细分领域。这些细分领域的学习过程就是从陌生到熟练的过程，每一个感悟都是后来者的宝贵经验，而这些细分领域往往又缺少足够的中文资料，如果我能够把自己的学习历程记录下来，一定能够为后来者提供帮助与借鉴。

再者，开发人员的一个通病就是碎片化学习，尤其是当前知识大爆炸的时代，可以通过很多途径学习知识，例如网络论坛、技术大牛的个人博客、头条推送的技术文章等。通过这种途径所学习到的知识都是零散的，以此不能使我们成为技术大牛。我也有成为技术大牛的梦想，但是一直以来浑浑噩噩，直到开始学习 Django，我想是时候完成自己的一个小目标了，这就是把我的学习经历记录下来，汇总成一本书，使每一位新接触 Django 的人都能从我的书中得到帮助，同时通过系统的学习使我本人能够更深入地理解 Django。

读者对象

- Django 框架的使用者和爱好者；
- 初级 Web 开发爱好者；
- Python 开发人员以及运维人员；
- 大中专院校学生。

如何阅读本书

按照循序渐进的学习方法，本书共分为三部分：

第一部分为 Python 基础，简单介绍 Python 语言的特性并给出相应的代码示例，非常适合初学者或者没有 Python 语言开发基础的读者入门学习。

第二部分为 Web 编程基础，这部分包含 HTML 基础、CSS 基础、JavaScript 基础和 MySQL 基础等，通过学习这部分内容，可以使读者整体了解 Web 开发技术。

第三部分为 Django 框架，详细介绍 Django 框架的具体内容，针对每一个知识点都给出具体代码示例，可以使读者快速认识 Django。

本书各部分相对独立，如果读者非常了解 Python 语言或者 Web 编程基础，那么可以跳过第一部分或第二部分，直接开始第三部分 Django 框架的学习，但是前两部分仍然可以作为工具使用。对于 Python 语言的初学者或者 Web 开发初学者，强烈建议从第 1 章开始学习，并跟随本书完成全部示例代码。

致谢

从开始着手写书到完成，差不多过去了半年时间，回顾这半年的经历真的是感慨万千，很难想象我居然能够坚持下来，这半年中很多个夜晚都是在调试代码中度过的，对于书中的每一个示例都要保证能够调试通过，这真的不是一件简单的事情，还好最终坚持了下来。忆苦思甜的同时还要感谢以下单位以及个人对我的帮助。

首先，要感谢的就是清华大学出版社，是他们给了我这个机会，接收我的作品，并以严谨的态度为我进行审稿排版，使本书能够以更高的质量呈现在读者面前，感谢每一位编辑老师在本书出版过程中的辛勤付出。

其次，要感谢我的大学：北京建筑工程学院，现在的北京建筑大学。虽然她不是一所重点大学，但是学校中的很多老师都给过我热心的帮助，使我能够顺利完成学业。这其中要着重感谢几位老师，他们是：翟伟老师、詹宏伟老师、田芳老师、张翰涛老师和魏楚元老师。他们在我心中永远是最优秀的人民教师。

另外，还要感谢我的研究生院校：北京大学医学部。北京大学医学部虽然不是一所计算机类院校，同时在学校的学习过程中也没能在计算机技能方面给予我任何帮助，但是通过在这里的学习加强了我做学问的严谨性，使我能够严格约束自己，这在写作本书的过程中得到了体现。每当我坚持不下去的时候，都能想到我的导师简伟研老师的教导，非常感谢他。

还要感谢工作中的同事和领导，如第一家公司的直接领导李子佳经理。李子佳是我毕业后参加的第一份工作的直接领导。那个时候的我可以说是一张白纸，技术功底欠缺，在李子佳以及其他同事的帮助下，我的技术水平得到快速提升，这也为我后来的发展打下了坚实的基础。还要感谢现在的公司亚帝文软件（北京）有限公司，这是一家开放友好的技术公司，公司中有很多技术高手，在这里我得到了很多学习机会。

最后要感谢 Django 项目组、W3School、runoob.com 以及众多的国内技术论坛为我完成本书提供了大量素材。

谨以此书献给我最爱的家人、朋友，以及广大 Django 爱好者！

李健

Contents 目　录

第一部分　Python 基础

第三部分 Django 框架

第一部分

Python 基础

第 1 章

Python 入门

本章通过介绍 Python 语言的基础知识并结合恰当的代码示例，使读者快速掌握 Python 语言，为后面学习 Django 开发打下基础。本章内容仅包含 Python 语言最基本的概念和用法，适用于 Python 初学者，对于具有丰富经验的 Python 开发人员来说可以跳过本章内容，但是仍然可以将本章内容当作工具字典来使用。本章主要内容：Python 语言的历史、变量、运算符、流程控制语句、函数、异常处理、面向对象概念。

1.1 Python 简介

Python 是目前最流行的一门软件编程语言。随着大数据、人工智能等新兴领域的发展，越来越多的程序员开始关注和使用 Python 语言。

根据最新的 IEEE Spectrum 编程语言排行显示，Python 一举超越 C、C++、Java、JavaScript、C# 等老牌编程语言成为 2017 年最受欢迎的编程语言，如图 1-1 所示。

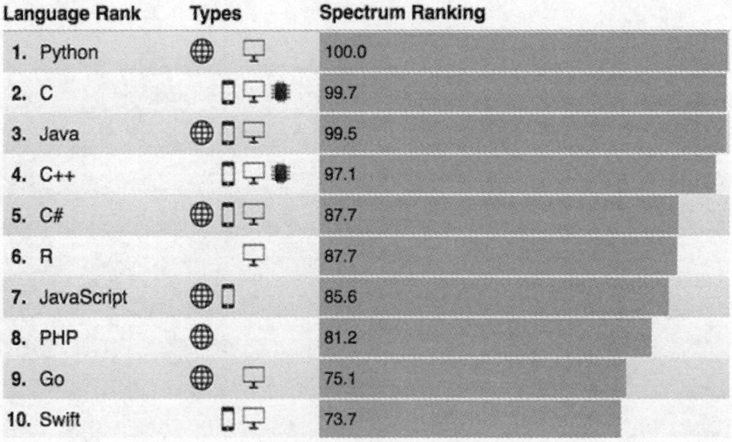

Language Rank	Types	Spectrum Ranking
1. Python		100.0
2. C		99.7
3. Java		99.5
4. C++		97.1
5. C#		87.7
6. R		87.7
7. JavaScript		85.6
8. PHP		81.2
9. Go		75.1
10. Swift		73.7

图 1-1

截至 2017 年 10 月，最新的 Python 发布版本分别是 Python 2.7.14 和 Python 3.6.3，而

Python 2.x 版本将逐渐被 Python 3.x 版本所替代，Python 3.x 才是 Python 的未来趋势。

Python 2.x 的最终版本是 Python 2.7。它发布于 2010 年，之后将不会继续推出 Python 2.x 的主版本了。Python 3.0 最早发布于 2008 年，经过 5 年以上的发展，已经推出了很多稳定版本，包括 2012 年的 Python 3.3 版、2014 年的 Python 3.4 版、2015 年的 Python 3.5 版以及 2016 年的 Python 3.6 版。Python 3.x 版本已经成为 Python 未来的发展趋势，Python 3.6 已经能够完美支持所有 Python 包，尤其是部分 Python 包仅支持 Python 3.x 版本。

除特殊说明外，本书全部示例代码均基于 Python 3.6.3。

1.2 Python 开发环境搭建

Python 下载地址为 https://www.python.org/downloads/，如图 1-2 所示。

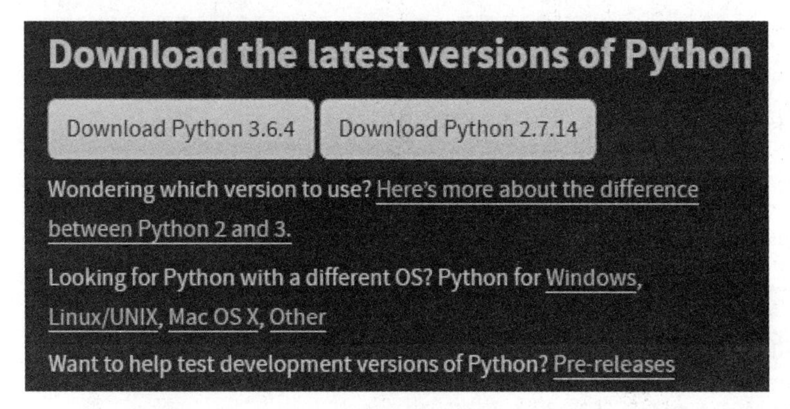

图 1-2

用户可以根据自身操作系统选择不同的安装方式。为了照顾大多数读者，本书采用 Windows 平台作为演示系统。

1.2.1　在 Linux 系统中搭建 Python 开发环境

由于现在大多数 Linux 操作系统所自带的 Python 版本都比较旧，因此需要查看已有 Python 版本，对旧版本进行升级，使用以下命令查看 Python 版本：

```
# python --version
```

在 Linux 终端执行以下命令安装最新版本的 Python 可能的依赖包：

```
# yum install openssl-devel bzip2-devel expat-devel gdbm-devel readline-devel sqlite-devel
```

安装结束后如图 1-3 所示。

```
Installed:
  bzip2-devel.x86_64 0:1.0.5-7.el6_0 expat-devel.x86_64 0:2.0.1-13.el6_8    gdbm-devel.x86_64 0:1.8.0-39.el6 openssl-devel.x86_64 0:1.0.1e-57.el6
  readline-devel.x86_64 0:6.0-4.el6  sqlite-devel.x86_64 0:3.6.20-1.el6_7.2

Dependency Installed:
  keyutils-libs-devel.x86_64 0:1.4-5.el6          krb5-devel.x86_64 0:1.10.3-65.el6            libcom_err-devel.x86_64 0:1.41.12-23.el6
  libkadm5.x86_64 0:1.10.3-65.el6                 libselinux-devel.x86_64 0:2.0.94-7.el6       libsepol-devel.x86_64 0:2.0.41-4.el6
  ncurses-devel.x86_64 0:5.7-4.20090207.el6       zlib-devel.x86_64 0:1.2.3-29.el6

Dependency Updated:
  e2fsprogs.x86_64 0:1.41.12-23.el6               e2fsprogs-libs.x86_64 0:1.41.12-23.el6        expat.x86_64 0:2.0.1-13.el6_8
  gdbm.x86_64 0:1.8.0-39.el6                      keyutils-libs.x86_64 0:1.4-5.el6              krb5-libs.x86_64 0:1.10.3-65.el6
  libcom_err.x86_64 0:1.41.12-23.el6              libselinux.x86_64 0:2.0.94-7.el6              libselinux-python.x86_64 0:2.0.94-7.el6
  libselinux-utils.x86_64 0:2.0.94-7.el6          libss.x86_64 0:1.41.12-23.el6                 ncurses-base.x86_64 0:5.7-4.20090207.el6
  ncurses-libs.x86_64 0:5.7-4.20090207.el6        openssl.x86_64 0:1.0.1e-57.el6                sqlite.x86_64 0:3.6.20-1.el6_7.2

Complete!
[root@CentOS ~]#
```

图 1-3

执行以下命令下载 Python 安装包：

```
# wget https://www.python.org/ftp/python/3.6.4/Python-3.6.4.tgz
# tar vxf Python-3.6.4.tgz
# cd Python-3.6.4
# ./configure --enable-shared --prefix=/usr/local CFLAGS=-fPIC --enable-shared
# make && make install
```

安装结束，执行以下命令，建立软连接：

```
# ln -s /usr/local/bin/python3/usr/bin/python
```

如果提示 Python 文件已经存在，需要使用以下命令删除它：

```
Rm -rf /usr/bin/python
```

检查 Python 版本：

```
[root@localhost ~]# python --version
Python 3.6.4
[root@localhost ~]#
```

至此 Python 3 安装完成。

1.2.2 在 Windows 系统中搭建 Python 开发环境

首先下载 Python 安装包，右击安装包文件，选择"以管理员身份运行"。进入 Python 安装向导，推荐自定义安装路径并勾选下面两个复选框，如图 1-4 所示。

Install launcher for all users：允许所有登录本机的用户使用 Python。

Add Python 3.6 to PATH：将 Python 添加到系统环境变量，方便以后调用 Python。如果不勾选此项，将来使用 Python 时需要填写 Python 的全路径。

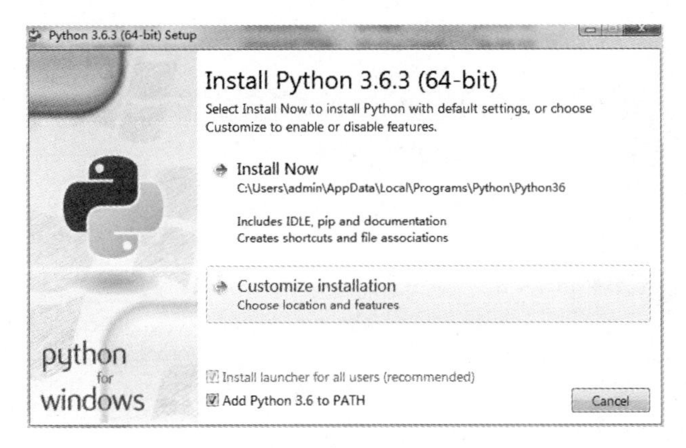

图 1-4

单击 Customize installation，选择安装路径以及安装组件，如图 1-5 所示。

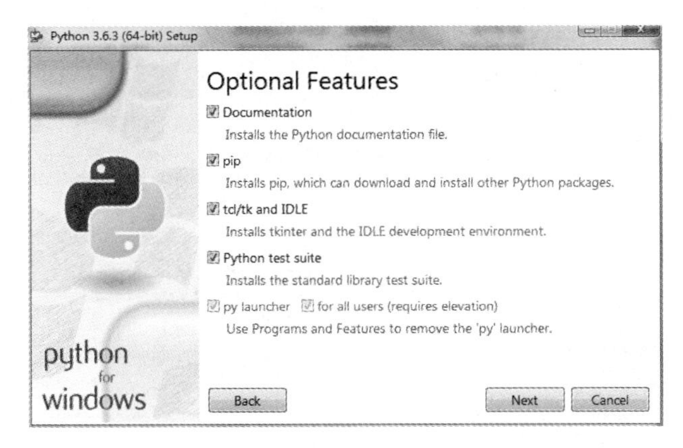

图 1-5

单击 Next 按钮，按照图 1-6 设置，并选择 Python 安装路径。

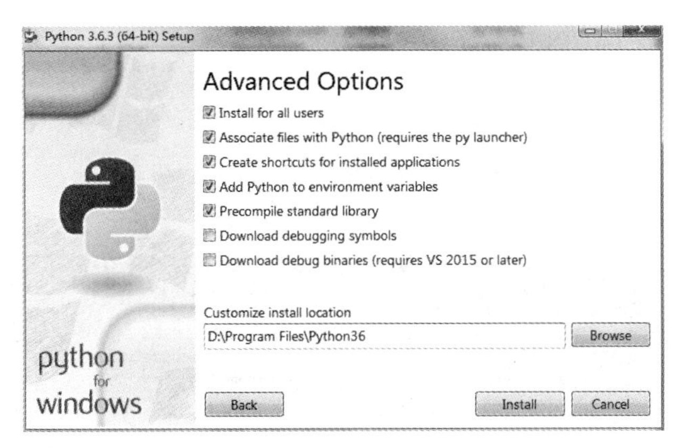

图 1-6

单击 Install 按钮开始安装，如图 1-7 所示。

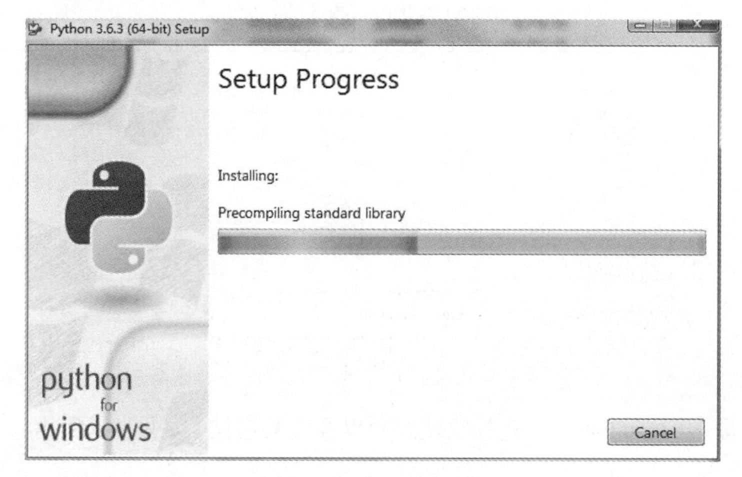

图 1-7

安装结束，如图 1-8 所示。

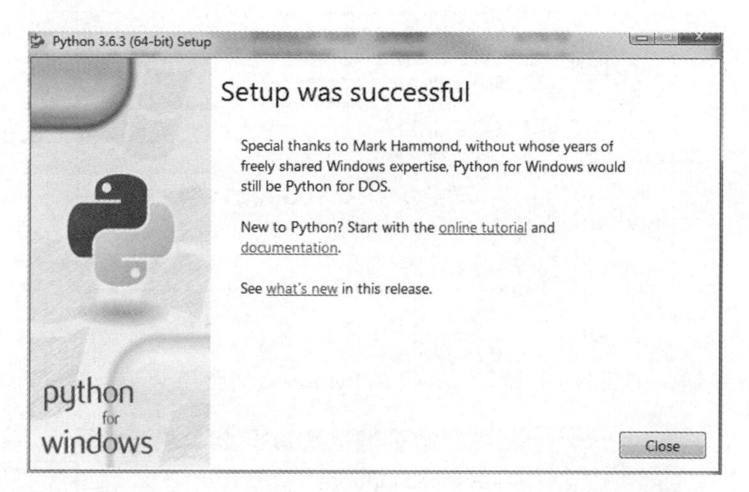

图 1-8

打开命令行工具验证 Python 是否安装成功，如图 1-9 所示。

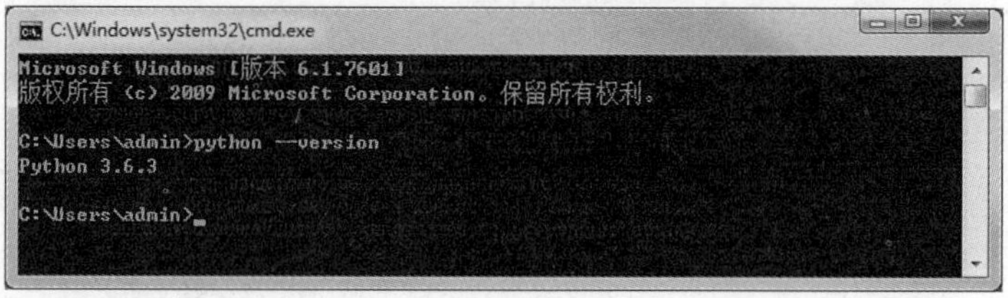

```
C:\Windows\system32\cmd.exe
Microsoft Windows [版本 6.1.7601]
版权所有 (c) 2009 Microsoft Corporation。保留所有权利。

C:\Users\admin>python --version
Python 3.6.3

C:\Users\admin>_
```

图 1-9

1.2.3　在 Mac OS 系统中搭建 Python 开发环境

登录 Python 官网下载最新版本的安装包。

下载完成，双击安装文件进行安装，如图 1-10 所示。

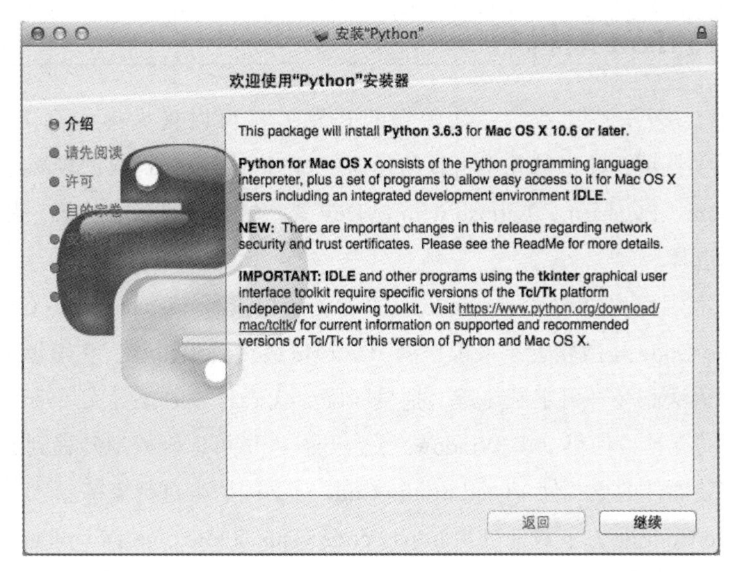

图 1-10

安装结束，如图 1-11 所示。

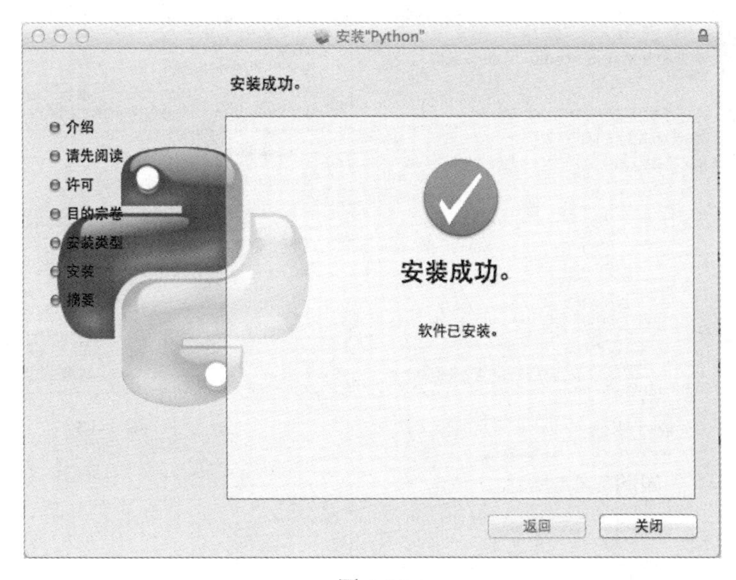

图 1-11

验证 Python，可以使用如下命令：

```
$ python3 --version
Python 3.6.4
```

1.3 选择 Python 编辑器

工欲善其事，必先利其器。一款优秀的开发工具可以极大地提高工作效率，由于 Python 语言的脚本特性，使得其几乎可以用任何工具进行开发。目前比较流行的开发工具有 Sublime Text、Vim、PyCharm、Eclipse with PyDev 等，这些工具各有优势，开发人员可以根据个人喜好进行选择。

由于本书所有示例代码均基于 Windows 平台，所以选择 Visual Studio Code 进行代码编写。Visual Studio Code 是微软近年来推出的一款轻量级代码编辑器，它继承了 Visual Studio 的很多优点，如语法高亮、可定制热键、括号匹配、代码片段收集等实用功能，同时又提供了对 Linux 平台的支持，使得众多 Windows 平台开发人员可以轻松地转移到 Linux 平台，此外还可以通过安装插件的方式使 Visual Studio Code 对不同语言进行支持。

Visual Studio Code 官方下载地址为 https://code.visualstudio.com/Download。

下载安装，如图 1-12 所示。

接受许可协议，如图 1-13 所示。

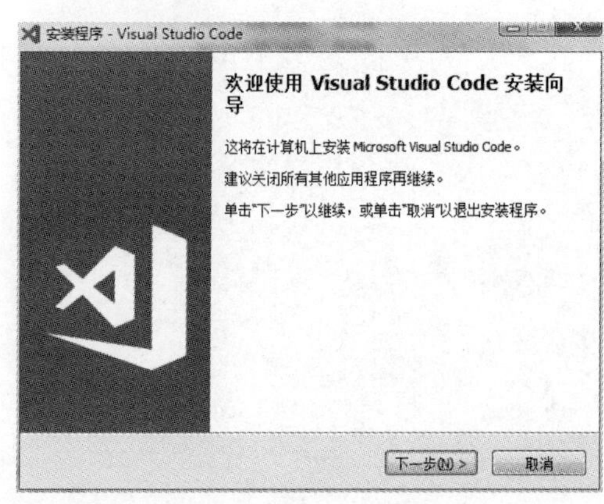

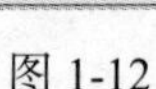
图 1-12

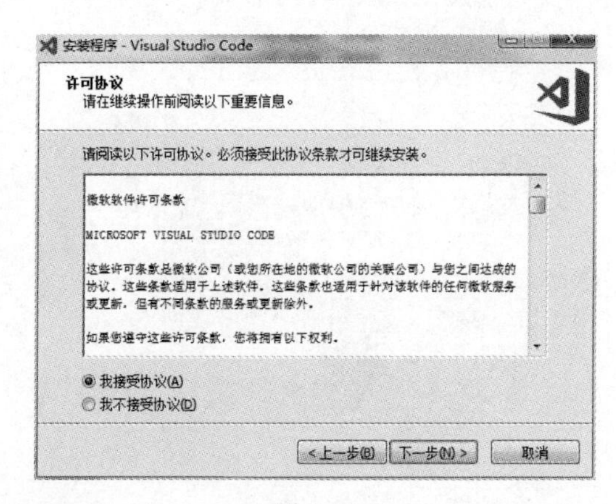

图 1-13

选择安装路径，如图 1-14 所示。

选择开始菜单，如图 1-15 所示。

根据个人喜好选择其他设置，如图 1-16 所示。

准备就绪，如图 1-17 所示。

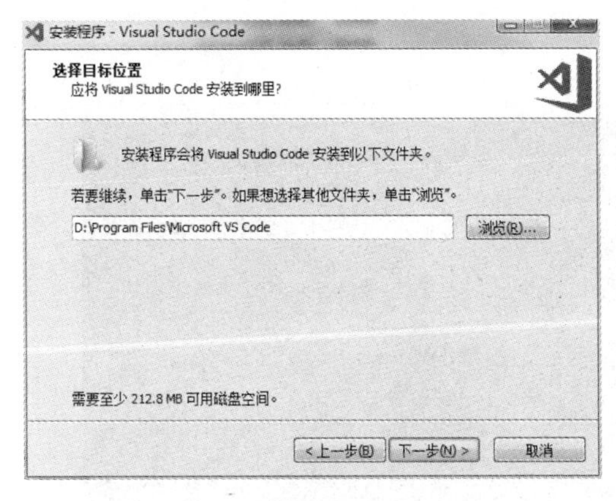

图 1-14

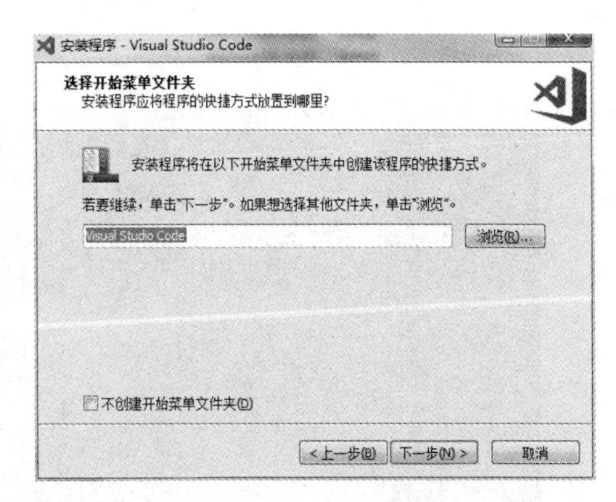

图 1-15

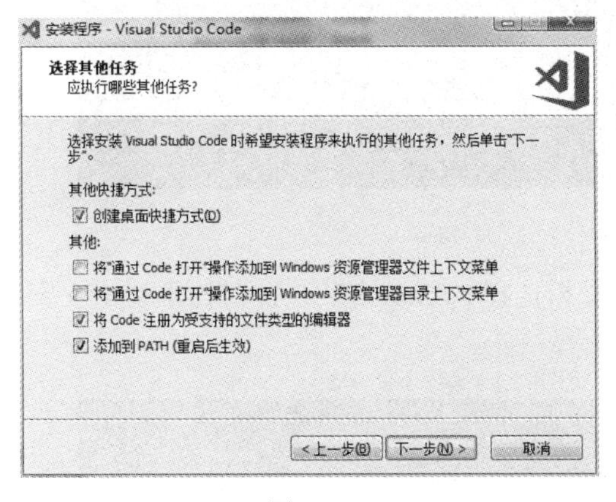

图 1-16

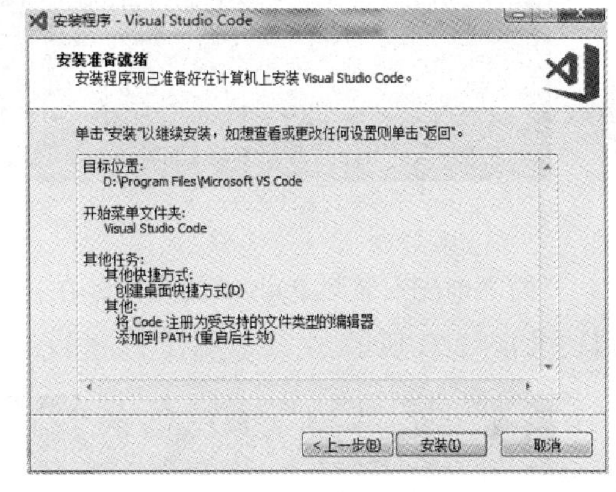

图 1-17

等待安装结束，如图 1-18 所示。

安装结束，如图 1-19 所示。

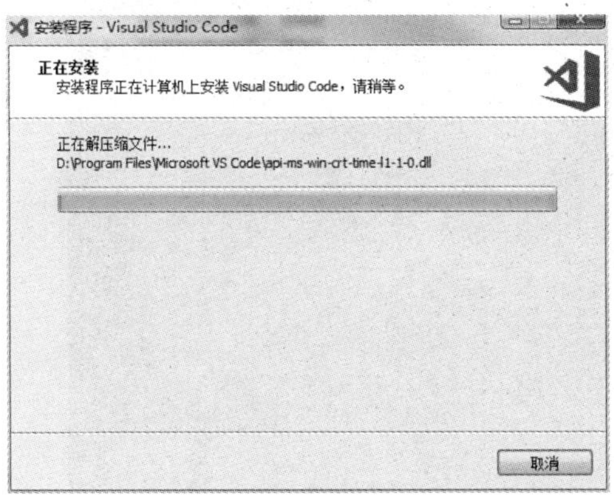

图 1-18

图 1-19

首次打开 VS Code，如图 1-20 所示。

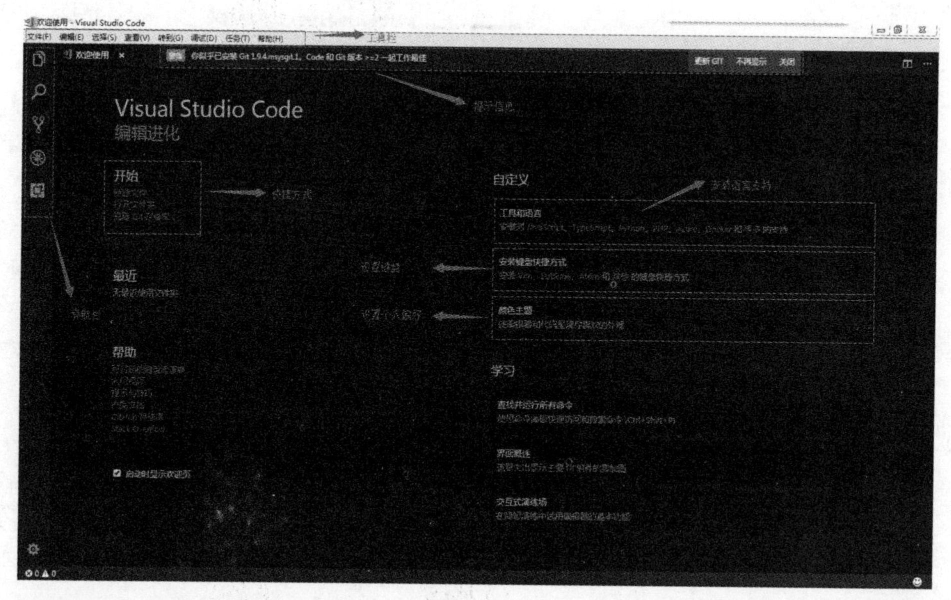

图 1-20

开始之前先安装对 Python 的支持，在自定义栏选择 Python 安装，此时提示栏出现安装确认，如图 1-21 所示。

图 1-21

单击“确定”按钮开始安装。

安装结束，单击左侧导航栏中的“扩展”按钮，查看已安装插件，如图 1-22 所示。

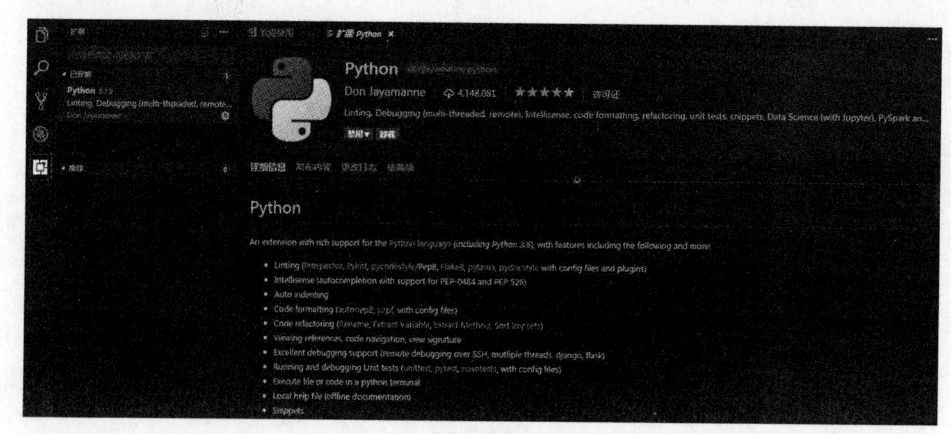

图 1-22

创建一个 Python 文件，用 VS Code 打开该文件所属文件夹，单击“调试”菜单，在该文件夹下会自动生成一个 .vscode 文件夹，其中包括一个 launch.json 文件，该文件记录了 Python 相关的配置信息，如图 1-23 所示。

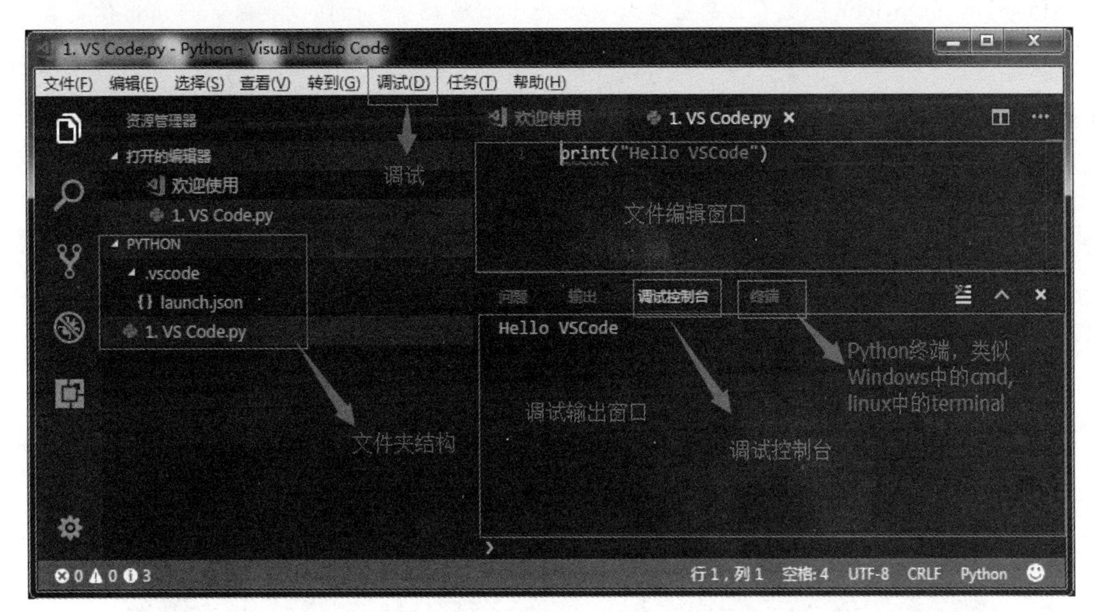

图 1-23

到目前为止，Python 开发环境已经配置完成。

1.4 Hello World 程序

前面我们已经开发了第一个 Python 脚本，本节通过开发一个 Hello Word 程序简单讲解 Python 开发的注意事项。

1.4.1 Linux 系统的支持

由于 Python 是一门跨平台的编程语言，我们所开发的程序最终很可能会被部署到 Linux 系统上，所以在开发过程中一定要考虑对 Linux 的支持。在 Python 脚本的首行需要添加 Python 解释器。该解释器在 Windows 系统中不会起任何作用，但是在 Linux 系统中，执行 Python 脚本的时候会调用该解释器执行脚本。解释器代码如下：

```
#!/usr/bin/python 或者 #!/usr/bin/env python
```

提示

#!/usr/bin/python 是解释器的绝对路径，当 Python 没有安装在该路径时解释器失效。#!/usr/bin/env python 通过系统路径自动查找 Python 解释器，因此需要保证 Python 的安装路径已经在系统路径中了。

1.4.2 非英文字符的支持

对于非英语区的开发人员来说，字符集是一个重要问题，在代码中紧跟 Python 解释器后，一定要添加对其他语言的支持，下面是对 utf-8 字符集（包含简体中文）的支持：

```
# -*- coding: UTF-8 -*- 或者 #coding=utf-8
```

以上讲解了 Python 脚本的注意事项，下面开始编写“ Hello Word! ”程序，如图 1-24 所示。

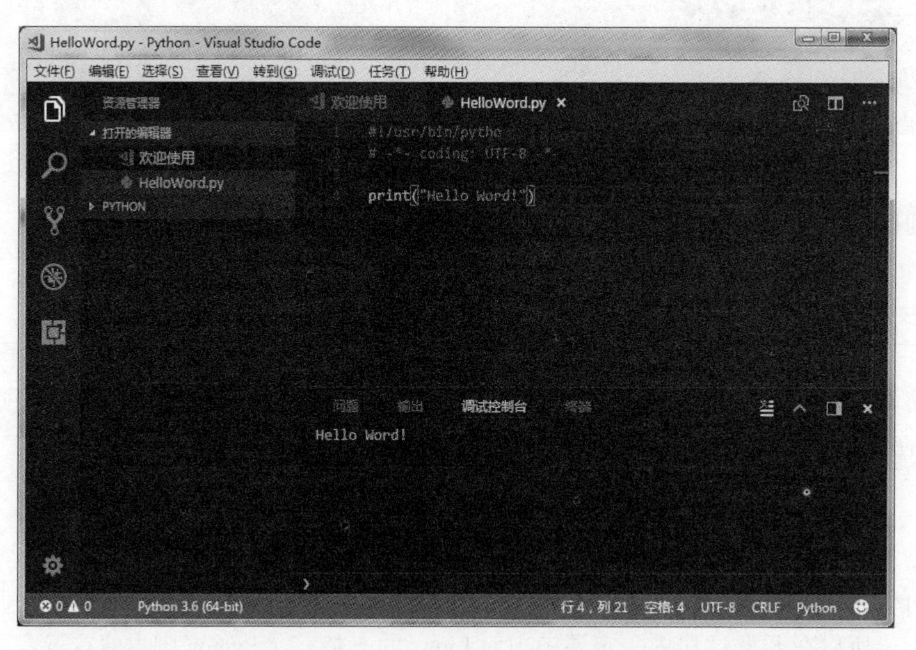

图 1-24

第 2 章
Python 变量及数据类型

2.1 变量的命名

变量（variable）在 Python 中代表某一个对象的名字，如：

```
>>> x = 3
```

那么 x 就是一个变量，它所对应的值就是 3，这样的操作叫作赋值。

注意

在 Python 中变量名可以包含字母、数字和下画线（_）。变量名不能以数字开头，所以 name、_age、time1 都是合法的 Python 变量，但是 1length、max%number 都是非法变量。

2.2 String 类型

1. 定义

String 类型就是字符串，用来存储一段文字。Python 中将一段文字放在单引号、双引号或者三引号中即表示一个字符串，如图 2-1 所示。

2. 特殊字符的处理

有时在字符串中会出现单引号或者双引号，此时我们需要对其进行处理，处理方式有以下两种。

方法一：对字符串中出现的特殊字符进行转义，就是告诉 Python 解释器当前的字符均为普通字符，不做特殊处理，Python 中的转义符为反斜线（\），如图 2-2 所示。

输出结果：

```
>>> Let's learn Python
```

```
a = 'Hello Word!'
b = "I love Python"
c = """Python is perfect"""
```

图 2-1

```
learn = 'Let\'s learn Python'
print(learn)
```

图 2-2

方法二：通过引号的嵌套解决字符串中的引号问题，如图 2-3 所示。

输出结果：

```
>>> Let's learn Python
```

3. 访问字符串中的字符

在 Python 中字符串存储在一个以 0 开始、使用整数索引的字符串序列中，所以要取得某一个字符可以使用索引值，如图 2-4 所示。

```
learn = "Let\'s learn Python"
print(learn)
```

图 2-3

```
learn = "Let\'s learn Python"
print(learn[0])
print(learn[3])
print(learn[5])
```

图 2-4

分别输出：

```
>>> L
>>> '
>>> []
```

4. 字符串运算

拼接字符串，如图 2-5 所示。

输出：

```
>>> Helloword
```

重复输出字符串，如图 2-6 所示。

```
hello = "Hello"
word = "word"
print(hello + word)
```

图 2-5

```
hello = "Hello"
print(hello * 3)
```

图 2-6

输出：

```
>>> HelloHelloHello
```

5. 格式化字符串

格式化输出字符串。通常用来将一个值插入到字符串中，如图 2-7 所示。

输出：

```
>>> Hello word!
```

Python 不仅可以将一个字符串插入到另一个字符串中，还可以通过格式化符号进行更复杂的操作，如表 2-1 所示。

表 2-1

符　　号	作　　用
%c	格式化字符及其 ASCII 码
%s	格式化字符串
%d	格式化整数
%u	格式化无符号整数
%o	格式化无符号八进制数
%x	格式化无符号十六进制数
%X	格式化无符号十六进制数（大写）
%f	格式化浮点数，可指定小数点后位数
%e	用科学记数法格式化浮点数，e 小写
%E	作用同 %e，E 大写
%g	%f%e 的简写
%G	%f%E 的简写

Python 中 str 对象专门提供了一个字符串格式化方法，如图 2-8 所示。

```
say_hi = "Hello %s" % "word!"
print(say_hi)
```

图 2-7

```
say_hi = "Hello {0}"
hello = say_hi.format("word!")
print(hello)
```

图 2-8

输出：

```
>>> Hello word!
```

6. 字符串切片

要提取字符串中的部分值，可以使用切片运算符 s[i:j]。这样会提取字符串 s 中从索引 i 开始一直到索引 j 的所有字符 k，k 的范围是 i ≤ k<j；如果省略 i，则从 0 开始；如果省略 j，则一直提取到字符串结尾。三种情况如图 2-9 所示。

输出：

```
>>> Let
>>> learn Python
>>> 's
```

7. Unicode 字符串

Python 中定义 Unicode 字符串时需要在引号前加小写字母“u”，如图 2-10 所示。

```
learn = "Let\'s learn Python"
print(learn[:3])
print(learn[5:])
print(learn[3:5])
```

图 2-9

```
print(u"我爱Python")
```

图 2-10

输出：

```
>>> 我爱 Python
```

8. Python 字符串内建函数

由于字符串是一个非常重要的对象，Python 针对字符串增加了很多内建函数。String 对象的定义可以在 Lib/string.py 中找到。

2.3 Number 类型

Python 的 Number 类型是用来存储数值的。不像其他语言按照数据类型细分为整数、浮点数等不同对象，Python 中只要将整数赋值给变量，那么变量就是整型；如果将浮点数赋值给变量，那么变量就是浮点型。

Python 支持整数、长整数、浮点数和复数等常用数值类型。

Python 的数值类型是不可以改变的，如果通过运算或重新赋值来改变变量值，将会重新分配内存空间。

不同类型的两个数值变量进行计算，生成的新变量将按照精度高的类型划分内存。如一个整数与浮点数运算生成的变量也是浮点数，如图 2-11 所示。

不同数值类型之间是可以转换的，但是在转换前一定要确保转换后的数据类型精度大于等于转换前的数据类型精度，如可以将整数转换为浮点数，但是如果将浮点数转换为整数就可能出错。

如图 2-12 所示的示例 2，将 5.5 转换为整数时小数点后数据丢失。

```
#!/usr/bin/python
# -*- coding: UTF-8 -*-

i = 5
j = 3.0
k = i * j
print(type(k))
```

问题　输出　调试控制台　终端

```
<class 'float'>
```

图 2-11

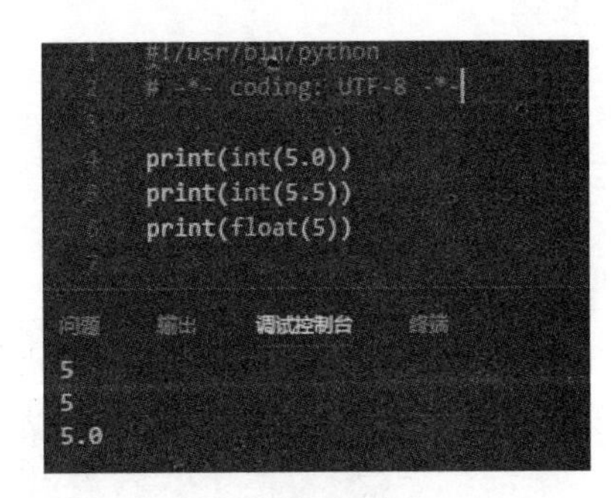

图 2-12

常用的数值类型转换方式如图 2-13 所示。

Python 通过 math 包提供量了丰富的数学函数，使用方法如图 2-14 所示。

```
int(x)        # 将x转换为整数
float(x)      # 将x转换为浮点数
str(x)        # 将x转换为字符串
eval(str)     # 计算str中的Python表达式，如：eval("3 + 2")
```

图 2-13

```
#!/usr/bin/python
# -*- coding: UTF-8 -*-

import sys
from math import *

print(abs(-5))
print(max(2, 5, 7))
print(pi)
print(ceil(4.6))
```

问题　输出　调试控制台　终端

```
5
7
3.141592653589793
5
```

图 2-14

2.4 List 类型

列表（List）是多个元素的集合，每个元素都会被分配一个以 0 开始的索引，第一个元素的索引是 0，第二个元素的索引是 1，以此类推，第 n 个元素的索引就是 n−1。列表中的元素可以有不同的类型，同时列表是可以修改的。

列表的定义如图 2-15 所示。

```
list1 = [1, 2, 3]
list2 = ["This", "is", "a", "List", 1, 2, 3]
```

图 2-15

2.4.1 列表的基本操作

与字符串一样，可以通过索引访问列表中的元素，同时列表也支持切片操作，如图 2-16 所示。

```
list1 = [1, 2, 3, 4, 5]
print(list1[1])          # 提取第二个元素
print(list1[-1])         # 提取倒数第一个元素
print(list1[2:4])        # 提取第三和第四个元素
print(list1[1:])         # 提取第二个元素及之后的所有元素
```

```
PROBLEMS    OUTPUT    DEBUG CONSOLE    TERMINAL
2
5
[3, 4]
[2, 3, 4, 5]
```

图 2-16

2.4.2 修改列表

由于列表是可以修改的，所以可以更改或者删除任意列表元素，如图 2-17 所示。

```
list1 = [1, 2, 3, 4, 5]
list1[1] = 100               # 为第二个元素重新赋值
print(list1)
list1[2] = ["I", "Love", "Python"]  # 将列表的第三个元素替换为一个新列表
print(list1)
del list1[0]                 # 删除第一个元素
print(list1)
```

```
PROBLEMS    OUTPUT    DEBUG CONSOLE    TERMINAL
[1, 100, 3, 4, 5]
[1, 100, ['I', 'Love', 'Python'], 4, 5]
[100, ['I', 'Love', 'Python'], 4, 5]
```

图 2-17

2.4.3 列表方法

由于列表是一个非常重要的对象，所以 Python 内置很多常用的列表方法。

1. append

append 方法用于在列表末尾添加新元素，如图 2-18 所示。

2. count

count 方法用于统计列表中某个元素出现的次数，如图 2-19 所示。

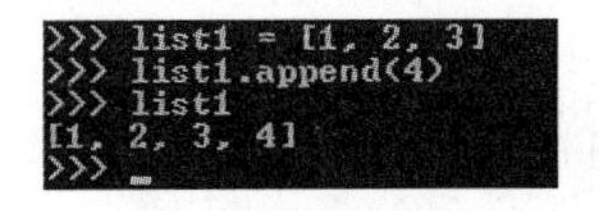

图 2-18

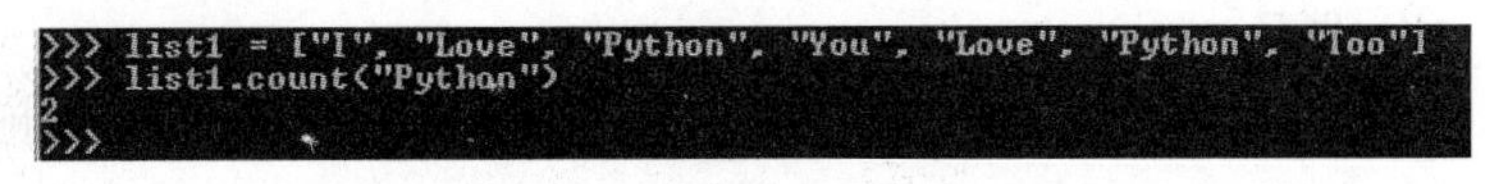

图 2-19

3. extend

extend 方法用于在列表末尾追加另一个列表，而当前列表内存地址不变，如图 2-20 所示。

4. index

查找某一个值第一次出现在列表中的索引位置，如果该值在列表中不存在则抛出异常，如图 2-21 所示。

图 2-20

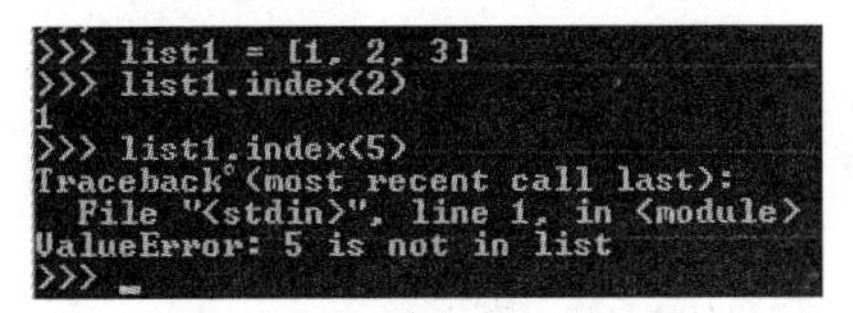

图 2-21

5. insert

insert 用于向列表中插入一个值，如图 2-22 所示。

6. pop

pop 用于删除列表中的一个值，默认删除最后一个值，并返回该元素的值，如图 2-23 所示。

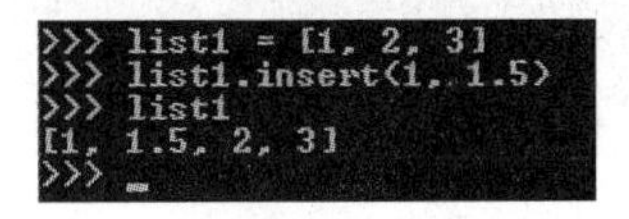

图 2-22

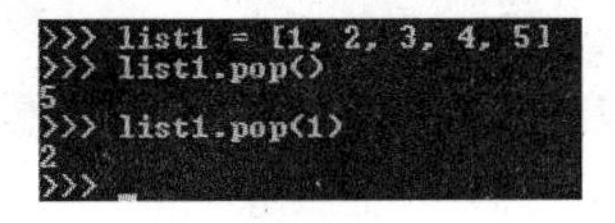

图 2-23

7. remove

删除列表中第一次出现的某个值，如图 2-24 所示。

8. reverse

翻转列表中的元素，如图 2-25 所示。

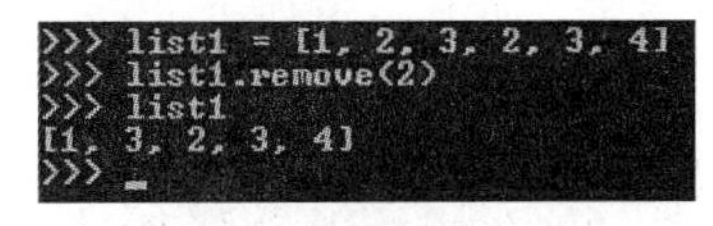

图 2-24

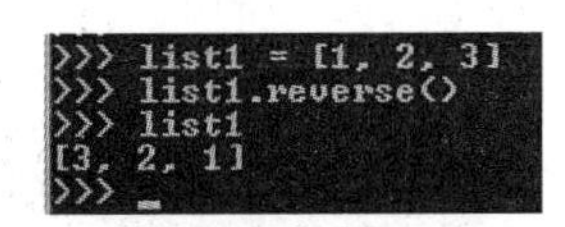

图 2-25

9. sort

对列表排序，此时列表内的元素顺序发生改变，列表本身内存地址不变，如图 2-26 所示。

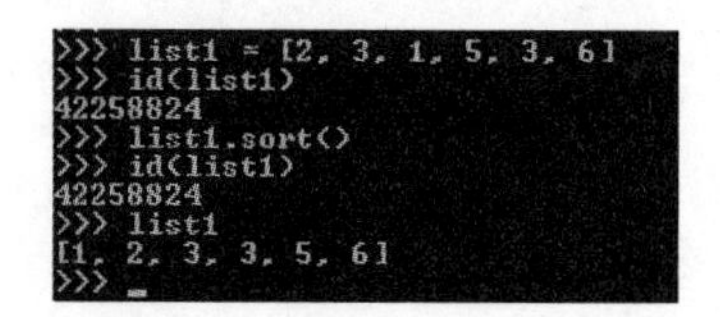

图 2-26

提示

可以通过 y = x[:] 的方式快速复制一个列表。

可以通过 y = sorted(x) 的方式获得已排好序的列表 x 的副本。

2.5 Tuple 类型

Tuple 是 Python 特有的一个数据类型，中文翻译为元组。元组与列表一样，也是一个序列，不同之处在于列表可以修改而元组不可以。

创建元组的语法非常简单，只要用逗号分隔一些值即可，如图 2-27 所示。

但是大部分时候都是通过圆括号来声明元组的，图 2-28 展示了几种常用的元组声明方式。

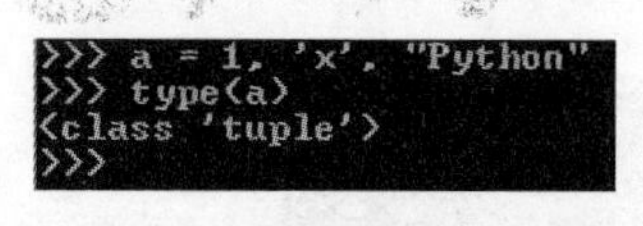

图 2-27

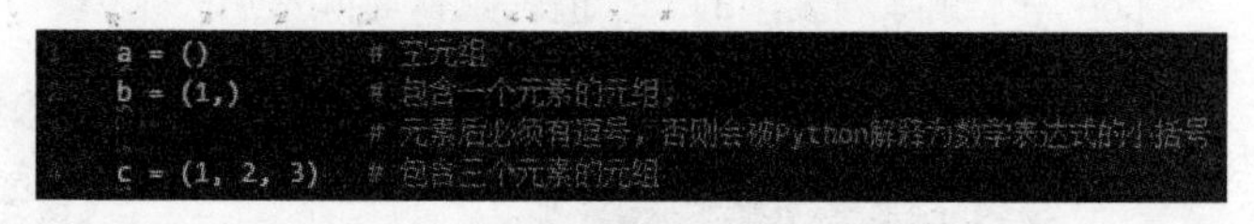

图 2-28

2.5.1 tuple 函数

tuple 函数可以将一个序列转换为元组，如图 2-29 所示。

2.5.2 访问元组

与其他列表一样，可以通过下标来查找元组中的元素，如图 2-30 所示。

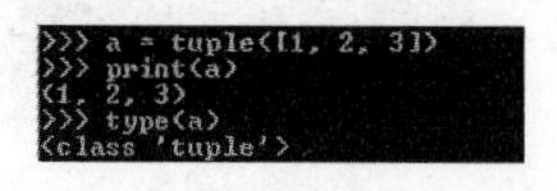

图 2-29

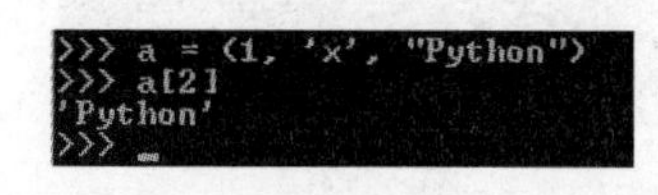

图 2-30

2.6 Dictionary 类型

字典（Dictionary）是一种数据结构，它像列表一样存储多个元素，每个元素都包含一个键（Key）和值（Value），其中键是不能重复的，而值是可以重复的。字典中的键 - 值对没有特定的存储顺序，读者可以通过键来快速得到对应的值，这与通过书籍目录来快速查找章节一样。

Python 中的字典使用大括号“{}”表示，其中的键 - 值对使用冒号分隔，键值对之间使用逗号分隔，例如：

```
>>> roomnumber = {"Aaron":"0001", "Tom":"0002", "Kate":"0003"}
```

2.6.1 访问字典元素

刚才讲到字典中的键类似于数据的目录，所以可以通过键来查找元素值，方法如下：

```
>>> roomnumber["Aaron"]
'0001'
```

如果访问的键不存在，会输出错误：

```
>>> roomnumber["Richard"]
Traceback (most recent call last):
  File "<stdin>", line 1, in <module>
KeyError: 'Richard'
```

2.6.2 检查字典中是否存在某个键

```
>>> "Aaron" in roomnumber
True
>>> "Jack" in roomnumber
False
```

2.6.3 修改字典

1. 添加键 - 值对

可以通过访问字典值的方式添加键 - 值对，虽然字典中并不存在该键，但是字典会自动增加一个键 - 值对，如修改前面例子如下：

```
>>> roomnumber["Richard"]="0004"
```

```
>>> roomnumber
{"Aaron":"0001", "Tom":"0002", "Kate":"0003", "Richard":"0004"}
```

2. 删除一个键 - 值对

```
>>> del roomnumber["Kate"]
>>> roomnumber
{"Aaron":"0001", "Tom":"0002", "Richard":"0004"}
```

3. 修改一个键关联的值

```
>>> roomnumber["Richard"]="0003"
>>> roomnumber
{"Aaron":"0001", "Tom":"0002", "Richard":"0003"}
```

2.6.4 字典方法

1. clear

用于清空字典中的所有项，该方法不返回任何内容：

```
>>> roomnumber.clear()
>>> roomnumber
{}
```

2. copy

在讲解这个方法之前，先了解两个概念：浅拷贝和深拷贝。

对于可变对象如列表、字典，直接赋值时只会将一个对象的引用传递给另一个对象，此时修改其中一个对象就会改变另一个对象，如：

```
>>> a = [1,2,3]
>>> b = a
>>> a,b
([1, 2, 3], [1, 2, 3])
>>> a[0]=100
>>> a,b
([100, 2, 3], [100, 2, 3])
```

大多数情况下，一个可变对象内还可以嵌套其他可变对象，此时浅拷贝只会拷贝顶级对象，而对于嵌套的对象，只会拷贝它的引用，所以修改顶级对象不会影响另一个对象，但是如果修改嵌套的对象就会影响两个对象了：

```
>>> a = [1,2,3, ["Aaron", "Tom"]]
>>> b = a.copy()
```

```
>>> a,b
([1, 2, 3, ['Aaron', 'Tom']], [1, 2, 3, ['Aaron', 'Tom']])
>>> a[1]=100
>>> a,b
([1, 100, 3, ['Aaron', 'Tom']], [1, 2, 3, ['Aaron', 'Tom']])
>>> b[3][1]="Jacky"
>>> a,b
([1, 100, 3, ['Aaron', 'Jacky']], [1, 2, 3, ['Aaron', 'Jacky']])
```

由此可见，在浅拷贝的情况下修改顶级元素不会影响另一个对象，但是修改内部可变元素时就会同时修改原始对象与新对象了，为了解决这个问题字典提供了一个深拷贝方法。深拷贝就是将顶级对象以及子对象的值同时拷贝给新对象，此时修改任何一个都不会影响另一个。

由于字典也是可变对象，所以 copy 方法也遵循以上原则。

如果想对字典进行深拷贝操作，需要引用 copy 包中的 deepcopy 方法：

```
>>> from copy import deepcopy
>>> a = {"Aaron":"0001", "Tom":"0002", "Kate":"0003", "Richard":"0004"}
>>> b = deepcopy(a)
>>> a,b
({'Aaron': '0001', 'Tom': '0002', 'Kate': '0003', 'Richard': '0004'}, {'Aaron':
'0001', 'Tom': '0002', 'Kate': '0003', 'Richard': '0004'})
>>> a["Aaron"]="1"
>>> a,b
({'Aaron': '1', 'Tom': '0002', 'Kate': '0003', 'Richard': '0004'}, {'Aaron':
'0001', 'Tom': '0002', 'Kate': '0003', 'Richard': '0004'})
```

3. fromkeys

使用给定的一些键创建一个新的字典，所有键对象的值为 None。

```
>>> {}.fromkeys(["name", "age"])
{'name': None, 'age': None}
```

如果不想用 None 来作为默认值，也可以给定其他值：

```
>>> {}.fromkeys(["length", "width", "height"], 0)
{'length': 0, 'width': 0, 'height': 0}
```

4. get

访问一个字典项，如果试图访问的字典项不存在时返回 None，也可以返回其他值，对字典本身没有任何影响：

```
>>> a = {"Aaron":"0001", "Tom":"0002", "Kate":"0003", "Richard":"0004"}
>>> a.get("Aaron")
'0001'
```

```
>>> a.get("Jacky")
>>> a
{'Aaron': '0001', 'Tom': '0002', 'Kate': '0003', 'Richard': '0004'}
>>> a.get("Jacky", "N/A")
'N/A'
>>> a
{'Aaron': '0001', 'Tom': '0002', 'Kate': '0003', 'Richard': '0004'}
```

5. items

items 会将字典中的所有项以列表的方式返回，返回时没有特殊顺序：

```
>>> a = {"Aaron":"0001", "Tom":"0002", "Kate":"0003", "Richard":"0004"}
>>> a.items()
dict_items([('Aaron', '0001'), ('Tom', '0002'), ('Kate', '0003'), ('Richard',
'0004')])
```

6. keys

将字典中的键以列表的形式返回：

```
>>> a.keys()
dict_keys(['Aaron', 'Tom', 'Kate', 'Richard'])
```

7. values

将字典中的值以列表的形式返回：

```
>>> a.values()
dict_values(['0001', '0002', '0003', '0004'])
```

8. pop

删除一个键 - 值对并返回对应的值：

```
>>> a = {'Aaron': '0001', 'Tom': '0002', 'Kate': '0003', 'Richard': '0004'}
>>> a.pop("Richard")
'0004'
>>> a
{'Aaron': '0001', 'Tom': '0002', 'Kate': '0003'}
```

9. popitem

随机删除一个字典项并返回：

```
>>> a.popitem()
('Kate', '0003')
>>> a
{'Aaron': '0001', 'Tom': '0002'}
```

10. setdefault

与 get 方法基本一致，唯一的区别就是当键不存在时，setdefault 方法会创建一个新字典项：

```
>>> a.setdefault("Lisa", "0005")
'0005'
>>> a
{'Aaron': '0001', 'Tom': '0002', 'Lisa': '0005'}
```

11. update

根据一个字典项更新字典，如果字典项在原始字典中不存在则在字典中添加该项：

```
>>> a.update({"Lisa":"0003"})
>>> a
{'Aaron': '0001', 'Tom': '0002', 'Lisa': '0003'}
>>> a.update({"Tracy":"0004"})
>>> a
{'Aaron': '0001', 'Tom': '0002', 'Lisa': '0003', 'Tracy': '0004'}
```

第3章 Python运算符

就像数学中的加减乘除运算符一样，Python 的变量与变量之间也可以进行运算，例如 2+3 是一个 Python 表达式，而“+”就是运算符。

Python 中的运算符大致可以分为以下几类：

- ❑ 算术运算符；
- ❑ 比较运算符；
- ❑ 赋值运算符；
- ❑ 逻辑运算符；
- ❑ 成员运算符；
- ❑ 身份运算符；
- ❑ 位运算符。

3.1 算术运算符

算术运算符就是进行数学运算的操作符，Python 中的算术运算符如表 3-1 所示。

表 3-1

算术运算符	描　述	示　例
+	加法运算	2+3 输出结果为 5
-	减法运算	5-2 输出结果为 3
*	乘法运算	2*3 输出结果为 6
/	除法运算	6/2 输出结果为 3
%	模运算，返回除法的余数，即左侧操作数减去右侧操作数小于等于左侧操作数的倍数所得的余数	5%3 输出结果为 2 右侧操作数 3 小于等于 5 的倍数是 3，5-3 等于 2 7%3 输出结果为 1 右侧操作数 3 小于等于 7 的倍数是 6，7-6 等于 1 9%3 输出结果为 0 右侧操作数 3 小于等于 9 的倍数是 9，9-9 等于 0

续表

算术运算符	描述	示例
**	幂运算	2**3 输出结果为 8
//	整除运算，返回商的整数部分	除法运算 9/4 的输出结果为 2.25 整除运算 9//4 的输出结果为 2

3.2 比较运算符

数学中两个数有大小之分，Python 变量之间也可以进行大小比较，比较运算符如表 3-2 所示。

表 3-2

比较运算符	描述	示例
==	等于运算符	2==2 返回 True 2==3 返回 False
!=	不等于运算符	2!=2 返回 False 2!=3 返回 True
>	大于运算符	3>2 返回 True 2>3 返回 False 3>3 返回 False
<	小于运算符	2<3 返回 True 3<2 返回 False 3<3 返回 False
>=	大于等于运算符	3>=2 返回 True 2>=3 返回 False 3>=3 返回 True
<=	小于等于运算符	2<=3 返回 True 3<=2 返回 False 3<=3 返回 True

3.3 赋值运算符

赋值运算就是将右侧的表达式或者数值赋值给左侧变量，如表 3-3 所示。

表 3-3

赋值运算符	描　述	示　例
=	将右侧值简单地分配给左侧操作数，如右侧操作数是可变类型则将指针传递给左侧操作数	A=2+3 将 2+3 的结果 5 赋值给 A List1=[1,2,3] List2=List1 赋值结束后，List1 与 List2 指向同一内存地址
+=	先将两侧操作数相加，再将结果赋值给左侧操作数	A=2 B=3 A+=B 赋值结束后，A 等于 5
−=	先将两侧操作数相减，再将结果赋值给左侧操作数	A=5 B=3 A−=B 赋值结束后，A 等于 2
*=	先将两侧操作数相乘，再将结果赋值给左侧操作数	A=5 B=3 A*=B 赋值结束后，A 等于 15
/=	先将两侧操作数相除，再将结果赋值给左侧操作数	A=6 B=3 A/=B 赋值结束后，A 等于 2
%=	先求模，再将结果赋值给左侧操作数	A=7 B=3 A%=B 赋值结束后，A 等于 1
**=	先进行幂运算，再将结果赋值给左侧操作数	A=2 B=3 A**=B 赋值结束后，A 等于 8
//=	先进行整除运算，再将结果赋值给左侧操作数	A=9 B=4 A//=B 赋值结束后，A 等于 2

3.4 逻辑运算符

Python 支持的逻辑运算符如表 3-4 所示。

表 3-4

逻辑运算符	描　　述	示　　例
and	逻辑“与” 只有当 and 两侧变量都为真表达式才返回 True，否则返回 False	A=True B=True A and B 返回 True A=True B=False A and B 返回 False A=False B=False A and B 返回 False
or	逻辑“或” 只要 or 运算符两侧任意一个变量为 True，就返回 True，否则返回 False	A=True B=True A or B 返回 True A=True B=False A or B 返回 True A=False B=False A or B 返回 False
not	逻辑“非” 取反操作，如果变量为 True，则返回 False，如果变量为 False，则返回 True	如果 A=True 则 not A 返回 False 如果 A=False 则 not A 返回 True

3.5 成员运算符

成员运算符用来判断对象是否属于一个集合，集合可以是字符串、列表、元组等，Python 支持的成员运算符如表 3-5 所示。

表 3-5

成员运算符	描　　述	示　　例
in	如果指定值出现在序列中则返回 True，否则返回 False	A=[1,2,3] 1 in A 返回 True 4 in a 返回 False

续表

成员运算符	描　述	示　例
not in	与 in 运算符相反，如果指定值出现在序列中则返回 False，否则返回 True	A=[1,2,3] 1 not in A 返回 False 4 not in a 返回 True

3.6 身份运算符

身份运算符用来比较两个对象的内存地址是否相同，如表 3-6 所示。

表 3-6

身份运算符	描　述	示　例
is	如果两个对象的内存地址相同则返回 True，否则返回 False	A={} B={} A is B 返回 False B=A A is B 返回 True
is not	如果两个对象的内存地址不相同则返回 True，否则返回 False	A={} B={} A is not B 返回 True B=A A is not B 返回 False

3.7 位运算符

计算机中的所有对象都是以二进制形式保存的，所以 Python 支持将两个对象按位进行运算。

如变量 a 的二进制格式为 0011 0101，变量 b 的二进制格式为 0101 1100，如表 3-7 所示。

表 3-7

位运算符	描　述	示　例
&	对两个变量进行按位与运算	a&b=0001 0100
|	对两个变量进行按位或运算	a|b=0111 1101
^	对两个变量进行按位异或运算	a^b=0110 1001
~	按位取反	~a=1100 1010

3.8 运算符的优先级

像数学运算中的加减乘除有不同的优先级一样，Python 的运算符也有不同的优先级，表

3-8 按照优先级从高到低的顺序列出了 Python 中的所有运算符。

表 3-8

运　算　符	描　　述
**	指数 (最高优先级)
~ + -	按位翻转 , 一元加号和减号 (最后两个的方法名为 +@ 和 -@)
* / % //	乘，除，取模和取整除
+ -	加法，减法
>> <<	右移，左移运算符
&	位 'AND'
^ |	位运算符
<= < > >=	比较运算符
<> == !=	等于运算符
= %= /= //= -= += *= **=	赋值运算符
is, is not	身份运算符
in, not in	成员运算符
not or and	逻辑运算符

第 4 章 流程控制

前面学习了 Python 的基本变量类型以及 Python 的运算符，在学习过程中使用交互式窗口演示了如何使用 Python，读者可能会发现前面的 Python 代码过于简单，代码结构不清晰。本章将会介绍 Python 代码的流程控制语句。

4.1 代码块

在介绍 Python 的流程控制语句之前，先介绍一个概念：代码块。代码块不是一种特殊的语句，它是一系列功能相似的代码集合，在编写代码时通过一定的编程规范将一组代码编为一组，统一执行。在 Java 和 C# 语言中使用大括号“{}”对代码进行归类，大括号中的代码为一个代码块。Python 中使用缩进的方式对代码进行分组，缩进一样的代码为一个代码块，推荐使用 4 个空格作为一个缩进单位。

图 4-1 的伪代码展示了 Python 的缩进方式。

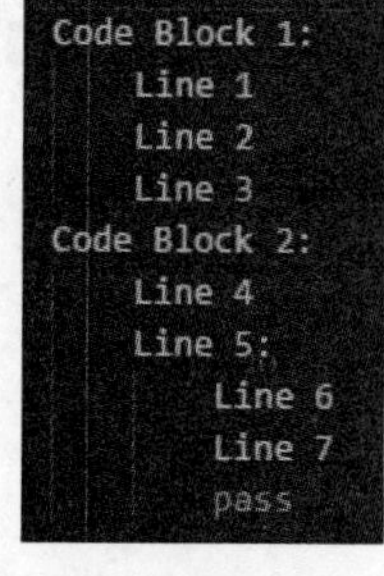

图 4-1

上面伪代码中代码块 1 包含 3 行代码，代码块 2 包含 2 行代码，其中 Line 5 又包含了 2 行代码。每个代码块都是以冒号（:）开始的。

Python 代码不需要明确的结束标记，但是编程人员为了使代码结构清晰，可以选择在代码块结束位置添加一个 pass 语句表示当前代码块执行结束。

4.2 条件判断语句

前面章节中的示例代码都是一行一行按顺序执行的，但是现实中代码往往需要进行一定的判断来选择是否执行，条件判断语句就可以完成这样的功能。

以学生考试成绩为例，60 分以上为及格，60 分以下为不及格，编写代码如下：

```
#!/usr/bin/python
# -*- coding: UTF-8 -*-
```

```
score = 70

if score >= 60:
    print("及格")
else:
    print("不及格")
```

以上代码执行结束，输出“及格”，而不会输出“不及格”，由此可见代码只执行了“ if score >= 60:”所包含的代码块，而没有执行“ else:”所包含的代码块。如果将 score 修改为 50，则会输出“不及格”。

由此可见，条件判断语句是根据布尔表达式的值选择代码块来执行的。下面的值在条件判断中都会被认为是假（false）：

```
False,None,0,"",(),[],{}
```

除以上类型外，其他类型都会被认为是真（true）而执行相应的代码块。

现实中条件判断往往会更复杂，会出现多种情况，此时可以使用 elif 关键字来区分更多情况。仍以考试成绩为例，90 分以上为优秀，80 ~ 89 分为良好，70 ~ 79 分为中等，60 ~ 69 分为及格，60 分以下为不及格。编写代码如下：

```
#!/usr/bin/python
# -*- coding: UTF-8 -*-

score = 70

if score >= 90:
    print("优秀")
elif score >= 80:
    print("良好")
elif score >= 70:
    print("中等")
elif score >= 60:
    print("及格")
else:
    print("不及格")
```

此时同样成绩为 70 分会输出“中等”。

在条件判断语句中不仅可以使用算术运算符，其他任何布尔运算都可以，如使用成员表达式判断今天是否是工作日：

```
#!/usr/bin/python
# -*- coding: UTF-8 -*-

coding = "Mon"
```

```
if coding in ["Mon", "Tue", "Wed", "Thu", "Fri"]:
    print("今天是工作日")
else:
    print("今天休息")
```

输出结果：今天是工作日。

4.3 循环语句

顾名思义，循环语句就是将一个代码块执行多次的语法结构。如果想要打印一个数组，可以遍历数组中的每一个元素，然后打印出来，当遍历完整个数组时循环结束。也可以使用 break 关键字在循环过程中退出循环，或者使用 continue 关键字跳过其中的一次循环。

4.3.1 for 循环语句

for 循环的语法结构如下：

```
for x in s:
    statements
```

在这个例子中，s 是一个包含多个元素的序列，如字符串、数组等。每一次遍历都会从 s 中提取一个元素并赋值给变量 x，同时执行代码块。

例如，遍历数组并将数组的每一个元素乘以 10 打印出来：

```
#!/usr/bin/python
# -*- coding: UTF-8 -*-

numbers = [1, 2, 3, 4, 5]

for i in numbers:
    j = i * 10
print(j)
```

输出结果：

```
>>> 10
>>> 20
>>> 30
>>> 40
>>> 50
```

使用 continue 语句可以跳过部分循环，如果只希望打印奇数数字，可以嵌套 if 语句，代码如下：

```
#!/usr/bin/python
# -*- coding: UTF-8 -*-

numbers = [1, 2, 3, 4, 5]

for i in numbers:
    if i % 2 == 0:
        continue
print(i)
```

输出结果：

```
>>> 1
>>> 3
>>> 5
```

与 continue 不同的是，使用 break 语句可以跳出整个循环，后面所有的变量都不会继续执行，例如，只想打印出小于等于 3 的数字：

```
#!/usr/bin/python
# -*- coding: UTF-8 -*-

numbers = [1, 2, 3, 4, 5]

for i in numbers:
    if i > 3:
        break
    print(i)
```

输出结果：

```
>>> 1
>>> 2
>>> 3
```

4.3.2　while 循环语句

while 循环的语法结构如下：

```
x = 1
while x <= 100:
    print(x)
    x += 1
```

while 循环会根据 while 判断条件决定是否执行内部代码，只有当判断条件为真时才能执行，否则循环结束。while 循环也可以使用 continue 和 break 语句来控制循环执行。以 while 为例完成上面两个示例：

输出奇数：

```
#!/usr/bin/python
# -*- coding: UTF-8 -*-

numbers = [1, 2, 3, 4, 5]
i = 0
while i < len(numbers):
    if numbers[i] % 2 == 0:
        i += 1
        continue
    print(numbers[i])
i += 1
```

输出结果：

```
>>> 1
>>> 3
>>> 5
```

输出小于等于 3 的数字：

```
#!/usr/bin/python
# -*- coding: UTF-8 -*-

numbers = [1, 2, 3, 4, 5]
i = 0
while i < len(numbers):
    if numbers[i] > 3:
        break
    print(numbers[i])
i += 1
```

输出结果：

```
>>> 1
>>> 2
>>> 3
```

4.4 迭代进阶

4.4.1 Iterable

上一节介绍了 for 循环，这种遍历叫作迭代，在 Python 中并不是所有对象都可以进行迭代的，例如对一个整数进行迭代就会抛出异常：

```
#!/usr/bin/python
# -*- coding: UTF-8 -*-

numbers = 123

for i in numbers:
print(i)
```

输出结果：

```
Traceback (most recent call last):
  File "C:\Python\iterable.py", line 6, in <module>
    for i in numbers:
TypeError: 'int' object is not iterable
```

错误信息表明整数对象是不可以进行迭代操作的。如何判断一个对象是否可以进行迭代呢？可以使用 collections 模块的 Iterable 类型来判断：

```
#!/usr/bin/python
# -*- coding: UTF-8 -*-

from collections import Iterable

number = 123
print(isinstance(number, Iterable))

numbers = [1 ,2 ,3]
print(isinstance(numbers, Iterable))
```

输出：

```
>>> False
>>> True
```

4.4.2　enumerate

enumerate 函数可以将一个序列转换为索引 - 元素对，方便在操作序列时使用元素的索引。下面改进 for 循环，使用 enumerate 函数在循环中同时迭代索引和元素本身：

```
for i, value in enumerate(["Aaron", "Tom", "Kate"]):
    print(i, value)
```

4.4.3　列表推导式

列表推导式（list comprehension）是利用其他列表创建新列表的一种方式。它的工作方式类似于 for 循环，例如：

```
>>> [x*x for x in range(10)]
>>> [0, 1, 4, 9, 16, 25, 36, 49, 64, 81]
```

上面列表推导式中的“for x in range(10)”相当于一个 for 循环，range() 函数用来创建一个新的列表，在每次循环的时候将循环变量 x 赋值给表达式 x*x，x*x 相当于 for 循环的代码块，最后根据 x*x 生成新列表。

我们知道 for 循环是可以嵌套 if 条件判断语句的，在列表推导式中一样可以，例如，生成一个奇数数组：

```
>>> [x for x in range(10) if x%2 != 0]
>>> [1, 3, 5, 7, 9]
```

当然列表推导式中的 for 循环也是可以嵌套的，例如：

```
>>> [(x, y) for x in range(3) for y in ["Aaron", "Tom", "Jack"]]
>>> [(0, 'Aaron'), (0, 'Tom'), (0, 'Jack'), (1, 'Aaron'), (1, 'Tom'), (1, 'Jack'),
(2, 'Aaron'), (2, 'Tom'), (2, 'Jack')]
```

注意

虽然列表推导式非常灵活，但是为了保证代码的易读性，建议在列表推导式中不要嵌套过多层次，推荐最多两层。

第5章 函数

前面章节介绍了 Python 的基本概念，在演示代码中实现了一些简单功能，如列表循环遍历等，细心的读者可能会发现之前的 Python代码都是逐行执行的，也就是说，后面的代码只能使用前面已经声明的变量，而对于循环遍历等复杂操作，执行一次之后，如果想继续使用，只能重新编写一段相同代码，这会产生大量重复代码，不符合编程的可重用性原则。为解决这个问题，本章将会介绍 Python 的函数以及相关知识点，带领大家了解函数编程。

5.1 函数的定义与调用

函数就是一些语句的集合，它能够被多次执行。函数可以在被调用的时候接收参数，每次调用可以传递不同的参数值，函数在执行结束后还可以给调用程序返回一个值。这些特性使得函数可以帮助开发人员最大化地实现代码重用与最小的代码冗余，同时函数还可以嵌套使用，从而为开发人员提供更多的流程控制手段。

Python 中使用 def 关键字定义函数，形式如下：

```
def add(x, y):
    return x + y
```

此时函数名为 add，函数参数为 x 和 y，参数后必须紧跟一个冒号，这是 Python 的格式要求，函数体就是一句代码同时也是本函数的返回值“ return x + y”，调用这个函数的方法就是在函数名后面加上一个小括号，小括号里面写上对应的参数值，例如为了计算 3 + 4 的值，可以这样调用 : a = add(3, 4)。默认情况下，函数参数的顺序和数量必须与函数定义时一致，否则会出现异常，本次调用中会把数值 3 赋值给参数 x，数值 4 赋值给 y，最后将 3 + 4 的计算结果作为返回值赋值给变量 a。

5.2 函数书写规范

5.2.1 文档字符串

良好的代码书写规范不仅便于他人阅读，更是一个开发人员应有的素养。由于函数往往用于实现一系列复杂的逻辑运算，所以在编写函数时更应该注意代码规范，使函数调用者能够准确理解函数的使用方法，图 5-1 是 Python 内置的 print 函数的注释。

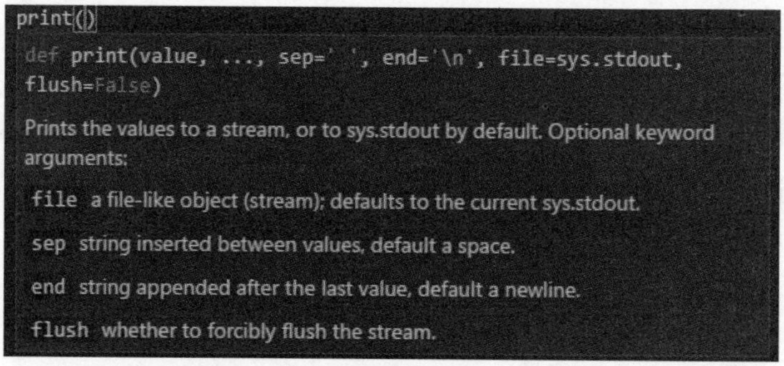

```
print()
def print(value, ..., sep=' ', end='\n', file=sys.stdout,
flush=False)

Prints the values to a stream, or to sys.stdout by default. Optional keyword
arguments:

file  a file-like object (stream); defaults to the current sys.stdout.

sep  string inserted between values, default a space.

end  string appended after the last value, default a newline.

flush  whether to forcibly flush the stream.
```

图 5-1

从截图中可以知道，print 函数的作用是将一些值打印到一个流对象或者系统的标准输出设备。同时还提供了几个可选参数进行复杂的打印操作。

自定义的函数也应提供合适的函数注释，帮助使用者理解函数。

在 Python 中使用文档字符串（DocString）可以提供对函数功能的说明，文档字符串存储在 __doc__ 中。文档字符串必须出现在模块、方法、类或者函数内部的第一行。Python 官方推荐所有的模块以及模块内部的类与方法都应该有文档字符串，另外类的所有公共方法如构造函数（__init__）也应该提供文档字符串。

Python 推荐使用三个双引号将文档字符串括起来，如 """Add two numbers."""。如果在文档字符串中出现了反斜杠（/），则需要在文档字符串前添加小写字母 r，如 r"""It\'s a function to get the summary of two numbers."""。如果文档字符串中出现了 unicode 字符，则需要在字符串前添加一个小写字母 u，例如：u""" 计算两数之和。"""。

单行文档字符串的书写有以下注意事项：

- 即使文档只有一行，也要使用三引号将字符串括起来。
- 如果文档只有一行，那么三引号开头与结尾也要在一行。
- 在文档字符串中不能出现任何空白行。
- 文档字符串用来描述方法或函数的作用，而不能有其他描述性的文字。

- 文档字符串中不要重复出现函数的签名，如 """function(a, b) -> list"""。

多行文档字符串的书写有以下注意事项：

- 第一行类似于单行文档字符串，用于表达总结性的信息，其后紧跟一个空行，最后是更详细的描述性信息。
- 总结性的信息必须紧跟在开始三引号之后。
- 详细的描述信息的缩进应该与三引号一致。

一个包含多行文档字符串的示例如下：

```
def complex(real=0.0, imag=0.0):
    """Form a complex number.

    Keyword arguments:
    real -- the real part (default 0.0)
    imag -- the imaginary part (default 0.0)
    """
    if imag == 0.0 and real == 0.0:
        return complex_zero
    ...
```

此时在 Visual Studio Code 中调用上面 complex 方法时也会给出提示信息，如图 5-2 所示。

```
def complex(real=0.0, imag=0.0)
Form a complex number.
Keyword arguments: real -- the real part (default 0.0) imag -- the imaginary
part (default 0.0)
complex()
```

图 5-2

5.2.2 函数注释

除了文档字符串外，在 Python 3 中还提供了一个新功能：函数注释。函数注释完全是一个可选的功能，它以字典的形式存储在 __annotations__ 中，不会对函数本身造成任何影响。

函数注释的使用方法为：

```
def 函数名(参数名:"参数注释"="默认值", …) -> "函数返回值注释":
    函数体
```

例：修改 add 方法，添加相应的函数注释：

```
def add(x:"Number 1"=0, y:"Number 2"=0) -> int:
    """Add two numbers."""
return x + y
```

调用 add 方法：

```
>>> print(add.__annotations__)
>>> sum = add()
>>> print(sum)
```

输出：

```
{'x': 'Number 1', 'y': 'Number 2', 'return': <class 'int'>}
0
```

由此可见，函数参数、返回值的说明信息都被保存在属性 __annotations__ 中，方便用户了解并使用函数。

5.3 函数参数

5.3.1 位置参数

位置参数就是在调用的时候必须要按照正确顺序传入的参数，调用时的数量必须与函数声明一致。如加法运算函数中的参数 x 和 y，调用时必须要接收两个参数，这就是位置参数。

5.3.2 默认参数

某些时候函数的参数值很少发生变化，因此为了简化调用方法，我们将这类很少变化的参数设置成默认参数，调用时不传递参数值，此时函数内部使用默认值。

下面是一个使用了默认参数的函数，该函数用来计算整数的 n 次方，在数学运算中绝大多数情况下只进行平方运算，对于高次方的运算很少，基于此设置函数第二个参数的默认值为 2：

```
def power(x, n = 2):
    return x ** n
```

使用下面参数调用 power 函数：

```
>>> power(2)
>>> power(2, 3)
>>> power(2, 5)
```

输出：

```
4
8
32
```

由此可见，默认参数可以简化函数的调用。但是设置默认参数时仍需注意以下几点：

- ❑ 默认参数需要放在必选参数之后，如果有多个默认参数，那么所有默认参数都要放在必选参数之后。
- ❑ 只为很少变化的参数设置默认参数。

下面举一个现实中使用默认参数的例子，在小学生入学登记时需要填写学生姓名、性别、年龄、城市信息。分析需求发现，对于一所学校的新生，他们的年龄基本一致都是7岁或8岁入学，而城市基本一致，性别只有男、女两种情况。由此可见，如果将性别、年龄、城市设置为默认参数的话会大大提高学生信息录入效率，据此编写函数，如图5-3所示。

输出结果如图5-4所示。

```
def register(name, gender = '男', age = 7, city = '北京'):
    print('学生信息：')
    print('      姓名：', name)
    print('      性别：', gender)
    print('      年龄：', age)
    print('      城市：', city)

# 调用函数
register('王帅')
register('张晓红', gender = '女')
register('李亮', age = 8)
```

图5-3

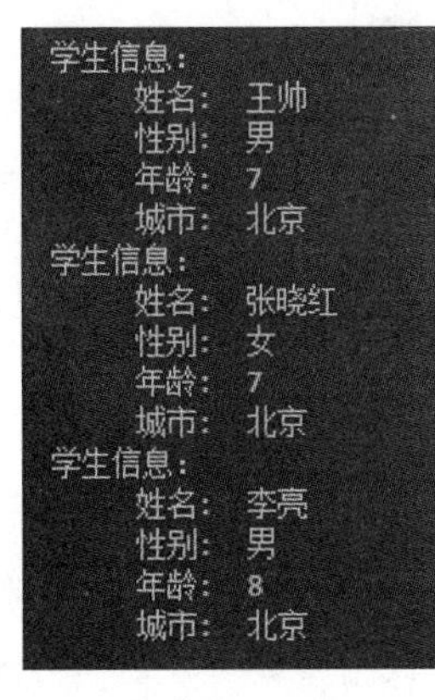

图5-4

5.3.3 关键字参数

Python中有两种类型的关键字参数：

- ❑ 对于函数调用方，可以使用参数名传递参数值的参数；
- ❑ 对于函数定义方，可以定义一个参数，这个参数类似于**kwargs形式，这个参数会接收所有命名参数。

上面关于小学生信息注册的函数就属于第一种关键字参数，我们发现，在调用register函数的时候使用了类似于gender = '男'这样的写法，这就是第一种关键字参数。

下面以第二种情况举个例子：

编写函数：

```
def foo(*positional, **keywords):
    print("Positional:", positional)
    print("Keywords:", keywords)
```

调用函数：

```
>>> foo('one', 'two', 'three')
```

输出：

```
Positional: ('one', 'two', 'three')
Keywords: {}
```

由此可见参数 *positional 接收了全部位置参数（positional argument）。

下面再看看关键字参数的调用：

```
>>> foo(a='one', b='two', c='three')
```

输出：

```
Positional: ()
Keywords: {'a': 'one', 'b': 'two', 'c': 'three'}
```

此时虽然传递的参数个数、参数值都没有变，但是为每个参数都传递了名字，输出结果正好相反，第一次 *positional 接收了参数，第二次 **keywords 接收了参数。另外还可以看出 positional 是元组类型，keywords 是字典类型。

下面再看一个混合调用的情况：

```
>>> foo('one','two',c='three',d='four')
```

输出：

```
Positional: ('one', 'two')
Keywords: {'c': 'three', 'd': 'four'}
```

符合我们的推测，*positional 接收位置参数 , **keywords 接收命名参数。

第6章 异常

异常就是代码执行过程中非预期的执行结果，随着代码越来越复杂，代码中的执行逻辑也会越来越复杂，如果没有很好地处理异常情况，很有可能造成软件执行错误甚至造成重大损失。反之，合理地处理异常情况，可以增强软件的稳定性，提高用户体验。

6.1 异常

Python 用异常对象（exception object）来表示代码执行过程中所发生的异常情况，每当程序遇到错误时就会抛出异常。此时如果没有正确处理异常，代码将会终止执行。

前面章节中已经提到过 Python 的异常，如访问的字典的键不存在，会输出错误：

```
>>> roomnumber["Richard"]
Traceback (most recent call last):
  File "<stdin>", line 1, in <module>
KeyError: 'Richard'
```

如果在产品中遇到异常情况也这样处理的话，那么可以想象这款产品会多么难用。为了提高产品的稳定性与灵活性，Python 允许开发人员捕捉并处理各类异常，本例中的异常是 KeyError 异常类的一个实例。

6.2 错误与异常

在学习如何处理异常之前，先要了解 Python 中有哪些导致异常的错误。Python 将代码的错误分为两类：语法错误（syntax error）和异常（exception）。

6.2.1 语法错误

语法错误也就是代码解析错误。这类错误往往出现在 Python 初学者身上，出现这类错误的原因是所执行的代码不符合 Python 的语法规范，因此 Python 解释器抛出语法错误并终止代码执行。

执行下面代码会出现语法错误：

```
>>> while True print('Hello world')
  File "<stdin>", line 1
    while True print('Hello world')
                   ^
SyntaxError: invalid syntax
```

这个错误出现的原因是 while 的布尔表达式后缺少冒号，不符合 while 语句的语法规范。此时 Python 解释器在最早发现错误的位置输出一个箭头标记，提示开发人员检查附近的语法错误。

6.2.2 异常

异常是在代码执行过程中所发现的错误，这类错误是很难被提前发现的，即使我们的 Python 脚本书写完全符合规范也有可能出现代码执行异常。

比较常被提到的一个异常情况就是除数为 0 异常。我们知道数学运算中除数是不能等于 0 的，如果编写了一个除法算法函数，用户调用时将除数赋值为 0，那么就会出现除数为 0 的异常：

```
>>> 3 / 0
Traceback (most recent call last):
  File "<stdin>", line 1, in <module>
ZeroDivisionError: division by zero
```

6.3 异常处理

了解了 Python 中的错误与异常之后，就需要掌握如何处理异常。

对于第一类语法错误，只能通过提高自身能力水平来避免。对于第二类异常，Python 提供了 try-except 语法来处理。

还是以除数为 0 的情况为例，编写程序，通过添加 try-except 语法捕捉并处理异常：

```
def division (a, b):
try:
    return a / b
except ZeroDivisionError:
    print("除数不能是 0")
```

调用 division 方法：

```
>>> c = division(5, 0)
```

输出：

```
除数不能是 0
```

此时虽然除数为 0，但是应用程序并没有崩溃而且还输出了比较友好的信息。

Try-except 的工作原理如下：

（1）Try-except 中的代码会被正常执行；

（2）如果没有出现异常则跳过 except 代码块并结束 try-except；

（3）如果 try-except 中的某一句代码出现了异常情况，剩余的代码将不会执行，如果出现的异常与 except 所指定的异常一致，则执行 except 中的代码块，异常处理结束整个应用程序继续执行；

（4）如果出现的异常与 except 中所指定的异常不匹配，那么代码跳出 try 语句，程序继续抛出异常并终止执行。

一般来说，一个代码块可能会出现不止一种异常情况，此时可以将所有异常写在 except 语句中，形式如下：

```
except (RuntimeError, TypeError, NameError):
pass
```

此时只要捕捉到异常列表中的任意一种异常都会进入 except 处理代码块进行处理。

如果想对每一种异常都进行个性化的处理，也可以将 except 拆分开来，修改上面代码加入更多异常处理情况：

```
def division (a, b):

try:
    return a / b
except ZeroDivisionError:
    print(" 除数不能是 0")
except TypeError:
    print(" 参数类型错误 ")
```

调用 division 方法：

```
>>> c = division(5, 'a')
```

输出：

```
参数类型错误
```

注意，Python 中的异常类型是有继承关系的，关于类的集成会在后面章节详细介绍。在这里只要知道如果后面 except 所指定的异常继承自前面异常的话，后面的异常也会被捕捉到。看下面的例子：

```
class B(Exception):
    pass

class C(B):
    pass

class D(C):
    pass

for cls in [B, C, D]:
    try:
        raise cls()
    except D:
        print("D")
    except C:
        print("C")
    except B:
        print("B")
```

代码执行输出：

```
B
C
D
```

如果将 except 的顺序颠倒过来，将只会输出 B，这是由于异常 C 和 D 都继承自异常 B，所以第一次捕捉到 B 异常后就会终止执行：

```
class B(Exception):
    pass

class C(B):
    pass

class D(C):
    pass

for cls in [B, C, D]:
    try:
        raise cls()
    except B:
        print("B")
    except C:
        print("C")
    except D:
        print("D")
```

此时读者可能会想，代码开发中的异常有很多，如果都像这样将每一种异常都提取出来，将会是一个很大的工作量而且也并不需要这样做，此时可以在最后一个 except 中不设置异常类型，这样最后一个 except 就会捕获所有前面没有指定的异常，如：

```
def division (a, b):

    try:
        return a / b
    except ZeroDivisionError:
        print("除数不能是 0")
    except TypeError:
        print("参数类型错误")
    except:
        print("除法错误")
```

最后一个 except 将会捕获除 ZeroDivisionError 和 TypeError 之外的所有异常。

try-except 语法还有一个重要功能：else。else 语句是用来执行一些额外操作的，如 try 代码块中执行了一些文件操作，在 else 里面可以释放资源，else 的语法格式如下：

```
try:
   pass
except:
   pass
else:
   pass
```

最后需要了解的是 Python 代码可以操作异常，形式如下：

```
def division (a, b):

    try:
        return a / b
    except ZeroDivisionError as err:
        print("除数不能是 0: ", err)
    except TypeError:
        print("参数类型错误")
    except:
        print("除法错误")
```

调用 division 方法：

```
>>> c = division(5, 0)
```

输出：

```
除数不能是 0:  division by zero
```

6.4 自主抛出异常

在软件开发中有些情况虽然 Python 并没有执行出错，但是可能不符合软件设计逻辑，所以需要开发人员主动抛出异常，此时可以使用 raise 语句抛出异常，例如：

```
>>> raise NameError('HiThere')
Traceback (most recent call last):
  File "<stdin>", line 1, in <module>
NameError: HiThere
```

6.5 自定义异常

有时 Python 内置的异常并不能满足开发需要，或者由于其他原因，开发人员希望能够有更灵活的异常类型来处理各种各样的应用场景，此时可以开发自定义异常。

自定义异常类必须要直接或者间接地继承自 Exception 类（关于类与继承的知识将在后面章节中介绍）。自定义异常类可以像其他类一样做任何事情，但是原则上要保持代码简洁，通常只提供一些属性就够了。

下面是关于创建模块的自定义异常类的例子。

```
class Error(Exception):
    """Base class for exceptions in this module."""
    pass

class InputError(Error):
    """Exception raised for errors in the input.

    Attributes:
        expression -- input expression in which the error occurred
        message -- explanation of the error
    """

    def __init__(self, expression, message):
        self.expression = expression
        self.message = message

class TransitionError(Error):
    """Raised when an operation attempts a state transition that's not
    allowed.

    Attributes:
        previous -- state at beginning of transition
        next -- attempted new state
        message -- explanation of why the specific transition is not allowed
```

```
    """

    def __init__(self, previous, next, message):
        self.previous = previous
        self.next = next
        self.message = message
```

6.6 finally 子句

前面介绍的 else 是在代码正常执行后才会被执行的代码块，但是有些情况下无论代码块是否出现异常都需要执行，对于这类代码可以放在 finally 语句中，例如：

```
try:
    result = x / y
except ZeroDivisionError:
    print("除数不能是 0")
except TypeError:
    print("参数类型错误")
else:
    print("结果=", result)
finally:
    print("除法运算结束")
```

第 7 章
面向对象编程

7.1 面向对象编程介绍

面向对象编程（Object-Oriented Programming，OOP）是一种编程规范，它将世间万物都视为对象（object），具有相似属性与行为的对象的集合叫作类（class），每一个具体的对象就是类的一个实例（instance）。比如汽车就可以看作是一个类，每辆汽车都有自己的品牌、颜色等参数（属性），汽车还包括行驶、转弯等行为（方法），跑在路上的每一辆汽车就是汽车类的一个实例。

对象之间可以有不同的属性与行为，也可以有相同的属性与行为。某些属性或者行为对于所有对象都是相同的，可以将之归类于类的属性和行为，一旦这类属性发生变化则所有对象实例都会发生变化。例如目前每辆汽车都有一个驾驶员座椅，如果将来自动驾驶技术得到普及，不再需要驾驶员驾驶汽车了，则可以将汽车类的驾驶员修改为人工智能，这样所有汽车实例的驾驶员都变成了人工智能。其他属性如颜色则不能属于类，因为每一辆汽车都可以有自己的颜色，所以这类属性或方法就属于对象。

注意

Python 是一种纯粹的面向对象语言，在 Python 语言中任何变量都是类的实例，比如一个整数就是 int 类的对象实例：

```
>>> type(2)
<class 'int'>
```

7.2 类和对象

7.2.1 创建第一个类

Python 使用 class 关键字表示类，下面是一个最简单的类：

```
class Car:
    pass
```

关键字class代表当前代码是一个类的定义，Car表示当前类的名字，其后有一个冒号，冒号后的代码是类的具体实现，本例中的类体为空。

空类在现实中没有什么意义，所以我们根据需求对这个类进行扩展。

汽车包含品牌和颜色属性，同时还可以行驶，所以根据以上分析给Car类添加属性和方法：

```
#!/usr/bin/python
# -*- coding: UTF-8 -*-

class Car:
    '''这是一个汽车类'''
    brand = "宝马"
    color = "红色"

    def run(self, s):
        print("当前行驶速度：", s, "km/h")
```

现在一个汽车类已经创建好了，它的默认品牌是“宝马”，颜色是“红色”，还有一个行驶的方法。

7.2.2 实例化

定义好类之后，就需要使用该类了，首先创建一个类的实例，这就好比需要一辆真正的汽车才可以上路一样，Python不像其他语言需要new关键字来实例化类，Python只需要使用类名+()就可以实例化一个类：

```
>>> a = Car()
```

使用点（.）来调用属性与方法：

```
>>> print("品牌：", a.brand, "，颜色：", a.color)
品牌：奔驰 ，颜色：红色
>>> a.run(50)
当前行驶速度：50 km/h
```

注意，读者可能会对a.brand这样的用法感觉有点奇怪，其实这样确实不合适，后面会具体介绍。

7.2.3 self参数

在这里，读者可能注意到run函数有两个参数，其中第一个参数是self，而在调用的时候并没有传递值给 self，这其实是 Python 规定的类的方法必须要有的一个参数，并没有什么特殊意义，在调用的时候也不需要给它传值。可以为 Car 类添加一个 print_self 方法查看 self 到底是什么。

```
#!/usr/bin/python
# -*- coding: UTF-8 -*-

class Car:
    ''' 这是一个汽车类 '''
    brand = " 宝马 "
    color = " 红色 "

    def run(self, s):
        print(" 当前行驶速度: ", s, "km/h")

    def print_self(self):
        print(self)
        print(self.__class__)
```

调用 print_self 方法：

```
>>> a = Car()
>>> a.print_self()
```

输出：

```
<__main__.Car object at 0x0000000003103EF0>
<class '__main__.Car'>
```

从以上输出结果可以看出，self 代表当前类的实例，而 self.__class__ 就是 Car 类。

7.2.4 类变量

像 brand、color 这类变量叫作类变量，是所有类实例共享的变量。类变量定义在类中但是不属于任何函数。虽然可以像前面例子一样使用类实例来访问并修改类变量，但是不建议这样做，因为当某一个类实例修改了类变量后，可能会对其他类实例的使用造成影响，也会使开发人员难以确定当前类变量的值，尤其是可变对象的值。

正确的用法是使用“类名 . 属性”的方式访问类的属性：

```
>>> print(Car.brand)
宝马
```

创建两个 Car 实例，查看它们的 brand：

```
>>> a = Car()
>>> b = Car()
```

```
>>> print(a.brand, id(a.brand))
宝马 40826552
>>> print(b.brand, id(b.brand))
宝马 40826552
```

可见两个实例的 brand 属性所指向的内存地址相同，这就意味着如果修改了 Car.brand，那么实例 a 和 b 的 brand 值都会发生变化：

```
>>> Car.brand = "奔驰"
>>> a = Car()
>>> b = Car()
>>> print(a.brand, id(a.brand))
奔驰 51218544
>>> print(b.brand, id(b.brand))
奔驰 51218544
```

7.2.5　实例变量

看到类变量的特性，可能会想到对于品牌与颜色这类属性，每辆汽车都可能不相同，那么在 Python 里面要如何表示呢？

对于这种类型的属性，可以使用实例变量来存储，实例变量是定义在方法中的变量，只能用于当前类的实例。使用实例变量修改上面代码：

```
#!/usr/bin/python
# -*- coding: UTF-8 -*-

class Car:
    '''这是一个汽车类'''

    def __init__(self, brand, color):
        self.brand = brand
        self.color = color

    def run(self, s):
        print("当前行驶速度：", s, "km/h")

    def print_car(self):
      print("品牌：", self.brand, "，颜色：", self.color)
```

方法 __init__() 叫作构造函数，每当实例化一个类时都会执行这个函数，通常会在这个函数里面为实例属性进行初始化，所以也叫作初始化方法。此时再实例化 Car 类时就必须按照 __init__() 的格式实例化了，不能直接使用 Car() 的方式了：

```
>>> a = Car("宝马", "红色")
>>> a.print_car()
```

```
品牌: 宝马 , 颜色: 红色
>>> b = Car(" 奔驰 ", " 黑色 ")
>>> b.print_car()
品牌: 奔驰 , 颜色: 黑色
```

7.3 类继承

继承是代码重用的好办法，Python 中的继承就像现实生活中的继承一样，子类可以什么都不做就拥有了父类的属性或方法。

7.3.1 单继承

单继承就是一个子类只有一个基类的继承方式，语法是：class 子类名 (基类名): …。

还是以汽车为例来讲解单继承。汽车不是只有燃油的传统小汽车，还有特斯拉这种电动车，虽然它们都是汽车，都有品牌、颜色等属性，但是在一些细节上还是有区别的。据此可以定义一个 Car 基类，它包含所有汽车的通用属性，然后再定义一个 OilCar 类和 ECar 类分别代表燃油汽车和电动车：

```
#!/usr/bin/python
# -*- coding: UTF-8 -*-

class Car:
    ''' 这是一个汽车类 '''

    def __init__(self, brand, color):
        self.brand = brand
        self.color = color

    def run(self, s):
        print(" 当前行驶速度: ", s, "km/h")

    def print_car(self):
      print(" 品牌: ", self.brand, ", 颜色: ", self.color)

class OilCar(Car):
    ''' 这是燃油汽车类 '''

    def power(self):
        print(" 我使用汽油作为动力 ")

class ECar(Car):
    ''' 这是电动汽车类 '''
```

```
    def power(self):
        print(" 我使用电池作为动力 ")
```

接下来分别实例化 OilCar 和 ECar 类，看看它们是不是真的能够使用基类的属性与方法：

```
>>> o = OilCar(" 奔驰 ", " 红色 ")
>>> o.power()
我使用汽油作为动力
>>> o.print_car()
品牌: 奔驰 , 颜色: 红色

>>> e = ECar(" 特斯拉 ", " 黑色 ")
>>> e.power()
我使用电池作为动力
>>> e.print_car()
品牌: 特斯拉 , 颜色: 黑色

查看实例 o 的类型:
>>> print(type(o))
<class '__main__.OilCar'>

查看 o 是否是 Car 类的一个实例:
>>> print(isinstance(o, Car))
True
```

由此可见，对象 o 是 OilCar 类型，同时也是 Car 的一个实例。子类不但可以直接使用父类的属性（brand、color）与方法（print_car），而且还可以增加新方法（power）。

7.3.2　多继承

多继承就是一个子类可以继承多个父类的继承方式，相对于单继承来说，多继承更复杂也更难以控制，容易造成菱形继承问题，即两个父类同时继承了一个基类，而子类会包含多个父类的内容，产生代码歧义，因此很多编程语言都摒弃了这种继承方式如 Java 和 C#。Python 是允许多继承的，这对于开发人员来说即提供了更多的代码编写方案，同时也引入了更多的潜在问题，因此开发人员应时刻注意多继承的风险。

虽然编者并不建议开发人员使用多继承的方式编写代码，但是仍在这里对多继承做一个简单介绍，多继承的语法与单继承类似：class 子类名 (基类 1, 基类 2…): …。下面是一个非常简单的多继承的例子：

```
class A:
    def run(self, r):
        print(" 我在以 %s 米 / 秒的速度跑步 " % r)


class B:
```

```
    def speak(self, s):
        print(" 我在说: ", s)

class C(A, B):
    pass
```

类C同时继承了类A和类B，那么它应该同时拥有类A和类B的属性与方法，执行以下代码进行查看：

```
>>> c = C()
>>> c.run(5)
我在以 5 米 / 秒的速度跑步
>>> c.speak(" 你好 ")
我在说: 你好
```

上面的代码非常简单，因为类A和类B既没有构造函数也没有重复的属性和方法，那么如果它们都有构造函数并且有同名的方法时会发生什么呢？

```
#!/usr/bin/python
# -*- coding: UTF-8 -*-

class A:
    def __init__(self, name):
        self.name = name

    def intro(self):
        print(" 我叫 ",self.name)

    def run(self, r):
        print(" 我在以 %s 米 / 秒的速度跑步 " % r)

class B:
    def __init__(self, age):
        self.age = age

    def intro(self):
        print(" 我今年 %d 岁了 " % self.age)

    def speak(self, s):
        print(" 我在说: ", s)

class C(A, B):
    pass
```

执行以下代码：

```
>>> c = C(18)
>>> c.intro()
我叫 18
```

```
>>> c.run(5)
我在以 5 米 / 秒的速度跑步
>>> c.speak(" 你好 ")
我在说: 你好
```

从上面的执行结果来看，本来我想介绍我的年龄，但是却输出了“我叫 18”，而另外两个方法还能正常执行。这种现象是继承顺序导致的，类 A 在类 B 的前面，所以对于同名的属性与方法子类都会调用类 A 的。

上面是普通方法在多继承中的表现，对于构造方法来说就更复杂了。Python 中类的构造方法基本按照以下方式执行。

如果子类有自己的构造方法，那么在实例化子类的时候就会执行子类的构造方法，不会执行基类的构造方法，例如：

```
class A:

    def __init__(self, name):
        print("A 的构造方法 ")

class C(A):
    def __init__(self):
        print("C 的构造方法 ")

初始化 C:
>>> c1 = C()
C 的构造方法
>>> c2 = C("Aaron")
Traceback (most recent call last):
  File "e:\Django\Python\Classes.py", line 15, in <module>
    c2 = C("Aaron")
TypeError: __init__() takes 1 positional argument but 2 were given
```

如果子类没有构造方法，在单继承中则会直接调用基类的构造方法，例如：

```
class A:

    def __init__(self, name):
        print("A 的构造方法 ")

class C(A):
    pass

初始化 C:
>>> c1 = C("Aaron")
A 的构造方法

>>> c2 = C()
Traceback (most recent call last):
```

```
  File "e:\Django\Python\Classes.py", line 14, in <module>
    c2 = C()
TypeError: __init__() missing 1 required positional argument: 'name'
```

如果子类有多个基类并且子类没有自己的构造函数，则会按顺序查找父类，找到第一个有构造函数的基类并执行，例如：

```
class A:
    pass

class B:
    def __init__(self, age):
        print("B 的构造方法 ")

class C(A,B):
    pass

初始化 C:

>>> c1 = C("Aaron")
B 的构造方法
>>> c2 = C()
Traceback (most recent call last):
  File "e:\Django\Python\Classes.py", line 12, in <module>
    c2 = C()
TypeError: __init__() missing 1 required positional argument: 'age'
```

7.3.3 方法重载

有时虽然父类已经提供了一些方法，但是这些方法可能不能满足子类的需求，所以可以在子类中对父类方法进行重写。

还是以单继承为例，前面的例子中子类 OilCar 和 ECar 都直接使用了父类的 print_car() 方法，接下来希望在 print_car() 函数的输出中还能展示当前车辆的动力类型，此时就需要重写父类的 print_car() 方法，具体修改如下：

```
#!/usr/bin/python
# -*- coding: UTF-8 -*-

class Car:
    ''' 这是一个汽车类 '''

    def __init__(self, brand, color):
        self.brand = brand
        self.color = color
```

```
    def run(self, s):
        print("当前行驶速度: ", s, "km/h")

    def print_car(self):
      print("品牌: ", self.brand, ", 颜色: ", self.color)

class OilCar(Car):
    '''这是燃油汽车类'''

    def power(self):
        print("我使用汽油作为动力")

    def print_car(self):
      print("品牌: ", self.brand, ", 颜色: ", self.color, ", 动力: 汽油")

class ECar(Car):
    '''这是电动汽车类'''

    def power(self):
        print("我使用电池作为动力")

    def print_car(self):
      print("品牌: ", self.brand, ", 颜色: ", self.color, ", 动力: 电池")
```

重新调用 print_car() 方法查看执行结果：

```
>>> o = OilCar("奔驰", "红色")
>>> o.print_car()
品牌: 奔驰 , 颜色: 红色 , 动力: 汽油
>>> e = ECar("特斯拉", "黑色")
>>> e.print_car()
品牌: 特斯拉 , 颜色: 黑色 , 动力: 电池
```

执行正常，子类已经重写了父类方法，而且不同的子类之间没有干扰。

7.3.4 super 函数

仔细观察上面方法重载的例子可以发现，两个子类中 print_car() 非常相似，只有很少的一部分代码有区别，本着代码重用原则，可以使用 super 函数在子类中调用父类方法，以达到减少子类代码冗余的目的。

Super 是 Python 的内置函数，可以用来调用父类的方法，这在方法被重载时非常有用。Super 函数的语法：super([*type*[,*object-or-type*]])。

Super 函数有两种用法：①在单继承结构中，super 可以隐式地返回父类。②支持多继承，这也是除 Python 外几乎目前所有编程语言中唯一一种能做到合理使用多继承的方式，super 使得开发人员可以很好地解决菱形继承问题。不管哪种用法，super 的调用都类似下面形式：

```
class C(B):
def method(self, arg):
    super().method(arg)     # 等同于 : super(C, self).method(arg)
```

注意

super 这种不传参数的用法只能用在类方法中，Python 解释器会自动填充参数。第二个参数 *object-or-type* 一般都是 self。

了解了以上知识后，使用 super 修改上面代码：

```
#!/usr/bin/python
# -*- coding: UTF-8 -*-

class Car:
    ''' 这是一个汽车类 '''

    def __init__(self, brand, color):
        self.brand = brand
        self.color = color

    def run(self, s):
        print(" 当前行驶速度: ", s, "km/h")

    def print_car(self):
      print(" 品牌: ", self.brand, ", 颜色: ", self.color)

class OilCar(Car):
    ''' 这是燃油汽车类 '''

    def power(self):
        print(" 我使用汽油作为动力 ")

    def print_car(self):
        super().print_car()
        print(" 动力: 汽油 ")

class ECar(Car):
    ''' 这是电动汽车类 '''

    def power(self):
        print(" 我使用电池作为动力 ")

    def print_car(self):
        super().print_car()
        print(" 动力: 电池 ")
```

```
调用 print_car():
>>> o = OilCar(" 奔驰 ", " 红色 ")
>>> o.print_car()
品牌: 奔驰 , 颜色: 红色
动力: 汽油
>>> e = ECar(" 特斯拉 ", " 黑色 ")
>>> e.print_car()
品牌: 特斯拉 , 颜色: 黑色
动力: 电池
```

7.3.5　访问权限

前面例子中所有类的属性与方法都是公有的，也就是说，子类可以没有限制地使用基类的任何成员。但是有时还需要对类成员的访问权限加以控制，如只允许类内部使用，或者只允许类本身和子类使用。

❑ 类的私有属性如下。

__private_attrs：以两个下画线开头，不能在类的外部使用，在类内部使用时：self.__private_attrs。

❑ 类的私有方法：

__private_methods：以两个下画线开头，不能在类的外部使用，在类内部使用时：self.__private_methods。

读者可通过下面的例子看看私有属性与公有属性的区别：

```
#!/usr/bin/python
# -*- coding: UTF-8 -*-

class AccessTest:
    __private = 0                    # 私有变量
    public = 0                       # 公有变量

    def count(self):
        self.__private += 1
        self.public += 1
```

访问公有变量与私有变量：

```
>>> at = AccessTest()
>>> at.count()
>>> print(at.public)
1
>>> print(at.__private)
  Traceback (most recent call last):
  File "e:\Django\Python\Classes.py", line 15, in <module>
```

```
    print(at.__private)                           # 报错，实例不能访问私有变量
AttributeError: 'AccessTest' object has no attribute '__private'
```

可见在类外部是不能访问私有变量的，但是其实 Python 的私有变量是一个伪私有变量，使用 dir 函数（dir 是 Python 的内置函数，可以用来查看对象的所有属性与方法）查看实例 at：

```
>>> print(dir(at))
['_AccessTest__private', '__class__', '__delattr__', '__dict__', '__dir__', '__doc__',
'__eq__', '__format__', '__ge__', '__getattribute__', '__gt__', '__hash__', '__init__',
'__init_subclass__', '__le__', '__lt__', '__module__', '__ne__', '__new__', '__reduce__',
'__reduce_ex__', '__repr__', '__setattr__', '__sizeof__', '__str__', '__subclasshook__',
'__weakref__', 'count', 'public']
```

从输出结果可见，at 包含了一个属性 _AccessTest__private，这个属性其实就是我们前面定义的 __private 属性，这是 Python 的名称修饰（name mangling）功能对 __private 的重命名。我们继续访问这个 _AccessTest__private 属性，看看它是不是真的等于 __private 呢？

```
>>> print(at._AccessTest__private)
1
```

果然符合预期。

7.4 类的内置属性

前面介绍了 Python 类的基本用法，下面再来介绍几个 Python 类的内置属性。

- __doc__：文档字符串。
- __class__：类名。
- __module__：类所在模块名。
- __name__：类名。
- __dict__：由类的数据属性组成的字典。
- __base__：基类。

```
#!/usr/bin/python
# -*- coding: UTF-8 -*-

class ClassProperties:
    """ 类的内置属性 """

    def __init__(self):
        self.name = "Demo"
        self.number = 1

    def print_self(self):
```

```
        print("这是一个测试方法")

>>> cp = ClassProperties()
>>> print(ClassProperties.__doc__)
>>> print(ClassProperties.__class__)
>>> print(ClassProperties.__module__)
>>> print(ClassProperties.__name__)
>>> print(ClassProperties.__dict__)
>>> print(ClassProperties.__base__)
```

类的内置属性：

```
<class 'type'>
__main__
ClassProperties
{'__module__': '__main__', '__doc__': '类的内置属性', '__init__': <function ClassProperties.__init__ at 0x00000000029CEF28>, 'print_self': <function ClassProperties.print_self at 0x0000000002B150D0>, '__dict__': <attribute '__dict__' of 'ClassProperties' objects>, '__weakref__': <attribute '__weakref__' of 'ClassProperties' objects>}
<class 'object'>
```

第 8 章 模块

前面讲的都是 Python 的具体语法，接下来讲解一下模块。模块其实就是一个包含了 Python 代码的文件，一般扩展名是 .py。模块中可以包含类、函数、变量等任何代码。

使用模块的好处很多，如可以将大量的代码分配到多个文件中，提高代码的可读性，方便维护；将相同名字的函数、类或者变量放在不同的模块中可以避免命名冲突；提高代码的可重用性，只要将写好的代码放到模块中，那么其他模块就可以引用这个模块里面的代码。

当然不同人编写的模块也可能重名，因此 Python 通过将模块放入不同文件夹的方式来避免模块重名，这个文件夹就叫作包（package）。

注意

每个包下面必须包含一个 __init__.py 文件，否则 Python 会认为这是一个普通目录。__init__.py 文件内可以什么都不写。

8.1 创建模块

下面创建一个简单的模块 Car.py：

```
#!/usr/bin/python
# -*- coding: UTF-8 -*-

class Car:
    '''这是一个汽车类'''

    def __init__(self, brand, color):
        self.brand = brand
        self.color = color

    def run(self, s):
```

```
        print("当前行驶速度：", s, "km/h")

    def print_car(self):
      print("品牌：", self.brand, ", 颜色：", self.color)

if __name__=='__main__':
    c = Car("奔驰", "黑色")
    c.run(120)
    c.print_car()
```

这个模块与之前编写的代码唯一的区别是最下面代码块 if __name__=='__main__':…。这个 if 条件判断语句是用来判断当前代码的执行位置的，如果直接执行这个模块，那么 Python 解释器会将一个特殊变量 __name__ 设置为 __main__，if 语句被执行，如：

```
E:\Django\Python>python E:\Django\Python\Car.py
当前行驶速度：120 km/h
品牌：奔驰 ，颜色：黑色
```

如果通过导入到其他模块的方式使用 Car 模块的话，if 语句判断失败，if 代码块不会执行。

可以在 if 语句前打印出 __name__ 来验证猜测：print(__name__)。

重新执行上面代码：

```
E:\Django\Python>python E:\Django\Python\Car.py
__main__
当前行驶速度：120 km/h
品牌：奔驰 ，颜色：黑色
```

创建其他模块 test.py，在 test 模块中引用 Car.py，test.py 模块内容如下：

```
#!/usr/bin/python
# -*- coding: UTF-8 -*-

import Car
```

执行 test.py 输出：

```
Car
```

说明在其他模块引用时特殊变量 __name__ 的值是模块名，不是 __main__。

8.2 导入模块

8.2.1 导入整个模块

直接使用“import 模块名”的方式可以导入整个模块，上面 test.py 模块引用 Car 模块的方式就是这种，在 test 中使用 Car 模块内容时必须这样引用：模块名 . 函数名，如：

```
Car.Car("特斯拉", "黑色")
```

另外也可以使用“from 模块名 import *”的方式导入整个模块。

8.2.2 导入部分模块

如果一个模块很大，而我们只需要模块的一部分，那么可以使用下面方式导入模块的一部分：

```
from 模块名 import name1[, name2[, …nameN]]
```

8.2.3 import 语法规范

每一个模块都使用单独的 import 语句，如：

```
import os
import sys
```

不要使用一个 import 语句导入多个模块，如：

```
import os, sys
```

除了模块的注释与文档说明外，永远将 import 语句放在文件的最开头位置，模块的全局变量和常量要放在 import 语句后面。

按照以下顺序排列 import 语句：

（1）Python 标准库模块；

（2）Python 第三方模块；

（3）自定义模块；

（4）在上面每种模块类型之间插入一行空行。

推荐使用绝对导入（absolute imports），如：

```
import mypkg.sibling
from mypkg import sibling
from mypkg.sibling import example
```

显式相对导入（relative imports）是另一种替代方案：

```
from . import sibling
from .sibling import example
```

需要注意的是，隐式相对导入在 Python 3 中已经被移除了。

使用下面方式导入模块中的类：

```
from myclass import MyClass
from foo.bar.yourclass import YourClass
```

如果模块中的类名与本地脚本中的类名重复了，可以使用以下方式：

```
from myclass import MyClass
from foo.bar.yourclass import YourClass
```

此时在本地脚本中用以下方式调用模块中的类：

```
myclass.MyClass 和 foo.bar.yourclass.YourClass
```

避免使用通配符导入模块（from <module> import *），因为这种方式会使读者不清楚导入了哪些对象。

8.3 模块检索顺序

通过上面的学习，可以知道 Python 使用 import 命令导入模块，虽然在导入模块的时候并没有指定模块所在路径，但是 Python 仍然能够找到正确的模块，那么 Python 是如何找到正确模块的呢？其实这是由 Python 的模块检索顺序决定的，Python 解释器会按照一定的顺序进行检索，直到找到第一个匹配的模块。

从 Python 3 开始所有的导入都默认为绝对导入，这意味着 Python 解释器会首先在系统包中查找，当系统包中不存在指定包时才查找本地包。

相对导入可以直接导入同一个包中的不同模块，使用时只要直接在模块名前加上包名或者点，例如：

```
from .book import Book
from .author import Author
```

Python 解释器按照下面顺序搜索模块：

首先判断当前模块是不是 Python 内建模块，如果是则引用内建模块，如果不是则在 sys.path 中查找。

sys.path 包含：

- ❑ 脚本当前位置；
- ❑ shell 变量 PYTHONPATH 下的每个目录；
- ❑ 安装 Python 的依赖位置。

下面是一个 sys.path 的例子：

```
>>> sys.path
['', 'C:\\Program Files\\Python36\\python36.zip', 'C:\\Program Files\\Python36\\
DLLs', 'C:\\Program Files\\Python36\\lib', 'C:\\Program Files\\Python36', 'C:\\P
rogram Files\\Python36\\lib\\site-packages']
```

注意上面路径中存在一个特殊路径：''，它表示当前包所在路径，这意味着同一路径下的包可以互相引用。

第二部分

Web 编程基础

第9章
HTML 基础

HTML（Hyper Text Markup Language）的中文全称叫作超文本标记语言，是创建网页应用的标准语言。HTML 不像 Python 等开发语言，它是一种标记语言（markup language），超文本的意思就是说它是一种超越文本的语言，在记事本里面输入的文字是文本，超文本不仅可以包含文字，还可以包含图片、链接、视频、音乐等。HTML 语言可以用来描述网页结构，浏览器接收从服务器端或者本地发送来的 HTML 文档进行解释，最终呈现在我们面前的就是丰富多彩的网页了，本章带领大家了解 HTML 基础。

9.1 HTML 的历史

HTML 语言最早由科学家 Tim Berners-Lee 在 1980 年开始构思开发，经过近十年的发展，终于在 1991 年发布了第一个版本，这个版本的 HTML 叫作“HTML tags”，此时的 HTML tags 包含了 18 个元素，能够描绘简单的网页。

Berners-Lee 一直致力于推动 HTML 成为一种标准通用语言（Standard Generalized Markup Language，SGML），终于在 1993 年，HTML 正式被互联网工程任务组（Internet Engineering Task Force，IETF）接纳，并由 Berners-Lee 和 Dan Connolly 共同起草了第一版 HTML 规范（Hypertext Markup Language，HTML）。而几乎同时代的 Dave Raggett 于 1993 年完成了 HTML+ (Hypertext Markup Format)。

1994 年，IETF 组建了 HTML 工作组并于 1995 年完成了 HTML 2.0 规范的制定，这个版本的 HTML 规范成为后来 HTML 的基础。自 1996 年开始，万维网联盟 W3C（World Wide Web Consortium）开始维护 HTML 文档。2000 年，HTML 成为国际标准，标准号 ISO/IEC 15445:2000)。HTML 4.0.1 是 HTML 发展过程中一个里程碑式的版本，它发布于 1999 年。2004 年 Web 超文本应用技术工作组（Web Hypertext Application Technology Working Group，WHATWG）开始编写 HTML 5 并于 2014 年完成标准的制定。

HTML 5 作为最新的 HTML 规范，是将来桌面浏览器以及移动浏览器的发展趋势，除特殊说明外，本书的所有内容均基于 HTML 5。

9.2 HTML 编辑器

HTML 文档的本质是文本文件，所以可以使用任何文本编辑器开发。虽然很多高级开发工具也可以用来编写 HTML 文档，但是这些工具通常会提供很强大的代码感知、自动补全等功能，这不利于初学者牢记 HTML 代码，所以笔者强烈建议初学者使用文本编辑器进行 HTML 开发。

Windows 系统自带的记事本工具就可以用来进行 HTML 开发，在编写完 HTML 文档后，将文档另存为 .htm 或者 .html 为扩展名的文件即可。这两种文档扩展名在使用上没有任何区别，.htm 是早期 DOS 系统的扩展名，当时的操作系统只支持 3 位扩展名，随着计算机技术的发展，现在的文件扩展名已经没有限制了。虽然记事本工具能够加深初学者对 HTML 代码的记忆，但是由于记事本功能简单，连最基本的代码高亮显示功能都没有，所以还是推荐其他工具开发 HTML 文档。下面介绍比较受欢迎的两个 HTML 开发工具。

9.2.1 Notepad++

下载地址：https://notepad-plus-plus.org/。

优势：语法高亮度显示、代码折叠功能、代码自动补全、插件丰富、免费使用。

软件执行界面如图 9-1 所示。

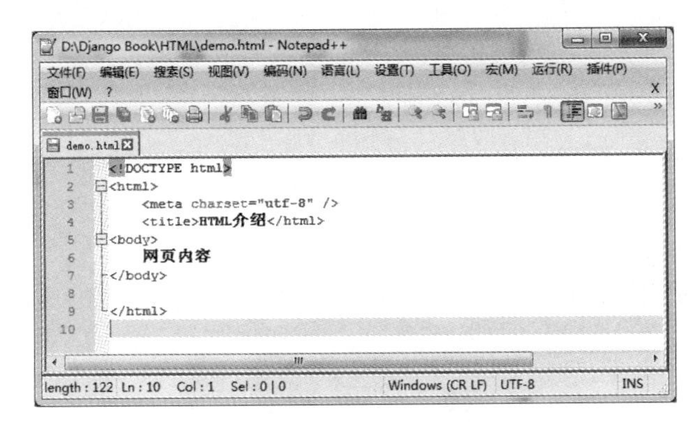

图 9-1

9.2.2 Sublime Text

下载地址：http://www.sublimetext.com/。

优势：语法高亮度显示、代码折叠功能、代码自动补全、插件丰富、免费试用。

软件执行界面如图 9-2 所示。

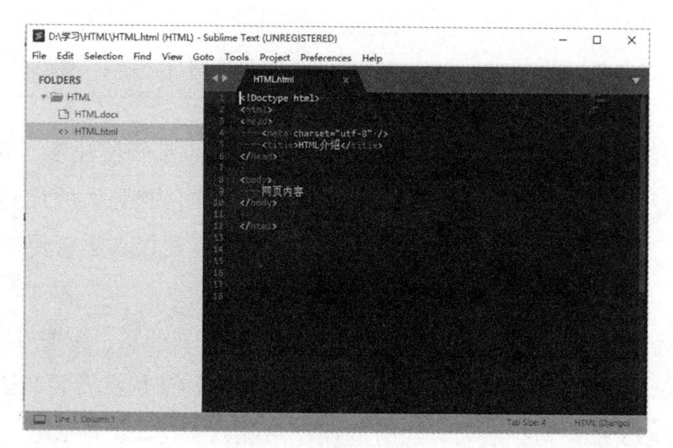

图 9-2

9.3 HTML 结构

打开记事本工具，在其中输入下面的代码：

```
1 <!Doctype html>
2 <html>
3 <head>
4     <meta charset="utf-8" />
5     <title>HTML介绍</title>
6 </head>
7
8 <body>
9     网页内容
10 </body>
11
12 </html>
```

将此文件另存为 demo.html，右击文件，选择打开方式（如 IE、Chrome、搜狗浏览器等），如果已经将 .html 类型文件关联到浏览器则直接双击打开文件。此时浏览器显示如图 9-3 所示。

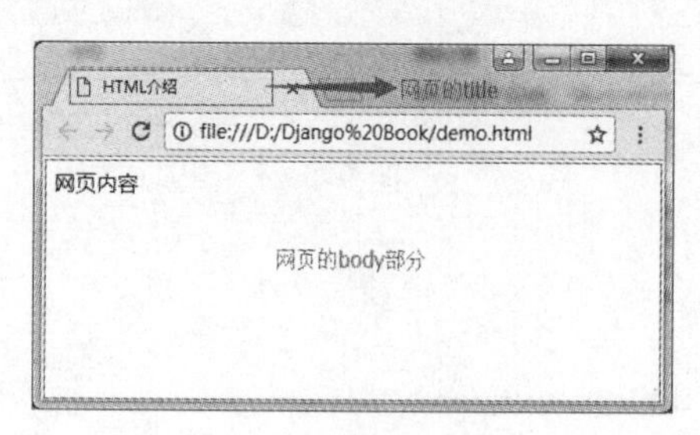

图 9-3

代码解释：

网页第一行代码 <!Doctype html> 是文档类型声明，用于指定文档类型，方便浏览器对文档进行解释并渲染。

<html> 标签是文档的根节点，告诉浏览器自身是一个 HTML 文档，其他所有 HTML 标签都应该放置在 <html> 标签内部。

<head> 标签定义文档头部，在 <head> 标签内部可以引用脚本、样式表、HTML 元信息等。

<meta> 标签可以提供页面的元信息，本例中使用 <meta> 标签规定了当前文档所使用的字符集为 UTF-8 字符集。

<title> 文档标题，具体使用效果见图 9-3。

<body> 标签包含页面的所有主体内容如文本、超链接、图片、视频、音频等。

9.4 HTML 元素

HTML 作为一个标记语言，定义了很多标签（tag），一个完整的 HTML 文档就是由多个标签组成的。大多数 HTML 标签都是成对出现的，如标题标签是由开始标签 <title> 和结束标签 </title> 组成的，另外标签之间还可以嵌套使用，不过需要注意的是，标签不能够交叉嵌套，即子标签的结束标签必须在父标签结束标签之前出现，否则会在浏览器中出现意外情况。

本节将选择一些比较常用的 HTML 标签进行讲解。

9.4.1 属性

在介绍 HTMl 元素之前，先了解一个概念：属性。

属性可以赋予 HTML 元素更多的信息，如可以给元素添加 id 属性用于唯一标识当前元素。

下面是部分 HTML 标签的全局属性，可以应用于所有 HTML 元素。

1. accesskey

描述：规定了激活元素的快捷键（Alt + accesskey）。

示例：

```
<a href="http://www.w3school.com.cn/html/" accesskey="h">HTML</a>
```

2. class

描述：给元素添加一个或多个样式表类名，当存在多个类时，类名之间使用空格分隔。示例如图 9-4 所示。

显示效果如图 9-5 所示。

```
<html>
<head>
<meta charset="gb2312" />
<style type="text/css">
    .header {text-align:center;font:bold 24px arial,sans-serif;}
</style>
</head>

<body>
    <p class="header">这是段落标题</p>
</body>

</html>
```

图 9-4

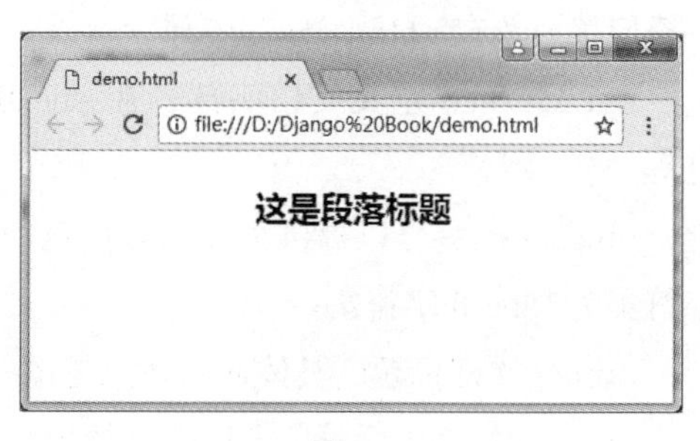

图 9-5

3. contenteditable

描述：一段可以编辑的段落，这也是目前绝大多数所见即所得在线编辑器的最终实现原理。

语法：

```
<element contenteditable="true|false">
```

示例：

```
<p contenteditable="true">这是一段可编辑的段落。</p>
```

显示效果如图 9-6 所示。

4. dir

描述：指定元素内容的文字方向。

语法：

```
<element dir="ltr|rtl">
```

示例：

```
<p dir="rtl">这行文字从右向左显示！</p>
```

显示效果如图 9-7 所示。

5. id

描述：规定了 HTML 元素的唯一标记，方便 JavaScript 等脚本语言定位元素。

示例：

```
<h1 id="myHeader">Hello World!</h1>
```

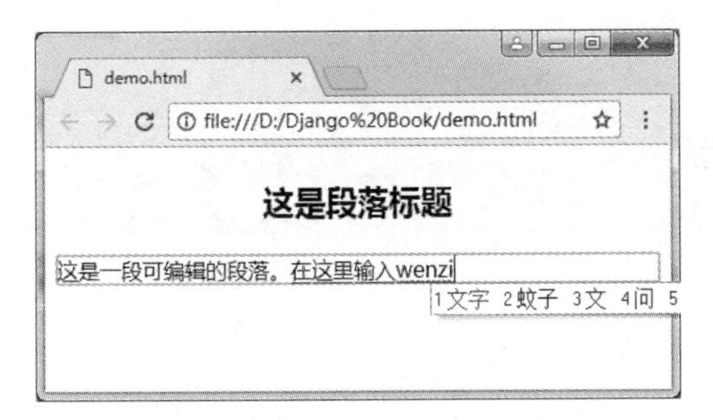

图 9-6

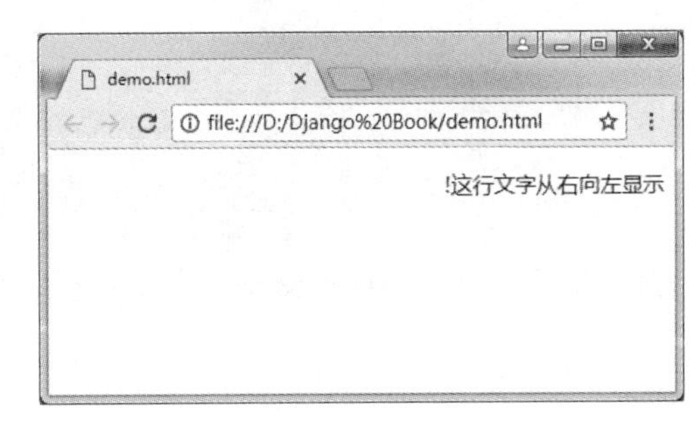

图 9-7

6. lang

描述：规定了元素内容所使用的语言。HTML 支持的语言参考附录。

语法：

```
<element lang="language_code">
```

示例：

```
<html lang="en">
```

7. style

描述：规定了元素的行内样式（inline style）。

语法：

```
<element style="value">
```

示例：

```
1  <!DOCTYPE html>
2  <html>
3
4  <body>
5      <p style="color:blue; text-align:center;">这是标题</p>
6      <p style="color:red;">这是文章内容</p>
7  </body>
8
9  </html>
10
```

显示效果如图 9-8 所示。

8. tabindex

描述：规定了使用 Tab 键选择元素的顺序。

语法：

```
<element tabindex="number">
```

示例：

```
<a href="http://www.w3school.com.cn/" tabindex="1">W3School</a>
<a href="http://www.google.com/" tabindex="2">Google</a>
<a href="http://www.microsoft.com/" tabindex="3">Microsoft</a>
```

注：数字 1 表示当前元素是第一个元素。

9. title

描述：用于显示元素的额外信息，当把鼠标悬停于元素上时会显示一段文字信息。

语法：

```
<element title="value">
```

示例：

```
<span title="http://www.w3school.com.cn/">w3school</span>
```

显示效果如图 9-9 所示。

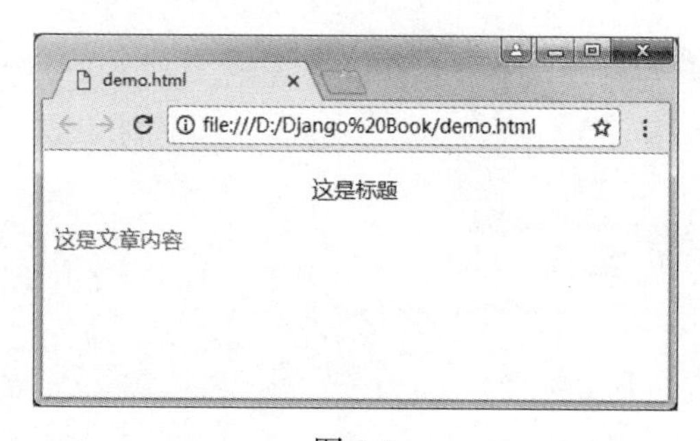

图 9-8

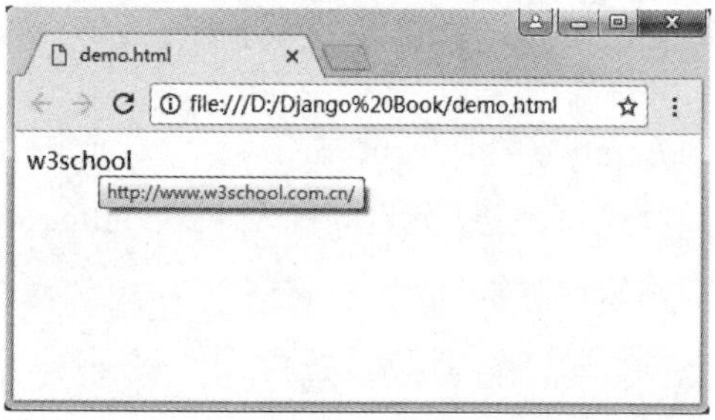

图 9-9

9.4.2 注释标签 <!--...-->

与其他编程语言一样，HTML 代码也需要有注释功能，在 HTML 的注释标签内书写的内容将不会呈现在网页上，如：

```
<!-- 这是一段注释。注释不会在浏览器中显示。-->
```

浏览器支持如图 9-10 所示。

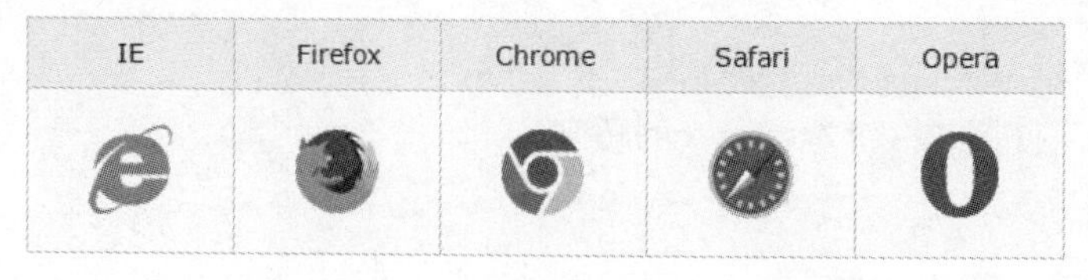

图 9-10

9.4.3 文档类型声明标签 <!DOCTYPE>

通过前面的 HTML 介绍，我们知道在 HTML 的发展过程中出现过很多版本，每个版本之间都会存在一定的差异，为了使浏览器能够正确识别并渲染当前的 HTML 文档，需要在 HTML 文档中对其所使用的规范进行声明。

在文档类型声明中需要指定当前文档所使用的文档类型定义（DTD），文档类型声明的目的就是使 SGML 工具能够按照 DTD 的规范转换和验证 HTML 文档。DTD 中包含了允许和禁止的文档内容。

DOCTTYPE 标签有以下特性：

- 不是 HTML 标签，不需要闭合。
- 必须位于文档第一行。
- 大小写不敏感。
- 所有浏览器都支持 <!DOCTYPE>。

下面是几个重要 HTML 版本的文档类型声明。

1. HTML 5

```
<!DOCTYPE html>
```

HTML 5 规范的一个重要目标就是简化代码，同时 HTML 5 不是基于 SGML 开发的，因此摒弃了早期复杂的文档类型声明方式，只要在 HTML 文档开头书写 <!DOCTYPE html> 浏览器就可以将文档识别为 HTML 5 规范。

2. HTML 4.0.1 Strict

```
<!DOCTYPE HTML PUBLIC "-//W3C//DTD HTML 4.01//EN" "http://www.w3.org/TR/html4/strict.dtd">
```

声明当前文档使用超文本严格文档类型定义，排除了显示性属性和已经弃用的元素，HTML 4.0.1 Strict 推荐使用样式表代替原有的显示性属性，同时不允许使用框架（framesets）。

下面是 DTD 声明：

```
<!--
This is HTML 4.01 Strict DTD, which excludes the presentation
attributes and elements that W3C expects to phase out as
support for style sheets matures. Authors should use the Strict
DTD when possible, but may use the Transitional DTD when support
for presentation attribute and elements is required.

HTML 4 includes mechanisms for style sheets, scripting,
embedding objects, improved support for right to left and mixed
```

```
direction text, and enhancements to forms for improved
accessibility for people with disabilities.

          Draft: $Date: 1999/12/24 23:37:48 $

          Authors:
              Dave Raggett <dsr@w3.org>
              Arnaud Le Hors <lehors@w3.org>
              Ian Jacobs <ij@w3.org>

    Further information about HTML 4.01 is available at:

        http://www.w3.org/TR/1999/REC-html401-19991224


    The HTML 4.01 specification includes additional
    syntactic constraints that cannot be expressed within
    the DTDs.

-->
```

3. HTML 4.01 Transitional

```
<!DOCTYPE HTML PUBLIC "-//W3C//DTD HTML 4.01 Transitional//EN" "http://www.w3.
org/TR/html4/loose.dtd">
```

声明当前文档使用超文本过渡类型定义，文档支持显示性属性和可以使用样式表替代的元素，但不允许使用框架。

下面是DTD声明：

```
<!--
    This is the HTML 4.01 Transitional DTD, which includes
    presentation attributes and elements that W3C expects to phase out
    as support for style sheets matures. Authors should use the Strict
    DTD when possible, but may use the Transitional DTD when support
    for presentation attribute and elements is required.

    HTML 4 includes mechanisms for style sheets, scripting,
    embedding objects, improved support for right to left and mixed
    direction text, and enhancements to forms for improved
    accessibility for people with disabilities.

          Draft: $Date: 1999/12/24 23:37:48 $

          Authors:
              Dave Raggett <dsr@w3.org>
              Arnaud Le Hors <lehors@w3.org>
              Ian Jacobs <ij@w3.org>
```

```
    Further information about HTML 4.01 is available at:

        http://www.w3.org/TR/1999/REC-html401-19991224


    The HTML 4.01 specification includes additional
    syntactic constraints that cannot be expressed within
    the DTDs.

-->
```

4. HTML 4.01 Frameset

```
<!DOCTYPE HTML PUBLIC "-//W3C//DTD HTML 4.01 Frameset//EN" "http://www.w3.org/
TR/html4/frameset.dtd">
```

声明当前文档使用超文本框架集类型定义，与 HTML 4.01 Transitional 相同，但是允许使用框架。

下面是 DTD 声明：

```
<!--
    This is the HTML 4.01 Frameset DTD, which should be
    used for documents with frames. This DTD is identical
    to the HTML 4.01 Transitional DTD except for the
    content model of the "HTML" element: in frameset
    documents, the "FRAMESET" element replaces the "BODY"
    element.

          Draft: $Date: 1999/12/24 23:37:45 $

          Authors:
              Dave Raggett <dsr@w3.org>
              Arnaud Le Hors <lehors@w3.org>
              Ian Jacobs <ij@w3.org>

    Further information about HTML 4.01 is available at:

          http://www.w3.org/TR/1999/REC-html401-19991224.
-->
```

9.4.4 超链接 <a>

描述：网页的超链接允许我们从一个网页导航到另一个网页或者锚位置。

示例：

```
<a href="http://www.w3school.com.cn">W3School</a>
```

浏览器支持如图 9-11 所示。

IE	Firefox	Chrome	Safari	Opera

图 9-11

属性及值如表 9-1 所示。

表 9-1

属 性	值	描 述
href	URL	规定了指向的页面地址
target	❑ _blank ❑ _parent ❑ _self ❑ _top	规定了打开新页面的位置

9.4.5 按钮 <button>

描述：定义一个按钮。与另外一种按钮元素 <input type="button"> 相比，<button> 元素更为强大，在标签之间可以放置任何内容，如图片。

示例：

```
<button type="button"> 确定 </button>
```

浏览器支持如图 9-12 所示。

IE	Firefox	Chrome	Safari	Opera

图 9-12

属性及值如表 9-2 所示。

表 9-2

属 性	值	描 述
disabled	disabled	规定按钮的禁用状态
name	文本	规定按钮的名字

续表

属　　性	值	描　　述
type	button reset submit	规定按钮的类型
value	文本	规定按钮的初始值，可以使用脚本修改

9.4.6　<div> 容器

描述：用于定义文档中独立的内容。<div> 是一个块级元素，它会自动开始一个新行。

示例：

```
<div style="color:#00FF00;background-color:red;">这是一个div标签</div>
```

浏览器支持如图 9-13 所示。

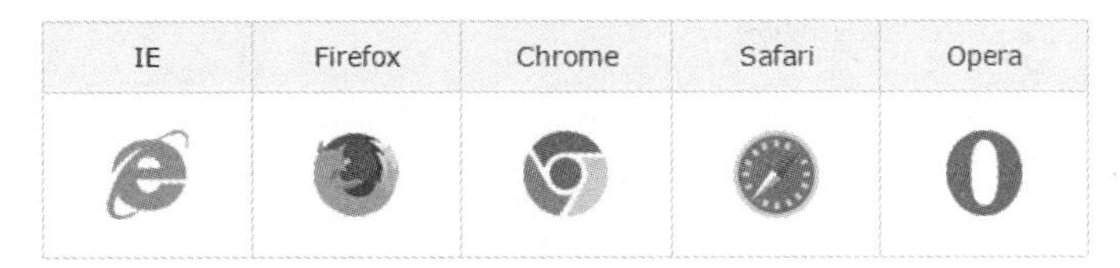

图 9-13

显示效果如图 9-14 所示。

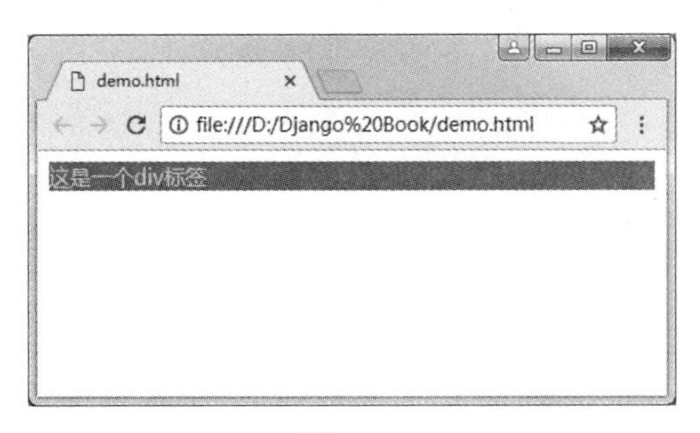

图 9-14

9.4.7　标题 <h1>…<h6>

描述：规定了网页主体或段落的标题，从大到小分别用标签 <h1> 至 <h6> 表示。

示例：

```
<h1>这是一级标题</h1>
<h2>这是二级标题</h2>
<h3>这是三级标题</h3>
```

浏览器支持如图 9-15 所示。

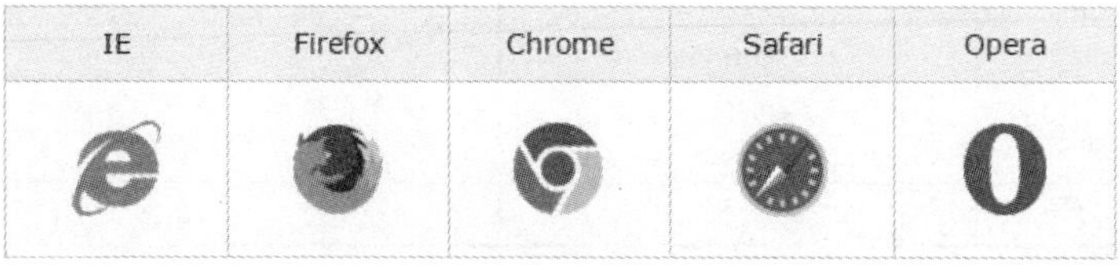

IE
Firefox
Chrome
Safari
Opera

图 9-15

显示效果如图 9-16 所示。

demo.html
file:///D:/Django%20Book/demo.html
这是一级标题
这是二级标题
这是三级标题

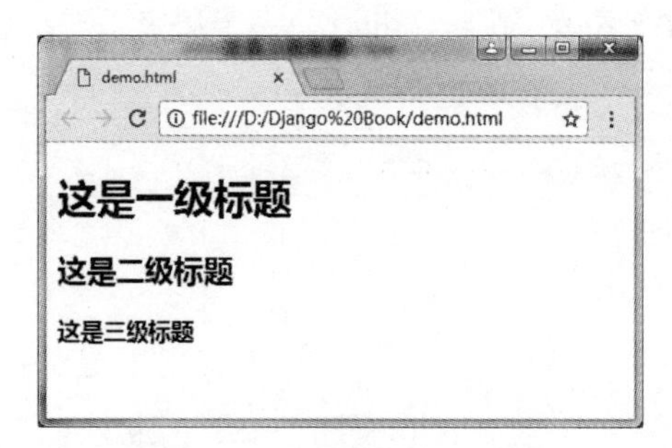

图 9-16

9.4.8 图像 <img>

描述：图像标签用于向网页中嵌入一张图片。

示例：

```
<img src="html5.png" width="120" height="auto" />
```

浏览器支持如图 9-17 所示。

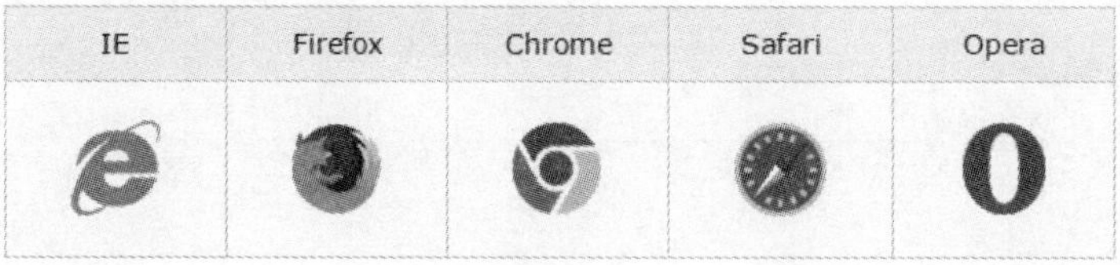

IE
Firefox
Chrome
Safari
Opera

图 9-17

属性及值如表 9-3 所示。

表 9-3

属　性	值	描　述
alt	文本	规定图片不显示时的替代文本
src	URL	规定图像的位置
height	像素值或百分比	规定图像的高度

续表

属　　性	值	描　　述
width	像素值或百分比	规定图像的宽度

显示效果如图 9-18 所示。

图 9-18

9.4.9　输入标签 <input>

描述：用户可以使用 <input> 标签在其中输入数据。通常 <input> 标签与 HTML 表单元素结合使用，用于收集用户输入信息。

示例：

修改 demo.html 添加以下内容：

```
<form target="_blank" method="get" action="receive.html">
          <input type="text" name="name"><br>
          <input type="checkbox" name="select"><br>
          <input type="submit" name="confirm" value=" 提交 "><br>
</form>
```

创建一个空白的 HTML 文件，命名为 receive.html 并放置在 demo.html 的统计目录中。

用浏览器打开 demo.html 并输入以下信息，如图 9-19 所示。

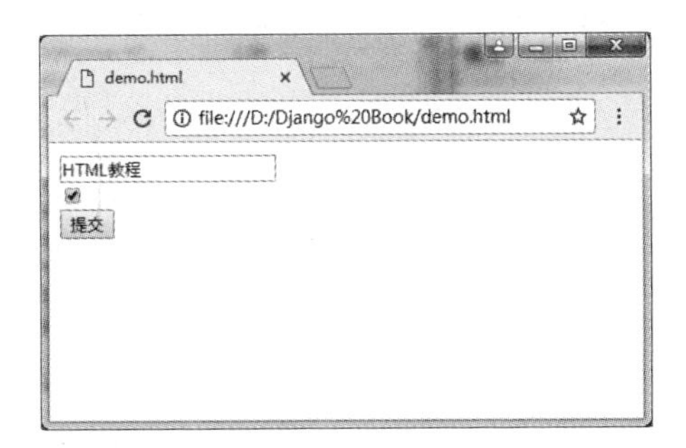

图 9-19

单击“提交”按钮，结果如图 9-20 所示。

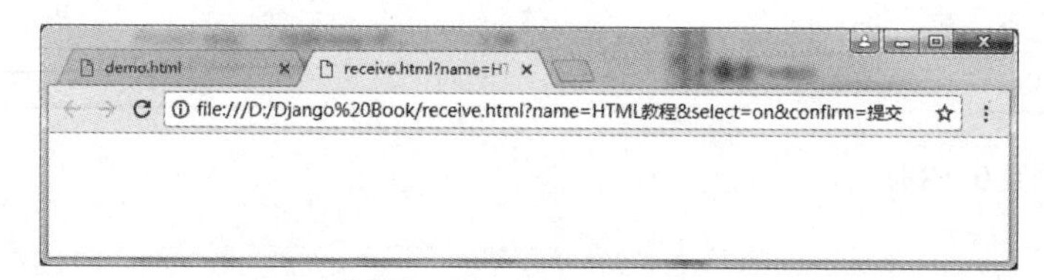

图 9-20

注意，在 demo.html 中填写的信息已经出现在 receive.html 的地址栏。这些信息的显示格式为 url?key1=value1& key2=value2& key3=value3，key 就是在 demo.html 中元素的 name，value 就是我们访问 demo.html 时填写的信息。具体使用方式会在后面 HTML 表单一节中详细介绍。

浏览器支持如图 9-21 所示。

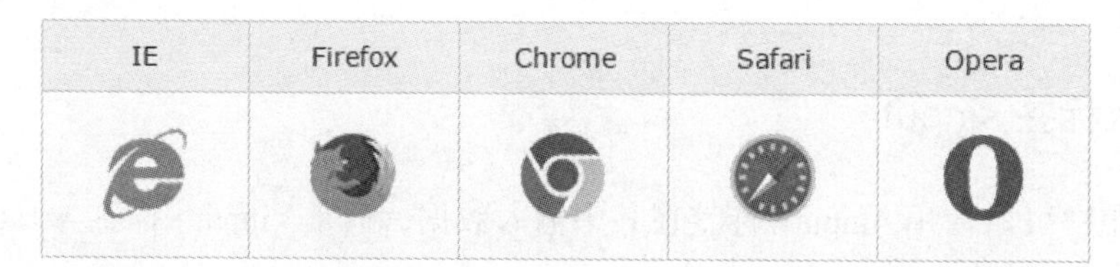

图 9-21

属性及值如表 9-4 所示。

表 9-4

属　性	值	描　述
checked	checked	规定 input 元素首次加载时应该被选中
disabled	disabled	规定 input 元素首次加载时应该被禁用
maxlength	数值	规定输入字段中可以接收的最大长度
name	文本	规定 input 元素的名字，表单提交的必需值
readonly	readonly	规定输入字段为只读
size	数值	规定输入字段的宽度
type	button checkbox file hidden image password radio reset submit text	规定 input 元素的显示类型 在 HTML 5 中提供了更多的类型支持，如 color、date、datetime、email、tel 等，但是由于不同浏览器厂商的支持情况不同，建议谨慎使用这些新类型
value	文本	规定 input 元素的值

9.4.10 段落 <p>

描述：定义段落，<p> 标签内容会自动横向铺满全屏，不足部分以空白填充。

示例：

```
<p style="color:white;background-color:black;"> 这是一段文字。</p>
```

浏览器支持如图 9-22 所示。

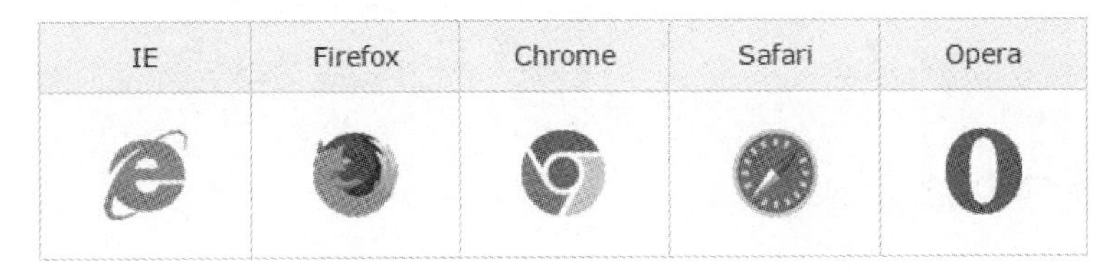

图 9-22

显示效果如图 9-23 所示。

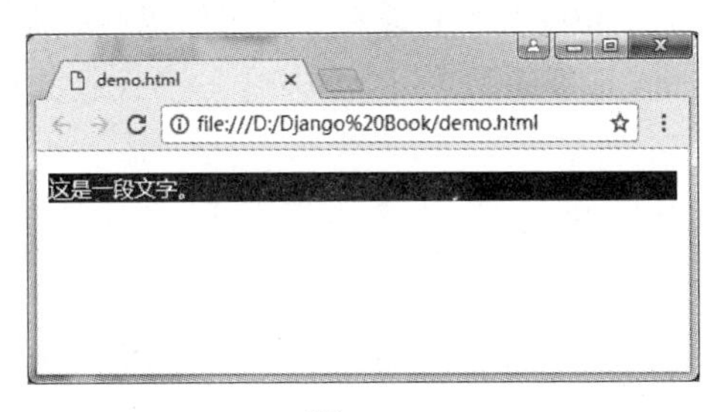

图 9-23

9.4.11 <span> 标签

描述：用于定义行内元素，以便通过样式表对其内容进行特殊处理，正常情况下，<span> 元素中的文本与其他文本没有任何差异。

示例：

```
<p> 这是一个 <span style="color:white;background-color:black;">span</span> 标签 </p>
```

浏览器支持如图 9-24 所示。

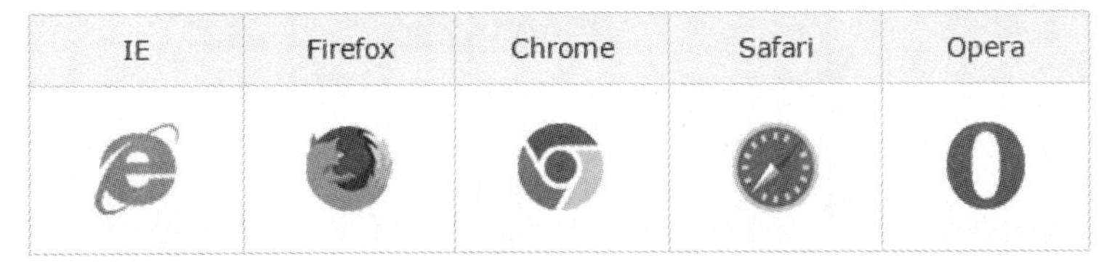

图 9-24

显示效果如图 9-25 所示。

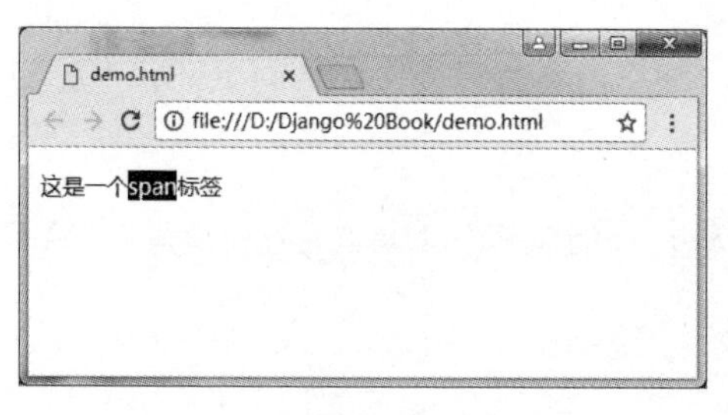

图 9-25

9.4.12 表格 <table>

描述：<table> 是一个比较复杂的标签，用于定义一个 HTML 表格。与其他表格一样，HTML 表格可以使用 <caption> 子标签表示表格标题，<thead> 子标签表示表头，<tr> 子标签表示行，<td> 子标签表示列，<tfoot> 子标签表示表格的页脚。注意，对于表头中的单元格一般使用 <th> 标签表示，<th> 标签通常会以粗体居中的形式显示文本内容。

示例如图 9-26 所示。

```
1  <!DOCTYPE html>
2  <html>
3
4  <body>
5      <table style="border-style:solid;">
6          <caption>
7              人员信息
8          <caption>
9          <thead>
10             <tr>
11                 <th>姓名</th>
12                 <th>年龄</th>
13             </tr>
14         </thead>
15         <tbody>
16             <tr>
17                 <td>Tom</td>
18                 <td>18</td>
19             </tr>
20             <tr>
21                 <td>Jacky</td>
22                 <td>19</td>
23             </tr>
24         </tbody>
25         <tfoot>
26             <tr>
27                 <td>2018.1.1</td>
28                 <td>人员信息</td>
29             </tr>
30         </tfoot>
31     </table>
32 </body>
33
34 </html>
35
```

图 9-26

浏览器支持如图 9-27 所示。

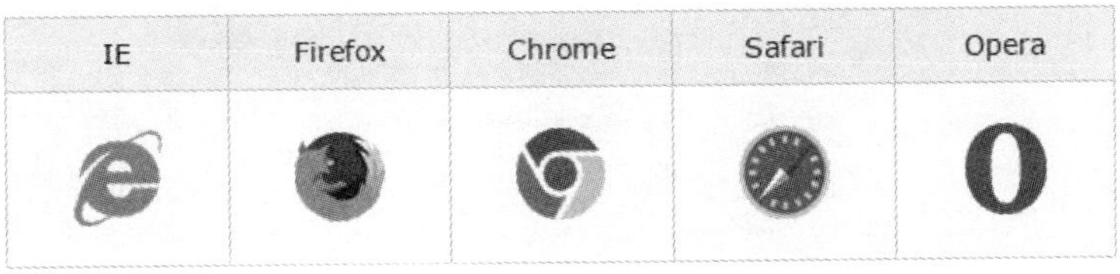

IE	Firefox	Chrome	Safari	Opera

图 9-27

属性：表格标签的每一部分都有自己的属性，常用的属性如表 9-5 所示。

表 9-5

标　签	属　性	值	描　述
table	border	像素值	规定表格边框的宽度
	cellpadding	像素值或百分比	规定表格单元格边框与内容之间的距离
	cellspacing	像素值或百分比	规定单元格与单元格之间的距离
	width	像素值或百分比	规定表格的宽度
tr	align	right left center justify char	内容的水平对齐方式
	valign	top middle bottom baseline	内容的垂直对齐方式
td	align	right left center justify char	内容的水平对齐方式
	valign	top middle bottom baseline	内容的垂直对齐方式
	colspan	数值	规定单元格横跨的列数
	rowspan	数值	规定单元格纵向占有的行数

显示效果如图 9-28 所示。

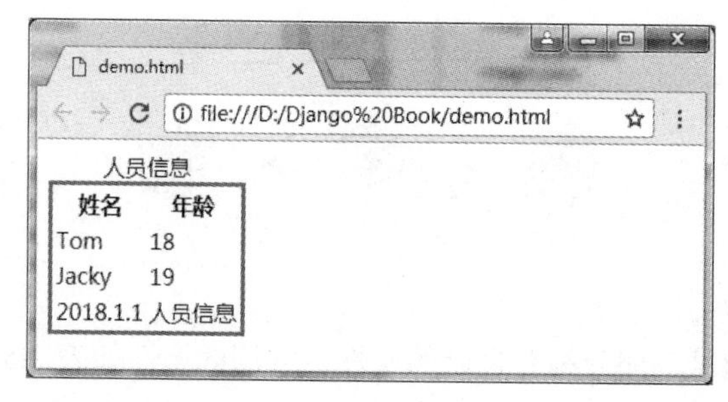

图 9-28

9.4.13 列表标签 <ol>、<ul>、<li>

描述：<ol> 用来定义一个有序列表，<ul> 用来定义一个无序列表，<li> 定义列表项。

示例：

```
有序列表：<br />
<ol>
   <li>Python</li>
   <li>HTML</li>
   <li>JavaScript</li>
   <li>MySQL</li>
   <li>Django</li>
</ol>
无序列表：<br />
<ul>
   <li>Python</li>
   <li>HTML</li>
   <li>JavaScript</li>
   <li>MySQL</li>
   <li>Django</li>
</ul>
```

浏览器支持如图 9-29 所示。

IE	Firefox	Chrome	Safari	Opera

图 9-29

显示效果如图 9-30 所示。

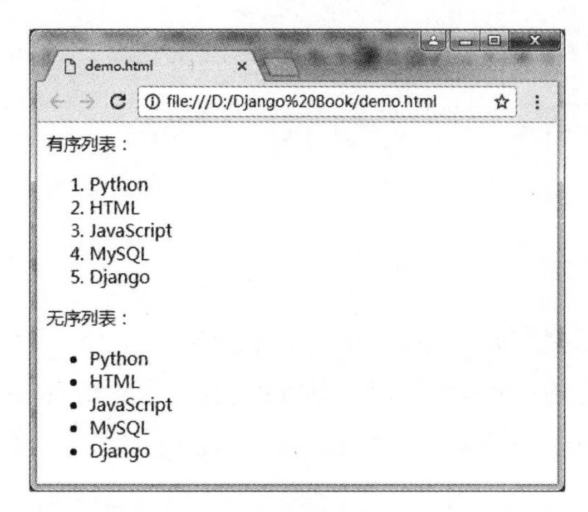

图 9-30

属性及值如表 9-6 所示。

表 9-6

标　签	属　性	值	描　述
ol	start	数值	规定有序列表的起始值
	type	1 A a I i	规定在列表中使用的标记类型，默认是数字类型

注：虽然 <ul> 和 <li> 元素也支持 type 属性，但是在 HTML 中推荐使用样式表取代它。

9.5 表单 <form>

虽然表单元素仍然是 HTML 标签的一种，但是不同于其他元素，表单元素提供了浏览器端与服务器端交互的功能，是动态网站的重要实现手段，所以在本节对其进行单独介绍。

表单元素规定了一个区域，在区域内用户输入的信息可以被收集并提交到服务器端进行处理，通过表单元素，用户能够对服务器端数据进行增、删、改、查操作。

表单元素指的是不同类型的 input 元素，如文本框、单选框、复选框、文件上传按钮等。表单提交一般通过提交按钮完成，如 <input type="submit" name="confirm" value=" 提交 ">。

以下面表单为例进行详细介绍。

```
1  <html>
2  <body>
3
4  <form target="_blank" method="get" action="receive.html">
5          <input type="text" name="name"><br>
6          <input type="checkbox" name="select"><br>
7          <input type="submit" name="confirm" value="提交"><br>
8  </form>
9
10 </body>
11 </html>
```

表单属性如下。

Action：规定了表单提交后，服务器端的处理程序位置。

Method：规定了提交表单时所使用的 HTTP 方法，可选值有 get、post 等。如前面例子所示的 get 方法会在地址栏中显示用户提交信息，而 post 方法会随着 http 消息主体中发送不被显示，由此可见 post 方法相对安全一些。get 与 post 方法的详细比较见表 9-7。

Target：规定了 action 属性中的目标地址，与超链接的 target 相似，默认是 _self。

表单元素：表单元素以 <form> 开始、</form> 结束，表单元素通常放置在表单内部，虽然在 HTML 5 中可以在表单外部声明表单元素，如下面代码，但是这样通常会破坏代码结构，不利于初学者理解，所以编者建议将所有表单元素放置在表单内部。

```
1  <html>
2  <body>
3
4  <form id="formName" target="_blank" method="get" action="receive.html">
5          <input type="checkbox" name="select"><br>
6          <input type="submit" name="confirm" value="提交"><br>
7  </form>
8  <input type="text" name="name" form="formName"><br>
9
10 </body>
11 </html>
```

另外需要注意的是，表单元素必须具有 name 属性，否则不会被提交到服务器端。

表 9-7

选　项	GET	POST
后退 / 刷新	无害	数据会被重新提交（浏览器应该告知用户数据会被重新提交）
书签	可收藏为书签	不可收藏为书签
缓存	能被缓存	不能缓存
编码类型	application/x-www-form-urlencoded	application/x-www-form-urlencoded 或 multipart/form-data。为二进制数据使用多重编码
历史	参数保留在浏览器历史中	参数不会保存在浏览器历史中

续表

选　　项	GET	POST
对数据长度的限制	HTTP 协议本身不对 URL 长度进行限制，但是不同 Web 服务器与浏览器对 URL 的长度限制不相同，如 IE 允许的最大 URL 字符数是 2083	无限制
对数据类型的限制	只允许 ASCII 字符	没有限制，也允许二进制数据
安全性	与 post 相比，get 的安全性较差，因为所发送的数据是 url 的一部分 在发送密码或其他敏感信息时绝不要使用 get 方法	post 比 get 更安全，因为参数不会被保存在浏览器历史或 Web 服务器日志中
可见性	数据在 URL 中对所有人都是可见的	数据不会显示在 URL 中

第 10 章 CSS 基础

HTML 只负责绘制网页结构，如果想要开发出炫酷的网页效果的话，就需要使用 CSS 了，CSS 全称 Cascading Style Sheets，中文名为层叠样式表，可以用来设置 HTML 元素的样式，如果结合脚本语言还可以动态改变 HTML 元素样式。

在 CSS 没有出现之前，为了实现一些简单的效果往往需要制作大量的图片，现在通过使用 CSS 可以节省很多工作量，提高工作效率。目前最新的 CSS 版本是 CSS3，除特殊说明外本书所涉及内容均基于 CSS3。

10.1 盒子模型

在深入学习 CSS 之前，先来了解一下盒子模型（Box Model）。所有的 HTML 元素都可以看作是盒子，这个盒子是一个矩形，CSS 可以对矩形的每一个部分进行精准设置。现代浏览器都可以辅助开发人员查看元素的盒子模型，以 IE 为例，查看百度搜索框的盒子模型。打开 IE 浏览器，跳转到百度首页，按下快捷键 F12 或者选择“设置”→“F12 开发人员工具”打开开发人员工具。按照以下步骤找到搜索框的盒子模型：

（1）选择“DOM 资源管理器”。

（2）单击“选择元素”按钮。

（3）单击搜索框（此时鼠标周围会出现横纵线条，如图 10-1 所示）。

（4）单击“布局”标签页。

具体的操作步骤见图 10-1。

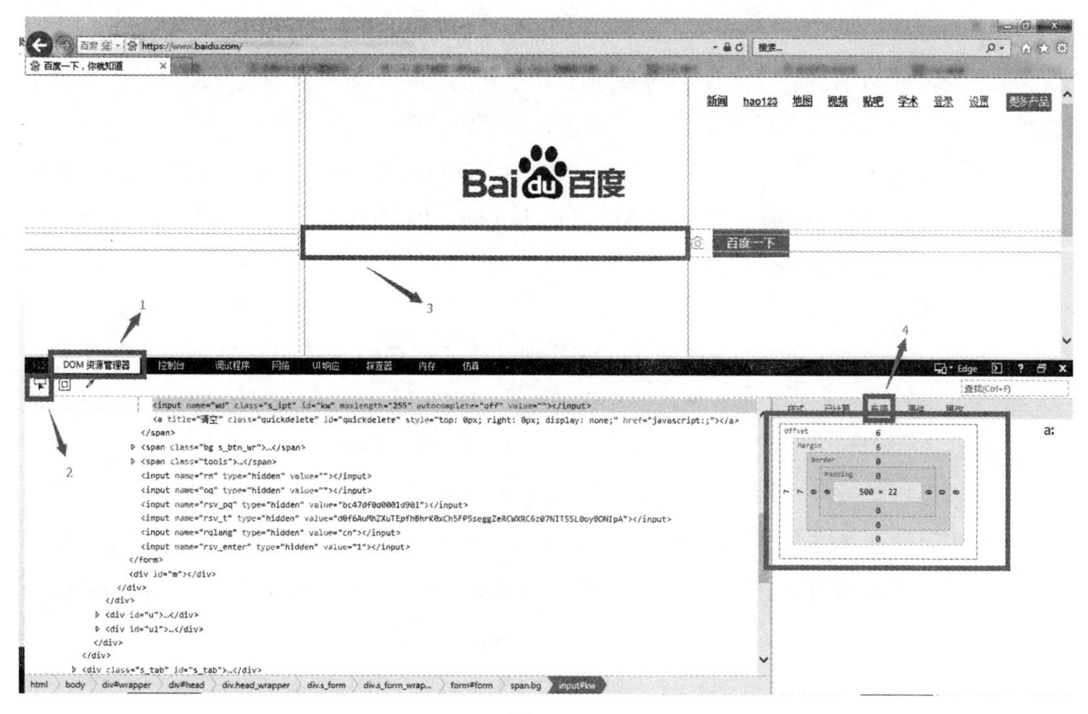

图 10-1

现在已经找到了搜索框的盒子模型，放大查看，如图 10-2 所示。

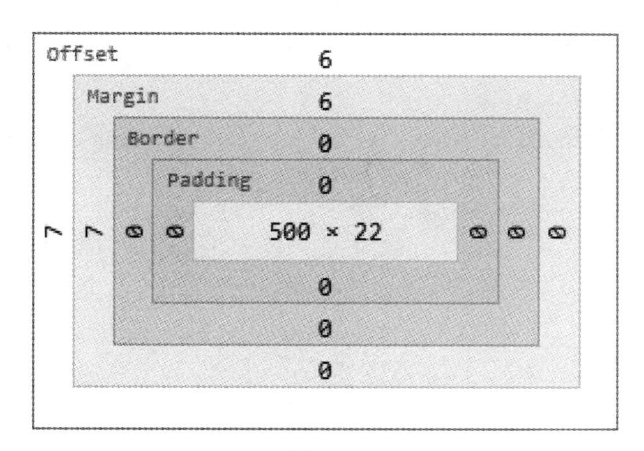

图 10-2

术语翻译：

- ❑ Offset：元素轮廓的偏移量。
- ❑ Margin：外边距。
- ❑ Border：边框。

- Padding：内边距。

从图 10-2 可以看到，一个简单的 HTML 元素其实是由很多复杂的盒子组成的，理解了这个盒子模型才可以更好地排版网页元素并进行像素级设置。

从图 10-2 可以看出，一个盒子是由 Offset、Margin、Border、Padding 以及最中心的 Content 组成的。再进行细分可以将 Margin、Border、Padding 分为上下左右四部分，以 Border 为例，就是 border-top、border-bottom、border-left、border-right，CSS 可以分别对这四部分进行设置。

另外通常所说的元素的 width 和 height 分别是盒子模型中 content 的宽与高。但是对于非标准 W3C 规范的 IE 5 和 IE 6 来说，元素的宽度还应该加上 Padding 的宽度和 Border 的宽度，高度也是这样的。

两元素外边距合并问题：当两个相邻的元素都设置了 Margin 时，它们的外边距会发生合并，合并后以原来较大的元素的外边距为新的外边距。例如，元素 A 的下方外边距为 20 像素，元素 B 的上方外边距为 10 像素，合并后 A 的 margin-bottom 等于 B 的 margin-top 等于 20 像素，如图 10-3 所示。

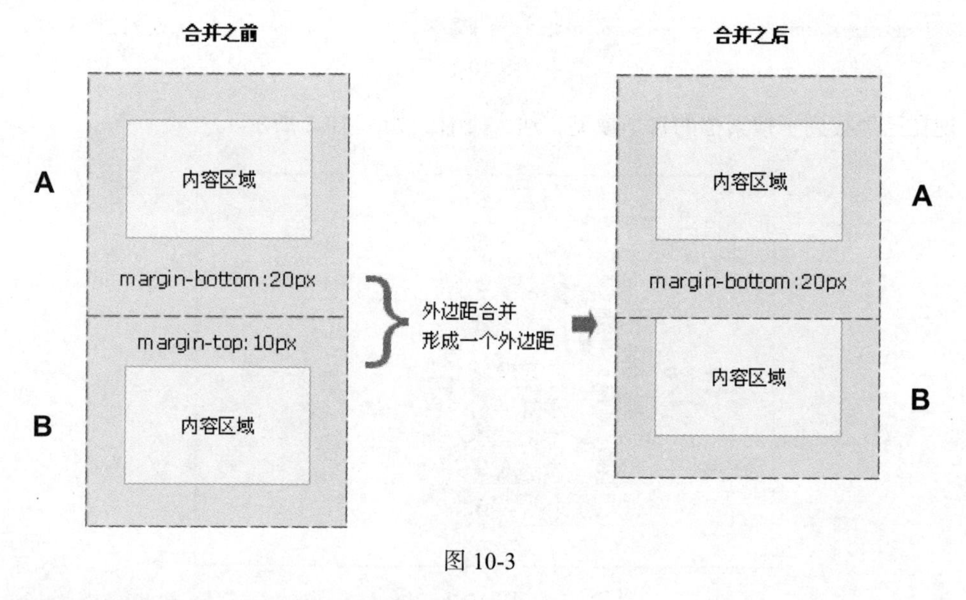

图 10-3

注：元素的背景是由 Content、Padding 和 Border 组成的。

10.2 引用 CSS 样式

对 HTML 元素应用 CSS 样式的方式有两种。

方式一：使用 style 属性直接将 CSS 样式应用在 HTML 元素上，这种样式表叫作“内联样式（Inline style)”，语法如下：

```
<element style="property1: value1; property2: value2 … propertyN: valueN" />
```

这里 element 是需要设置 CSS 样式的 HTML 元素，property 是 CSS 样式属性名，value 是样式属性值。

方式二：在 HTML 元素外部声明 CSS 样式并应用在元素上，语法如下：

```
selector { property1: value1; property2: value2 … propertyN: valueN }
```

selector 是元素选择器，用于定位元素，通过 selector 可以找到需要应用 CSS 样式的一个或多个 HTML 元素，property 是 CSS 样式属性名，value 是样式属性值。

在 HTML 元素外部声明 CSS 样式的方式准确来说又分为两种。一种是在 HTML 元素所在文档中使用 <style> 标签的方式，这种样式表叫作“内部样式表”（internal style sheet)，如下所示。

```
1  <html>
2  <head>
3  <meta charset="gb2312" />
4  <style type="text/css">
5      .header {text-align:center;font:bold 24px arial,sans-serif;}
6  </style>
7  </head>
8
9  <body>
10     <p class="header">这是段落标题</p>
11 </body>
12
13 </html>
```

另外一种是引用外部 .css 文件的方式，这种方式最灵活，也可以最大程度地保证代码复用，这种 CSS 文件叫作“外部样式表”（external style sheet)，下面是 w3school 使用外部样式表的例子：

```
1  <!DOCTYPE html PUBLIC "-//W3C//DTD XHTML 1.0 Strict//EN" "http://www.w3.org/TR/xhtml1/DTD/xhtml1-strict.dtd">
2  <html xmlns="http://www.w3.org/1999/xhtml">
3  <head>
4  <title>w3school 在线教程</title>
5  <meta name="description" content="全球最大的中文 Web 技术教程。" />
6  <link rel="stylesheet" type="text/css" href="/c5.css" />
7  <meta http-equiv="Content-Type" content="text/html; charset=gb2312" />
8  <meta http-equiv="Content-Language" content="zh-cn" />
9  <meta name="robots" content="all" />
10 <meta name="author" content="w3school.com.cn" />
11 <meta name="Copyright" content="Copyright W3school.com.cn All Rights Reserved." />
12 <meta name="MSSmartTagsPreventParsing" content="true" />
13 <meta http-equiv="imagetoolbar" content="false" />
14 <link rel=icon type="image/png" sizes="16x16" href="/logo-16.png">
15 <link rel=icon type="image/png" sizes="32x32" href="/logo-32.png">
16 <link rel=icon type="image/png" sizes="48x48" href="/logo-48.png">
17 <link rel=icon type="image/png" sizes="96x96" href="/logo-96.png">
18 <link rel="apple-touch-icon-precomposed" sizes="96x96" href="/logo-96.png">
19 <link rel="apple-touch-icon-precomposed" sizes="144x144" href="/logo-144.png">
20 </head>
```

10.3 CSS 优先级

前面讲到 CSS 样式表可以有三种定义方式，那么当多个样式作用于一个元素时，到底会使用哪个样式呢？

一般而言，所有的样式会根据下面的顺序叠加于一个元素之上，后面的样式会覆盖前面的样式：

- 浏览器缺省设置。
- 外部样式表（如使用 link 标签引用的外部 CSS 文件）。
- 内部样式表（如位于 <head> 标签内定义的样式）。
- 内联样式（在 HTML 元素的 style 属性中定义的样式）。

由此可见，内联样式的优先级最高。

10.4 选择器

对于使用外部 CSS 样式的情况，选择器至关重要，它直接决定了 CSS 样式将会被应用在哪个元素上。本节将会介绍几种最常见的选择器。

10.4.1 元素选择器

元素选择器根据 HTMl 元素的标签名来定位元素。如果在 HTML 文档中同一类型元素出现多次，那么 CSS 样式将会应用在所有元素上。

元素选择器的语法如下：

```
element { property1: value1; property2: value2 … propertyN: valueN }
```

下面例子对 HTML 文档中所有 <p> 元素设置样式：

```
1  <html>
2  <head>
3  <meta charset="gb2312" />
4  <style type="text/css">
5      p {text-align:center;font:bold 24px arial,sans-serif;}
6  </style>
7  </head>
8
9  <body>
10     <p>这是段落标题1</p>
11     <span></span>
12     <p>这是段落标题2</p>
13 </body>
14
15 </html>
```

显示效果如图 10-4 所示。

图 10-4

10.4.2 ID 选择器

ID 选择器以 HTML 元素的 ID 属性来确定元素，ID 选择器的语法如下：

```
#ID { property1: value1; property2: value2 … propertyN: valueN }
```

下面例子对 HTML 文档中 ID 为 header 的 <p> 元素设置样式：

```
<html>
<head>
<meta charset="gb2312" />
<style type="text/css">
    #header {text-align:center;font:bold 24px arial,sans-serif;}
</style>
</head>

<body>
    <p id="header">这是段落标题</p>
    <span></span>
    <p>这是段落主体</p>
</body>

</html>
```

显示效果如图 10-5 所示。

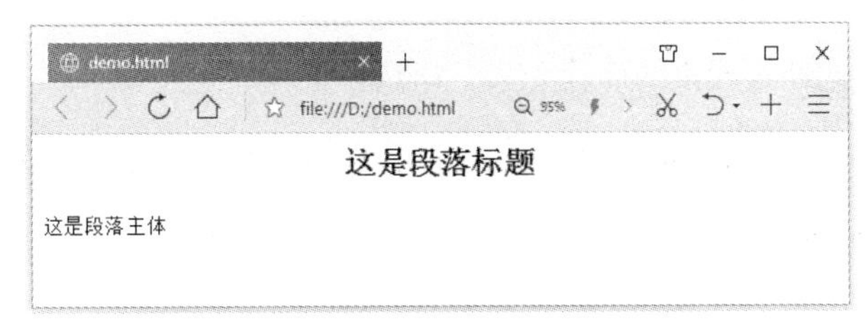

图 10-5

10.4.3 类选择器

类选择器以 HTML 元素的类属性来确定元素，语法如下：

```
.class { property1: value1; property2: value2 … propertyN: valueN }
```

由于同一个元素可以包含多个类，不同的元素可以包含相同类，所以只要包含指定类名的元素都会应用相同的样式。

下面例子中两个 <p> 元素都包含 header 类，同时第一个 <p> 元素还包含另一个类 heaghtlight：

```
1  <html>
2  <head>
3  <meta charset="gb2312" />
4  <style type="text/css">
5      .header {text-align:center;font:bold 24px arial,sans-serif;}
6      .heaghtlight { color: red;}
7  </style>
8  </head>
9  
10 <body>
11     <p class="header heaghtlight">这是段落标题1</p>
12     <span></span>
13     <p class="header">这是段落标题2</p>
14 </body>
15 
16 </html>
```

显示效果如图 10-6 所示。

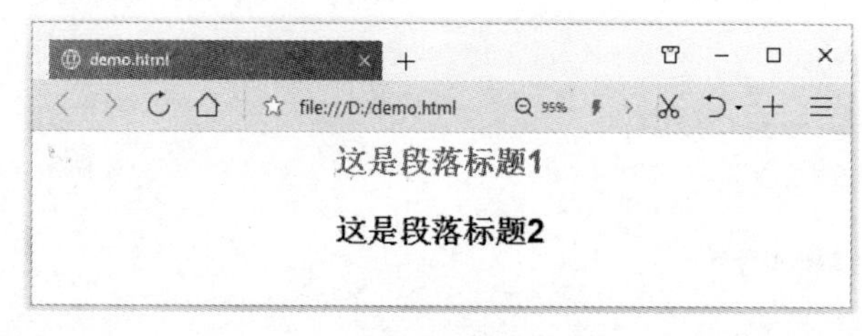

图 10-6

10.4.4 后代选择器

后代选择器可以选择某元素的后代元素，语法如下：

```
Selector1 selector2 { property1: value1; property2: value2 … propertyN: valueN }
```

Selector2 是 selector1 的后代节点。

代码如下：

```
1  <html>
2  <head>
3  <meta charset="gb2312" />
4  <style type="text/css">
5      p span {color:red;}
6  </style>
7  </head>
8  
9  <body>
10     <span>这个span元素不是p元素的子节点</span>
11     <p><span>Selector2</span> 是selector1的后代节点。</p>
12 </body>
13 
14 </html>
```

显示效果如图 10-7 所示。

图 10-7

10.4.5　子元素选择器

后代选择器可以选择某元素的所有后代元素，而子元素选择器只能查找某元素的直接子元素，语法如下：

```
Selector1 > selector2 { property1: value1; property2: value2 … propertyN: valueN }
```

Selector2 是 selector1 的子节点。

代码如下：

```
1  <html>
2  <head>
3  <meta charset="gb2312" />
4  <style type="text/css">
5      p > span {color:red;}
6  </style>
7  </head>
8
9  <body>
10     <p><span>Selector2</span> 是selector1的子节点。<i><span>这个span元素不是p元素的直接子节点</span></i></p>
11 </body>
12
13 </html>
```

显示效果如图 10-8 所示。

图 10-8

10.5 选择器分组

有时需要对多个选择器进行相同的样式设置，如将 P、table、span 元素的字体颜色都设置为灰色。如果不使用选择器分组，则需要分别设置。将来如果发生改变，也需要分别修改，这样不仅工作量大而且还容易造成遗漏，如：

```
7    p { color: grey; }
8    table { color: grey;}
9    span { color: grey; }
```

如果对选择器进行分组，可以大大减少代码量，如：

```
7    p, table, span { color: grey; }
```

对选择器进行分组后，不影响对个别选择器进行特殊设置，例如：

```
1  <html>
2  <head>
3  <meta charset="gb2312" />
4  <style type="text/css">
5      #header { text-align: center; font: bold 24px arial; }
6      p > span {color:red;}
7      p, span { color: grey; }
8
9  </style>
10 </head>
11
12 <body>
13     <p id="header">这是段落标题</p>
14     <p><span>Selector2</span> 是selector1的子节点。<i><span>这个span元素不是p元素的直接子节点</span></i></p>
15     <span>这是一个新段落</span>
16 </body>
17
18 </html>
```

显示效果如图 10-9 所示。

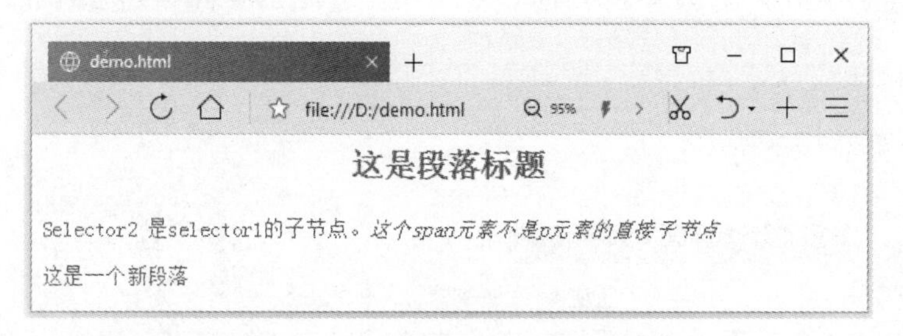

图 10-9

10.6 CSS 颜色值

CSS 颜色值可以用来设置 HTML 元素的背景颜色、文字颜色等一切可以显示的元素颜色。CSS 支持以下几种类型的颜色值。

10.6.1　十六进制色

目前所有主流浏览器都支持十六进制颜色值，格式为 #RRGGBB，其中 RR 表示 Red（红色）、GG 表示 Green（绿色）、BB 表示 Blue（蓝色），所有值都必须是介于 0 和 FF 之间的十六进制值。例如：黑色是 #000000，蓝色是 #0000FF，黄色是 #FFFF00。

示例：

```
background-color:#ff0000;
```

10.6.2　RGB 颜色

目前所有主流浏览器都支持 RGB 颜色值，格式为：rgb(R, G, B)，其中 R 代表红色，G 代表绿色，B 代表蓝色，每个参数定义颜色的亮度，可以是 0 和 255 之间的整数或者一个百分比值（从 0 到 100%之间）。

示例：

```
background-color:rgb(255,0,0);
```

10.6.3　RGBA 颜色

最新的浏览器基本都支持 RGBA 颜色，如 IE 9+、Firefox 3+、Chrome、Safari 以及 Opera 10+。

RGBA 颜色是 RGB 颜色的扩展，带有一个 alpha 通道，它规定了对象的不透明度，RGBA 颜色值的格式为：rgba(R, G, B, alpha)，alpha 参数是介于 0.0（完全透明）与 1.0（完全不透明）的数字。

示例：

```
background-color:rgba(255,0,0,0.5);
```

10.6.4　HSL 颜色

HSL 颜色也得到了大多数浏览器的支持，如 IE 9+、Firefox、Chrome、Safari 以及 Opera 10+。

HSL 中 H 指的是色调（hue）、S 指的是饱和度（saturation）、L 指的是亮度（lightness）。

HSL 颜色值的格式为 hsl(hue, saturation, lightness)，hue 的取值范围是 0 ~ 360，0 或者 360 代表红色，120 是绿色，240 是蓝色。Saturation 是百分比值，0 代表灰色，100% 代表全彩色。Lightness 同样是百分比值，0 代表黑色，100% 代表白色。

图 10-10 是 HSL 取色板，方便读者理解 HSL 的取值意义：随着 hue 值的增加，色调也会从 12 点钟方向开始顺时针旋转，逐渐从红色过渡到绿色，然后过渡到蓝色，最后回到红色；随着 Saturation 值的增加，颜色会逐渐从圆心位置向外转移，颜色越来越鲜艳；而 lightness 则直接影响颜色的亮度。

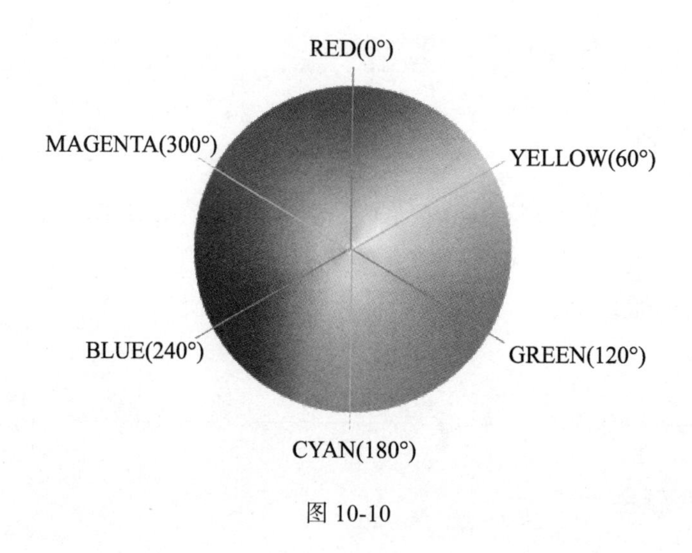

图 10-10

示例：

```
background-color: hsl(60, 100%, 50%);
```

10.6.5 HSLA 颜色

HSLA 颜色是 HSL 颜色的扩展，添加了 alpha 通道，它规定了对象的不透明度，alpha 的取值范围是 0.0（完全透明）与 1.0（完全不透明）之间的数字。HSLA 颜色在最新的浏览器中得到了支持，如 IE 9+、Firefox、Chrome、Safari 以及 Opera 10+。

示例：

```
background-color:hsla(120,65%,75%,0.3);
```

10.6.6 预定义 / 跨浏览器颜色名

所有现代浏览器都支持预定义颜色，如红色的预定义颜色名为 red，全部预定义颜色可参看插页。

10.7　CSS 尺寸单位

就像数学中丈量距离时需要米、厘米、英尺等长度单位一样，CSS 中度量 HTML 元素尺寸也需要单位，CSS 支持几种不同的长度表达方式，一般情况下，CSS 长度以数字 + 单位名称的形式表示，数字与单位之间不能有空格，另外如果长度为 0 则可以忽略单位。

CSS 支持两种长度单位类型：相对长度和绝对长度。

10.7.1　浏览器支持情况

表 10-1 中的数字表示支持该长度单位的最低浏览器版本。

表 10-1

长度单位	Chrome	IE	Firefox	Safari	Opera
em, ex, %, px, cm, mm, in, pt, pc	1.0	3.0	1.0	1.0	3.5
ch	27.0	9.0	1.0	7.0	20.0
rem	4.0	9.0	3.6	4.1	11.6
vh, vw	20.0	9.0	19.0	6.0	20.0
vmin	20.0	9.0*	19.0	6.0	20.0
vmax	26.0	不支持	19.0	不支持	20.0

需要注意的是，IE 9 通过不标准的名称 vm 来支持 vmin。

10.7.2　相对长度

相对长度指定了一个相对于其他长度属性的长度，对于不同设备来说，使用相对长度更合适，如表 10-2 所示。

表 10-2

单　位	描　述
em	指定了相对于当前元素字体尺寸的长度（例如 2em 表示当前字体的两倍长度）
ex	指定了相对于英文字母小写 x 的高度（极少使用）
ch	指定了相对于数字 0 的宽度
rem	指定了相对于根元素（HTML）的字体大小
vw	相对于当前视窗的宽度，1vw= 视窗宽度的 1%
vh	相对于当前视窗的高度，1vh= 视窗高度的 1%
vmin	vw 和 vh 中较小的那个

续表

单　位	描　述
vmax	vw 和 vh 中较大的那个
%	相对于继承的 font-size 的长度，如果父元素的 font-size 是 10em，那么 50% 就是 5em，200% 就是 20em

需要注意的是，rem 和 em 都用来设置相对于字体的大小，但是 rem 相对的是 HTML 根元素字体的大小，em 相对的是当前元素的大小。

10.7.3 绝对长度

绝对长度单位是固定的，由于显示器存在很多差异，所以不推荐在显示器上使用绝对长度单位，但是如果读者的输出设备是确定的，比如打印机，那就可以使用绝对长度单位，如表 10-3 所示。

表 10-3

单　位	描　述
cm	厘米
mm	毫米
in	英寸 (1in = 2.54cm)
px *	像素（计算机屏幕上的一个点）
pt	磅，大约 1/72 英寸
pc	派卡，印刷字母规格和字行长度单位，大约 6pt，1/6 英寸

需要注意的是，像素（px）是相对于显示设备的，对于低分辨率设备，1px 就是设备上的一个点，但是对于高分辨率设备来说，1px 代表多个点。

10.8 样式

前面介绍了 CSS 样式的基本语法以及 CSS 样式的引用方式，在本节将会学习如何使用 CSS 改变 HTML 元素样式。

10.8.1 背景

CSS 从以下几方面设置元素的背景。

1. background-color

描述：规定 HTML 元素背景颜色。

属性值：任意 CSS 颜色。

2. background-image

描述：将图像设置为元素背景。

属性值：url（图片地址）。

3. background-repeat

描述：规定背景图像是否重复。

属性值如表 10-4 所示。

表 10-4

属　性　值	描　　述
Repeat	默认值，背景图片会在垂直方向和水平方向重复
repeat-x	背景图片会在水平方向重复
repeat-y	背景图片会在垂直方向重复
no-repeat	背景图片仅显示一次，不重复
inherit	从父元素继承 background-repeat 属性的设置

4. background-attachment

描述：规定背景图像是否跟随文档滚动。

属性值如表 10-5 所示。

表 10-5

属　性　值	描　　述
scroll	默认值，背景图片会跟随文档其余部分而滚动
fixed	当文档滚动时，背景图片不会滚动
inherit	从父元素继承 background-attachment 属性的设置

5. background-position

描述：规定背景图像的起始位置。

属性值如表 10-6 所示。

表 10-6

属　性　值	描　　述
left top left center left bottom right top right center right bottom center top center center center bottom	设置背景图片相对于元素的位置，如果只给出一个关键字则另一个值为 center，如： （1）background-position：left；等价于 background-position：left center； （2）background-position：center；等价于 background-position：center center；

续表

属 性 值	描 述
x% y%	第一个值是水平位置，第二个值是垂直位置 元素的左上角是 0% 0%，左下角是 100% 100% 如果只给出一个值，则另一个值为 50% 默认值是 0% 0%
xpos ypos	第一个值是水平位置，第二个值是垂直位置 元素的左上角是 0 0。单位可以是像素（px）或者其他任何 CSS 单位 如果只给出一个值，则另一个值为 50% 可以将 % 和其他位置混合使用，如： `background-position:100px center;`
initial	使用元素默认值。IE 不支持该属性
inherit	从父元素继承 background- position 属性的设置

6. background

描述：规定背景图像的起始位置。

属性值：CSS 背景属性的简写形式，可在一行代码中声明所有背景属性。

示例：background: #00FF00 url(background.gif) no-repeat fixed center;

代码示例：

```
1  <html>
2  <head>
3  <meta charset="gb2312" />
4  <style type="text/css">
5      #bg {
6          background-image: url(css.jpg);
7          background-repeat:no-repeat;
8          background-position:center;
9          height:100px;
10         border: solid thin black;
11     }
12
13 </style>
14 </head>
15
16 <body>
17     <div id="bg">带背景图片的DIV</div>
18 </body>
19
20 </html>
```

浏览器显示效果如图 10-11 所示。

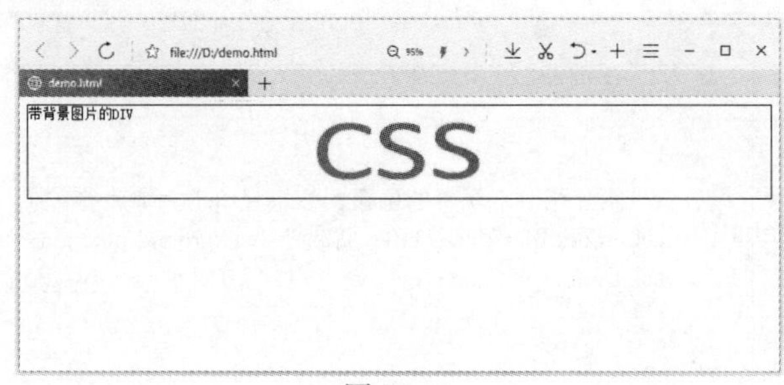

图 10-11

10.8.2　文本

1. 文本颜色

CSS 通过 color 属性设置文本颜色，可选属性值为任意 CSS 颜色。

示例：color:red;

2. 文本对齐方式

CSS 通过 text-align 属性设置文本的水平对齐方式。可选属性值：左对齐（left）、右对齐（right）、居中对齐（center）、两端对齐（justified）。

示例：text-align:center;

需要注意的是，justified 不会处理被打断的行和最后一行，所以如果文字只占一行的话 justified 不会起作用，此时可以使用 text-align-last 属性替代 text-align，但是 text-align-last 并不支持所有浏览器。此时可以在文本最后一行添加一个 span 元素将文本撑开，例如：

```
.center{
  text-align:justify;
}
span{
  display:inline-block;
  width:100%;
}
<p class="center">两端对齐文字<span></span></p>
```

3. 文本修饰

CSS 通过 text-decoration 属性设置或删除文本的装饰。

属性值如表 10-7 所示。

表 10-7

属　性　值	描　　述
none	用来删除链接的下画线
overline	为文本添加上画线
line-through	为文本添加删除线
underline	为文本添加下画线

4. 文本转换

CSS 通过 text-transform 属性设置文本中字母的大小写。

属性值如表 10-8 所示。

表 10-8

属 性 值	描 述
uppercase	设置文本中的字母大写显示
lowercase	设置文本中的字母小写显示
capitalize	设置文本中的单词首字母大写显示

5. 文本缩进

CSS 通过 text- indent 属性设置文本首行缩进方式。

示例：text-indent:50px;

6. 行高

CSS 通过 line-height 属性设置文本行与行之间的空白。

示例：line-height:150%;

10.8.3 边框

前面讲了 CSS 盒子模型，其中边框就是围绕元素内容和内边距的一条或者多条线，CSS 的 border 属性可以用来设置边框的样式、宽度和颜色。

若针对某一条边框进行设置，CSS 属性格式为“border- 边框 - 样式”，如：border-top-style，CSS 一共有四种边框：top、bottom、left、right。

1. 边框样式

CSS 通过 border-style 属性设置元素边框的显示样式，支持表 10-9 所示的属性值。

表 10-9

属 性 值	描 述
dotted	定义点状边框
dashed	定义虚线
solid	定义实线
double	定义双实线
groove	定义 3D 凹槽边框，显示效果取决于 border-color
ridge	定义 3D 垄状边框，显示效果取决于 border-color
inset	定义 3D inset 垄状边框，显示效果取决于 border-color
outset	定义 3D outset 垄状边框，显示效果取决于 border-color
none	规定无边框状态
hidden	隐藏边框

2. 边框宽度

CSS 通过 border-width 属性设置元素边框的显示宽度，可以通过单位自定义宽度，也可以使用 CSS 预定义宽度：thin、medium、thick。

3. 边框颜色

CSS 通过 border-color 属性设置元素边框的颜色。边框支持任意 CSS 颜色，默认情况下使用元素自身的颜色。

4. 边框样式的设置顺序

CSS 允许一次设置所有边框也可以同时设置多个边框，具体用法如下：

- 如果只给出一个属性值，样式会应用到全部边框。
- 如果给出两个属性值，第一个值会应用到上下两条边框，第二个值会应用到左右两条边框。
- 如果给出三个属性值，第一个值会应用到上边框，第二个值会应用到左右两条边框，第三个值会应用到下边框。
- 如果给出四个属性值，则四个值会分别应用到上、右、下、左四条边框。

示例：

```
1  <html>
2  <head>
3  <meta charset="gb2312" />
4  <style type="text/css">
5      #bg1 {
6          border-color: red;
7          border-style:dotted;
8      }
9      #bg2 {
10         border-color: red;
11         border-style:dotted solid;
12     }
13     #bg3 {
14         border-color: red;
15         border-style:dotted solid double;
16     }
17     #bg4 {
18         border-width:10px;
19         border-color: red;
20         border-style:dotted solid double groove;
21     }
22 </style>
23 </head>
24
25 <body>
26     <p id="bg1">border-style:dotted;</p>
27     <p id="bg2">border-style:dotted solid;</p>
28     <p id="bg3">border-style:dotted solid double;</p>
29     <p id="bg4">border-style:dotted solid double groove;</p>
30 </body>
31
32 </html>
```

浏览器显示效果如图 10-12 所示。

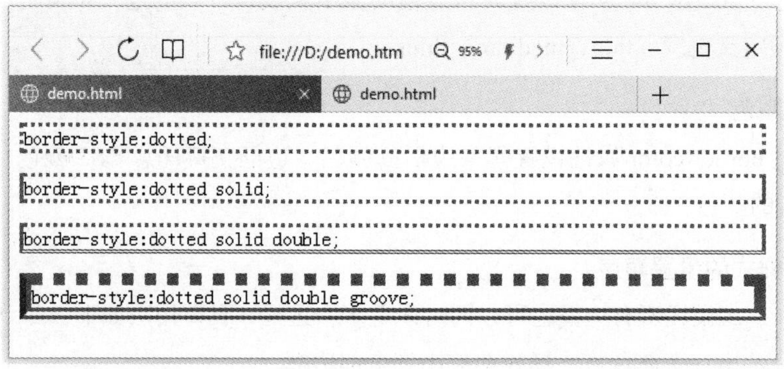

图 10-12

第 11 章 JavaScript 基础

JavaScript 是现代 Web 应用程序的灵魂，已经被所有浏览器所支持。随着前端技术的发展，JavaScript 的地位也在逐渐提高，已经有了替代其他 Web 开发语言的潜力。当前比较流行的 Web 开发框架如 AngularJS、React、Node.js，都是基于 JavaScript 语言开发的。本章将会介绍 JavaScript 的基本概念与 Web 应用技术基础。

11.1 JavaScript 介绍

JavaScript 的前身是网景公司开发的 LiveScript 语言，由于早期的 Web 应用只能展示一些静态内容，严重限制了用户体验，因此为了提高网页的交互性网景公司开发了 LiveScript 语言。后来网景公司与 Sun 公司合作改进并重新设计了 LiveScript 语言，由于当时 Java 语言正如日中天，网景公司和 Sun 公司都希望新语言能够借助 Java 流行起来，所以将新语言命名为 JavaScript。

由于 JavaScript 是一门脚本语言，因此可以使用任何文本编辑器开发它，如 Notepad++。

11.2 在 HTML 中使用 JavaScript

一般在 HTML 文档中有以下三种方式使用 JavaScript。

- 在网页中使用 <script> 标签的方式插入 JavaScript 脚本。
- 直接在 HTML 元素标签中嵌入 JavaScript。
- 引入外部 JavaScript 脚本文件。

11.2.1 在网页中使用 <script> 标签

在网页中使用 <script> 标签插入 JavaScript 的方式又可以根据 <script> 标签所在位置分为在 <head> 中使用 JavaScript 和在 <body> 中使用 JavaScript。这两种方式在代码书写方面没有区别，但是在网页被访问时，JavaScript 的执行会出现一些差异，这些差异可能会导致网页出现不可预期的错误。

下面是两种引入 JavaScript 的代码示例。

在 <head> 中插入 JavaScript，demo1.html：

```
<!DOCTYPE html>
<html>
<head>
<script>
function myFunction()
{
    document.getElementById("myhead").innerHTML=" 这是一个标题 ";
    document.getElementById("demo").innerHTML=" 这是一个段落 ";
}
myFunction()
</script>
</head>
<body>
<h1 id="myhead"></h1>
<p id="demo"></p>
</body>
</html>
```

在 <body> 中插入 JavaScript，demo2.html：

```
<!DOCTYPE html>
<html>
<body>

<h1 id="myhead"></h1>
<p id="demo"></p>

<script>
function myFunction()
{
    document.getElementById("myhead").innerHTML=" 这是一个标题 ";
    document.getElementById("demo").innerHTML=" 这是一个段落 ";
}
myFunction()
</script>

</body>
</html>
```

以上两个代码示例都希望在网页中分别显示一个标题和一个段落。

用浏览器打开 demo1.html 文件，如图 11-1 所示。

用浏览器打开 demo2.html 文件，如图 11-2 所示。

虽然代码完全相同，但是，由于 JavaScript 的存放位置不同导致执行结果完全不一样。出现这种差异的主要原因是由于 HTML 代码是自上向下解释执行的，在 demo1.html 中调用 myFunction() 函数时，浏览器还不知道页面中存在 id 为 myhead 和 demo 的元素，所以 JavaScript 脚本执行无效，而 demo2.html 中 JavaScript 的插入位置在 myhead 和 demo 元素之后，此时浏览器已经发现了这两个元素，所以能够正常执行。

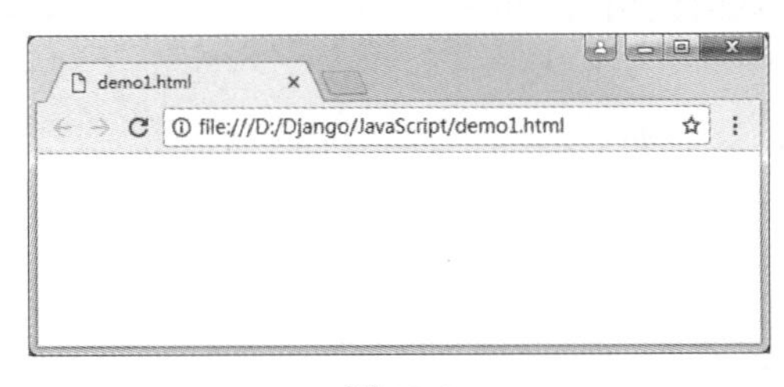

图 11-1

图 11-2

当然由于 HTML 文档是解释执行的，所以可以将 <script> 标签放在页面的任意位置。通常如果在脚本中不对 HTML 元素进行任何直接操作的话（本例中不调用 myFunction() 函数），则可以将脚本放在 <head> 标签中，如果需要操作 HTML 元素则需要注意脚本的执行时机。

11.2.2　在 HTML 元素标签中嵌入 JavaScript

在需要对 HTML 元素进行事件处理时，可以直接将 JavaScript 代码嵌入 HTML 元素的事件中。

例如当文本框失去焦点时判断文本框内容是否为空，如果文本框内容为空则弹出提示框提示用户输入信息，demo3.html：

```
<!DOCTYPE html>
<html>

<body>
    <input type="text" onblur="javascript: if(this.value.length < 1) window.alert
('文本内容不能为空！')" >
</body>
</html>
```

浏览器访问效果如图 11-3 所示。

图 11-3

11.2.3 引入外部 JavaScript 脚本文件

对于大型 Web 项目来说，JavaScript 的内容往往很长，尤其是需要引入第三方 JavaScript 类库时，或者同一段 JavaScript 脚本需要在多个页面使用时，可以将这些 JavaScript 脚本写成独立的 .js 文件，然后在 HTML 文档中进行调用。

例如可以将 demo2.html 中的 myFunction() 函数写在 myJavaScript.js 中，myJavaScript.js 与 demo2.html 放在同一个文件夹下。

myJavaScript.js 脚本文件内容如下：

```
function myFunction()
{
    document.getElementById("myhead").innerHTML="这是一个标题";
    document.getElementById("demo").innerHTML="这是一个段落";
}
```

更新后的 demo2.html：

```
<!DOCTYPE html>
<html>
<head>
    <script src="myJavaScript.js"></script>
</head>
<body>

<h1 id="myhead"></h1>
<p id="demo"></p>

<script>
    myFunction()
</script>
</body>
</html>
```

此时重新在浏览器中打开 demo2.html，效果不变。

11.3 JavaScript 数据类型

JavaScript 一共包含 7 种数据类型：字符串（String）、数字（Number）、布尔（Boolean）、数组（Array）、对象（Object）、空（Null）、未定义（Undefined）。

11.3.1 字符串

字符串是用来存储字符的变量，用单引号或者双引号包围的任意文本就是字符串，例如：

```
var name = "Django"
var language = 'JavaScript 是一门脚本语言'
```

11.3.2　数字

JavaScript 不像其他语言一样根据数值的精度将数字类型细分为多种类型，JavaScript 只有一种数字类型，可以是整数、小数等，例如：

```
var age = 20
var length = 1.5
var z = 123e-5
```

11.3.3　布尔

布尔类型只有两个值：true 和 false，例如：

```
var x = true
var y = false
```

11.3.4　数组

数组对象用于保存一系列值，数组元素可以是不同类型。

1. 使用 Array() 对象创建数组

```
var language=new Array()
language[0]="Python"
language[1]="JavaScript"
language[2]="HTML"
```

或者：

```
var language=new Array("Python", "JavaScript", "HTML")
```

2. 使用列表创建数组

```
var language=["Python", "JavaScript", "HTML"]
```

11.3.5　对象

JavaScript 的对象用大括号包围，大括号内，对象的属性以键值对的形式存放，属性之间以逗号分隔，例如：

```
var person={
    name:"Aaron",
    age: 18,
    address:" 中国 - 北京 "
};
```

使用英文句点或者方括号访问对象的属性：

```
Age = person.age
Address = person["address"]
```

11.3.6 Null

表示变量的值为空。使用时可以通过将变量的值设置为 null 来清空变量。

11.3.7 Undefined

表示变量没有声明或者虽然声明了但是没有赋值。

11.4 JavaScript 运算符

JavaScript 可以对变量进行运算，如算术运算、赋值运算等。

11.4.1 算术运算符

算术运算符如表 11-1 所示。

表 11-1

算术运算符	描　述
+	加法运算
-	减法运算
*	乘法运算
/	除法运算
%	求余数运算
++	累加运算
--	递减运算

11.4.2 赋值运算符

赋值运算符如表 11-2 所示。

表 11-2

赋值运算符	描　述
=	赋值
+=	先加法运算再赋值
-=	先减法运算再赋值
*=	先乘法运算再赋值
/=	先除法运算再赋值
%=	先求余数运算再赋值

11.4.3　逻辑运算符

逻辑运算符如表 11-3 所示。

表 11-3

<table>
<tr><th>逻辑运算符</th><th>描　述</th></tr>
<tr><td>&&</td><td>逻辑与，只有当运算符两边的变量都为 true 时，才返回 true，否则返回 false</td></tr>
<tr><td>||</td><td>逻辑或，只要运算符两边的任意一个变量为 true，表达式返回 true，否则返回 false</td></tr>
<tr><td>!</td><td>逻辑非，操作数是 true 则返回 false，操作数是 false 则返回 true</td></tr>
</table>

11.4.4　比较运算符

比较运算符如表 11-4 所示。

表 11-4

比较运算符	描　述
==	等于
===	全等（值和类型）
!=	不等于
>	大于
<	小于
>=	大于或等于
<=	小于或等于

11.5　流程控制语句

11.5.1　if 条件判断语句

if 条件判断语句用于判断指定条件是否为真，条件为真时则执行代码。if 语句的语法如下：

```
if （条件）
{
    只有当条件为 true 时执行的代码
}
```

当需要对条件为假时进行其他操作可以使用 else 语句：

```
if （条件）
{
    当条件为 true 时执行的代码
}
else
{
    当条件不为 true 时执行的代码
}
```

当存在多种情况时可以使用 if ... else if ... else 语句，else if 可以多次使用：

```
if （条件 1)
{
    当条件 1 为 true 时执行的代码
}
else if （条件 2)
{
    当条件 2 为 true 时执行的代码
}
else
{
    当条件 1 和 条件 2 都不为 true 时执行的代码
}
```

下面是用于判断学生成绩的条件判断语句：

```
if (sum >= 85)
{
    alert("优秀")
}
else if (sum >= 60)
{
    alert("合格")
}
else
{
    alert("不合格")
}
```

当 sum 大于等于 85 时，网页弹出“优秀”提示框，当 sum 大于等于 60 时，网页弹出“合格”提示框，否则弹出“不合格”。

11.5.2　switch 选择语句

switch 语句是典型的分支语句，当表达式的值与 switch 的某一个分支条件一样时则执行该分支代码，如果表达式的值与任何分支条件都不一样时则执行 default 代码块。switch 的语法如下：

```
switch(表达式)
{
    case 条件1:
        执行代码块 1
        break;
    case 条件2:
        执行代码块 2
        break;
    ...
    default:
        “表达式”与“条件1”“条件2”都不相同时执行的代码
}
```

下面代码通过 switch 语句判断今天是星期几：

```
var day=new Date().getDay();
switch (day)
{
    case 0:
        x="今天是星期日";
        break;
    case 1:
        x="今天是星期一";
        break;
    case 2:
        x="今天是星期二";
        break;
    case 3:
        x="今天是星期三";
        break;
    case 4:
        x="今天是星期四";
        break;
    case 5:
        x="今天是星期五";
        break;
    case 6:
        x="今天是星期六";
        break;
}
alert(x)
```

11.5.3 while 循环语句

while 循环语句会在条件为真的时候循环执行 while 内部代码块，while 的语法如下：

```
while （条件）
{
    需要执行的代码
}
```

例如循环输出数字 0 到 10：

```
<span id="number"></span>

i = 0
while (i <= 10)
{
    document.getElementById("number").innerHTML += i
    i++
}
```

注意，一定要为 while 循环设定退出条件，否则网页会一直停留在 while 内部。

11.5.4 for 循环语句

for 循环同样是根据指定条件循环执行内部代码，语法如下：

```
for （初始表达式； 条件语句； 更新表达式）
{
    被执行的代码块
}
```

初始表达式一般用于初始化计数器；条件语句用于对计数器进行判断；更新表达式用于更新计数器。

同样以输出数字 0 到 10 为例，查看如何使用 for 循环：

```
<span id="number"></span>

for(i = 0; i <= 10; i++)
{
    document.getElementById("number").innerHTML += i
}
```

11.5.5 continue 循环中断语句

continue 语句可以用来终止循环语句中的某一次执行，例如只输出数字 0 到 10 中的奇数：

```
<span id="number"></span>

for(i = 0; i <= 10; i++)
{
    if(i%2 == 0)
    {
        continue
    }
    document.getElementById("number").innerHTML += i
}
```

11.5.6　break 循环退出语句

break 语句可以退出后续循环，例如只输出小于 5 的数字：

```
<span id="number"></span>

for(i = 0; i <= 10; i++)
{
    if(i >= 5)
    {
        break
    }
    document.getElementById("number").innerHTML += i
}
```

11.6　JavaScript 函数

函数就是一段执行具体功能的代码块，通过使用函数可以提高代码重用性。

JavaScript 函数以 function 关键字表示，如前面提到的：

```
function myFunction()
{
    document.getElementById("myhead").innerHTML=" 这是一个标题 ";
    document.getElementById("demo").innerHTML=" 这是一个段落 ";
}
```

JavaScript 函数还可以接收参数，参数之间以逗号分隔，带参数函数的签名形式如下：

```
function myFunction(var1,var2)
{
    //...
}
```

在调用带参数的函数时，传递的参数值必须与函数声明时的参数位置一致，如第一个参数是 name，那么传递的参数就必须是 name 值。

函数还可以提供返回值，如进行加法运算的函数：

```
function add(num1, num2)
{
    return num1 + num2
}
```

调用 add 函数：var sum = add(3, 5)，此时 sum 的值等于 3+5。

11.7 JavaScript 与 HTML DOM

DOM 的全称为文档对象模型（Document Object Model）。DOM 允许代码动态地读取和更新文档的内容、结构和样式。

11.7.1 查找 HTML 元素

JavaScript 可以通过很多方式查找 HTML 元素，比较常见的有以下两种：

- 通过 id 查找 HTML 元素；
- 通过标签名查找 HTML 元素。

代码示例：

```
var x=document.getElementById("intro");
var y=document.getElementsByTagName("p");
```

在这里需要注意的是，通过 id 查找元素的方法是单数形式（Element）而通过标签名查找元素的方法是复数形式（Elements）。这是因为一般情况下，网页中元素的 id 是唯一的，不会重复，而标签可以重复，所以 getElementById() 所取得的是一个 DOM 对象，而 getElementsByTagName() 通常会取得一系列 DOM 元素。

11.7.2 修改 HTML 元素内容

JavaScript 可以动态修改元素内容。document.write() 可用于直接向 HTML 文档写入内容，如以下代码直接在网页中输出当天日期：

```
<!DOCTYPE html>
<html>
<body>

<script>
```

```
document.write(Date());
</script>

</body>
</html>
```

需要修改 HTML 元素内容时可以使用 innerHTML 或者 innerText 属性，如：

```
<!DOCTYPE html>
<html>
<body>

<p id="p1">Hello World!</p>
<p id="p2">Hello World!</p>

<script>
document.getElementById("p1").innerHTML="<span style='color:red;'>New text!</span>";
document.getElementById("p2").innerText="<span style='color:red;'>New text!</span>";
</script>

</body>
</html>
```

以上代码的输出结果如图 11-4 所示。

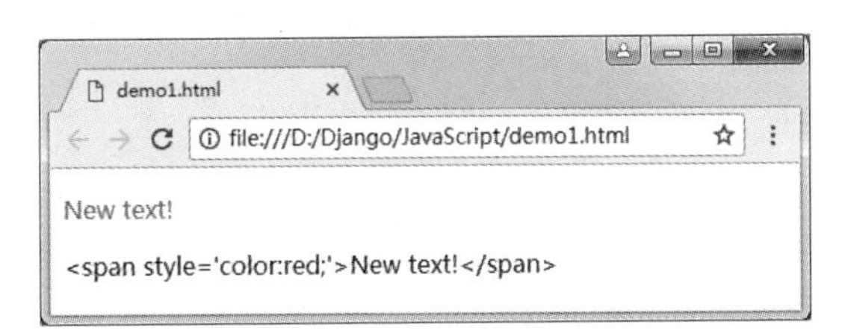

图 11-4

虽然向 p1 和 p2 两个元素中输入的内容相同，但是由于 p1 使用了 innerHTML，所以输出了格式化的文本，而 p2 使用了 innerText，则原样输出了文本。

11.7.3　修改 HTML 元素属性

通过 JavaScript 可以修改元素属性，语法如下：

```
document.getElementById(id).attribute=属性值
```

例如修改图片的 src 属性：

```
<!DOCTYPE html>
<html>
<body>
```

```
<img id="image" src="smiley.gif">

<script>
document.getElementById("image").src="landscape.jpg";
</script>

</body>
</html>
```

11.7.4 修改 HTML 元素样式

通过 JavaScript 可以修改元素样式，语法如下：

```
document.getElementById(id).style.property=新样式
```

例如修改 <p> 标签的文字颜色：

```
<!DOCTYPE html>
<html>
<body>

<p id="p1">Hello World!</p>

<script>
document.getElementById("p1").style.color="blue";
</script>


</body>
</html>
```

11.7.5 处理 HTML 元素事件

JavaScript 是事件驱动的脚本语言，所以可以接收并处理 HTML 元素事件。

下面代码会在网页上显示一段文本和一个按钮，当单击按钮时文本颜色变成蓝色。

```
<!DOCTYPE html>
<html>
<head>
<script>
    function changeColor(id)
    {
        document.getElementById(id).style.color="blue";
    }
</script>
```

```
</head>
<body>
    <div id='myDiv'>
    JavaScript
    </div>
    <input type="button" onclick="changeColor('myDiv')" value=" 改变颜色 ">
</body>
</html>
```

除了 onclick 事件外，DOM 元素还有很多种事件，如鼠标移入移出事件 onmouseover 和 onmouseout，鼠标按键按下和抬起事件 onmousedown 和 onmouseup，元素失去焦点的 onblur 事件，元素获得焦点的 onfocus 事件，页面加载完成的 onload 事件等。

第 12 章 MySQL

MySQL 是目前最流行的关系型数据库管理系统之一，也是目前 Web 应用中最受欢迎的数据库。本章将简要介绍 MySQL 数据库的安装与基本操作。

12.1 MySQL 的安装与配置

12.1.1 MySQL 版本

打开 MySQL 官网找到下载页面，如图 12-1 所示，可以看到 MySQL 包括 Enterprise、Community 等不同版本，Enterprise 版本由 MySQL 官方提供技术支持，功能丰富但是需要付费，Community 版本由开源社区支持，提供免费下载。本书全部内容均使用 Community 版本。

MySQL 官网地址：https://www.mysql.com/downloads/。

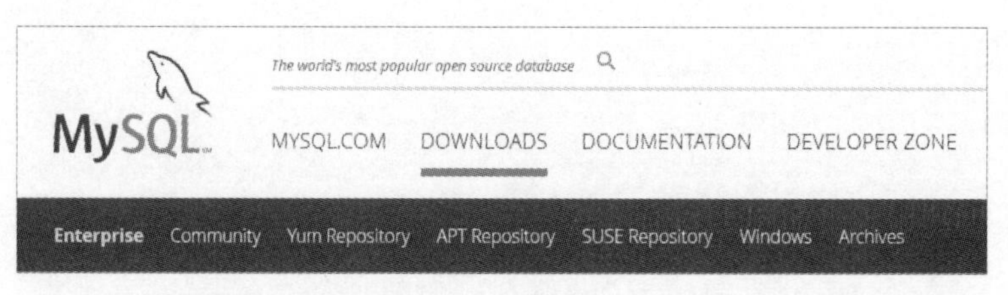

图 12-1

12.1.2 在 Linux 系统中安装 MySQL

本节内容以 CentOS 7 为例讲解如何安装 MySQL。CentOS 系统中默认的 yum 源可能是国外地址，所以在安装软件时可能会因为网速问题导致安装失败，因此推荐使用国内 yun 源。下面以更换网易 yum 源为例，讲解如何更换 CentOS 7 yum 源，如果读者的 CentOS 系统是阿里云服务器或者其他国内服务器的话，一般服务器提供商已经将 yum 源更改为国内源了，这类读者可以忽略本段内容。

（1）备份 CentOS-Base.repo 文件。

```
# mv /etc/yum.repos.d/CentOS-Base.repo /etc/yum.repos.d/CentOS-Base.repo.backup
```

（2）下载网易 yum repo 文件。

```
# wget http://mirrors.163.com/.help/CentOS7-Base-163.repo
```

其他版本 repo 文件可以在以下网址下载：http://mirrors.163.com/.help/centos.html。

（3）保存文件。将步骤 2 下载的 repo 文件保存到 /etc/yum.repos.d/ 文件夹下。

（4）生成缓存。

```
# yum clean all
# yum makecache
```

更新完 yum 源之后就可以安装 MySQL 数据库了，由于 CentOS 7 默认使用 MariaDB 替代 MySQL，所以如果直接执行 yun install mysql 命令的话会提示安装 MariaDB。如果希望安装旧版 MySQL，可以通过下载安装包的方式进行安装。

（1）下载 MySQL 源安装包：

```
# wget http://dev.mysql.com/get/mysql-community-release-el7-5.noarch.rpm
```

（2）安装 MySQL 源：

```
# yum localinstall mysql57-community-release-el7-8.noarch.rpm
```

（3）检查 MySQL 源是否安装成功：

```
# yum repolist enabled | grep "mysql.*-community.*"
```

```
!mysql-connectors-community/x86_64       MySQL Connectors Community         42
!mysql-tools-community/x86_64            MySQL Tools Community              55
!mysql57-community/x86_64                MySQL 5.7 Community Server        227
```

（4）安装 MySQL：

```
# yum install mysql-community-server
```

（5）启动 MySQL 服务：

```
# systemctl start mysqld
```

（6）设置开机启动：

```
# systemctl enable mysqld
# systemctl daemon-reload
```

（7）修改 root 本地登录密码：

MySQL 安装完成后，在 /var/log/mysqld.log 文件中给 root 生成了一个默认密码。通过下面的方式找到 root 默认密码，然后登录 MySQL 进行修改：

```
# grep 'temporary password' /var/log/mysqld.log
```

```
[root@localhost ~]# grep 'temporary password' /var/log/mysqld.log
2018-01-03T15:33:22.068892Z 1 [Note] A temporary password is generated for root@
localhost: ZOKjhIafe7*e
```

使用 root 账号连接 MySQL 数据库：

```
# mysql -uroot -p
```

修改密码：

```
mysql> set password for 'root'@'localhost'=password('新密码');
```

（8）查看用户权限：

```
mysql> show grants for 'root'@'localhost';
```

```
mysql> show grants for 'root'@'localhost';
+-------------------------------------------------------------+
| Grants for root@localhost                                   |
+-------------------------------------------------------------+
| GRANT ALL PRIVILEGES ON *.* TO 'root'@'localhost' WITH GRANT OPTION |
| GRANT PROXY ON ''@'' TO 'root'@'localhost' WITH GRANT OPTION        |
+-------------------------------------------------------------+
2 rows in set (0.00 sec)
```

（9）设置 MySQL 默认编码：

MySQL 的默认编码是 Latin1，不支持中文，所以在使用之前需要将默认编码修改为 utf8。修改 /etc/my.cnf 配置文件，在 [mysqld] 配置节点下添加以下内容：

```
[mysqld]
character_set_server=utf8
init_connect='SET NAMES utf8'
```

修改结束，重启 MySQL 服务，查看数据库默认编码：

```
mysql> show variables like '%password%';
```

```
mysql> show variables like 'character%';
+--------------------------+----------------------------+
| Variable_name            | Value                      |
+--------------------------+----------------------------+
| character_set_client     | utf8                       |
| character_set_connection | utf8                       |
| character_set_database   | utf8                       |
| character_set_filesystem | binary                     |
| character_set_results    | utf8                       |
| character_set_server     | utf8                       |
| character_set_system     | utf8                       |
| character_sets_dir       | /usr/share/mysql/charsets/ |
+--------------------------+----------------------------+
8 rows in set (0.03 sec)
```

12.1.3 在 Windows 系统中安装 MySQL

依次单击 Windows→MySQL Installer，打开 Windows 版本下载页面，根据个人情况选择在线安装包或离线安装包，截至 2017 年 12 月，最新的 MySQL 版本是 MySQL 5.7.20。

如果在下载页面遇到 Oracle 登录请求，可以单击“No thanks, just start my download.”链接直接开始下载。

接受安装协议，如图 12-2 所示。

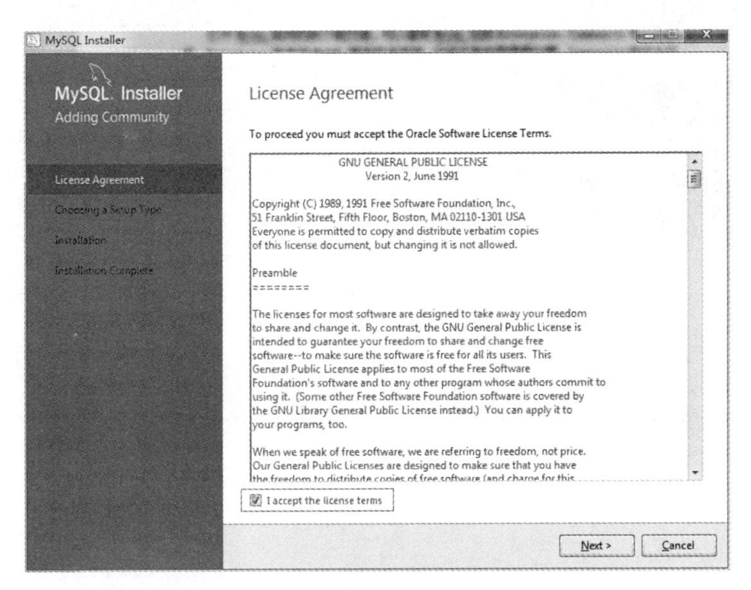

图 12-2

选择安装类型，如图 12-3 所示。

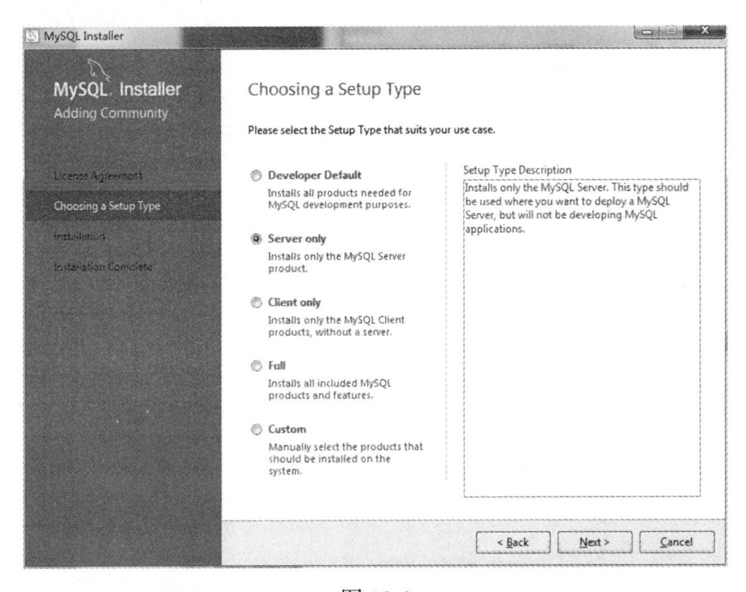

图 12-3

环境检查，如图 12-4 所示。

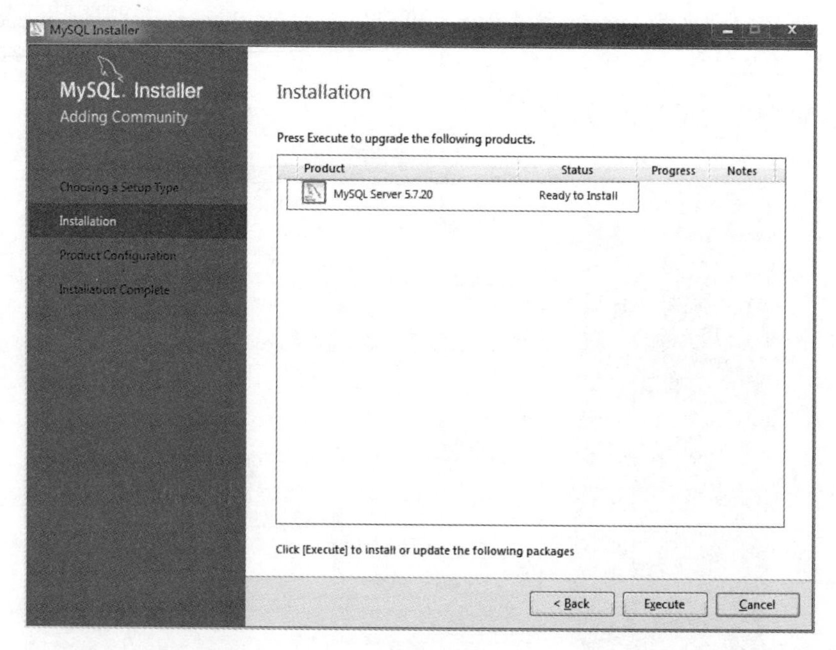

图 12-4

单击 Execute 按钮，弹出界面如图 12-5 所示。

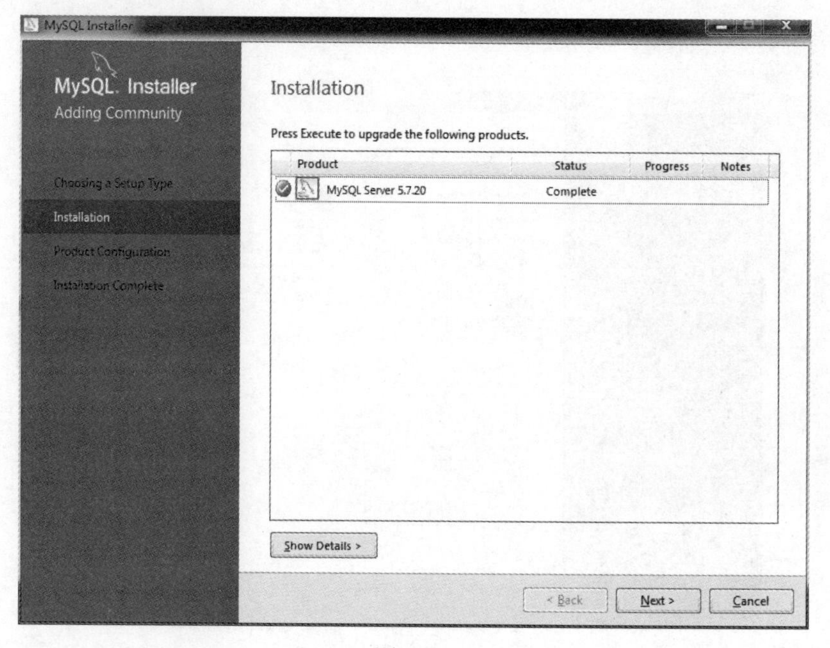

图 12-5

提示

如果遇到以下安装错误，可到微软官网下载 VC++ Redistributable Packages 并安装（注意如果安装 vcredist_x64.exe 不能解决问题的话请尝试安装 vcredist_x86.exe）：

错误信息：

```
    This application requires Visual Studio 2013 Redistributable. Please install
the Redistributable then run this installer again.
```

补丁下载地址：

```
    https://www.microsoft.com/zh-CN/download/details.aspx?id=40784
```

单击 Next 按钮，弹出界面如图 12-6 所示。

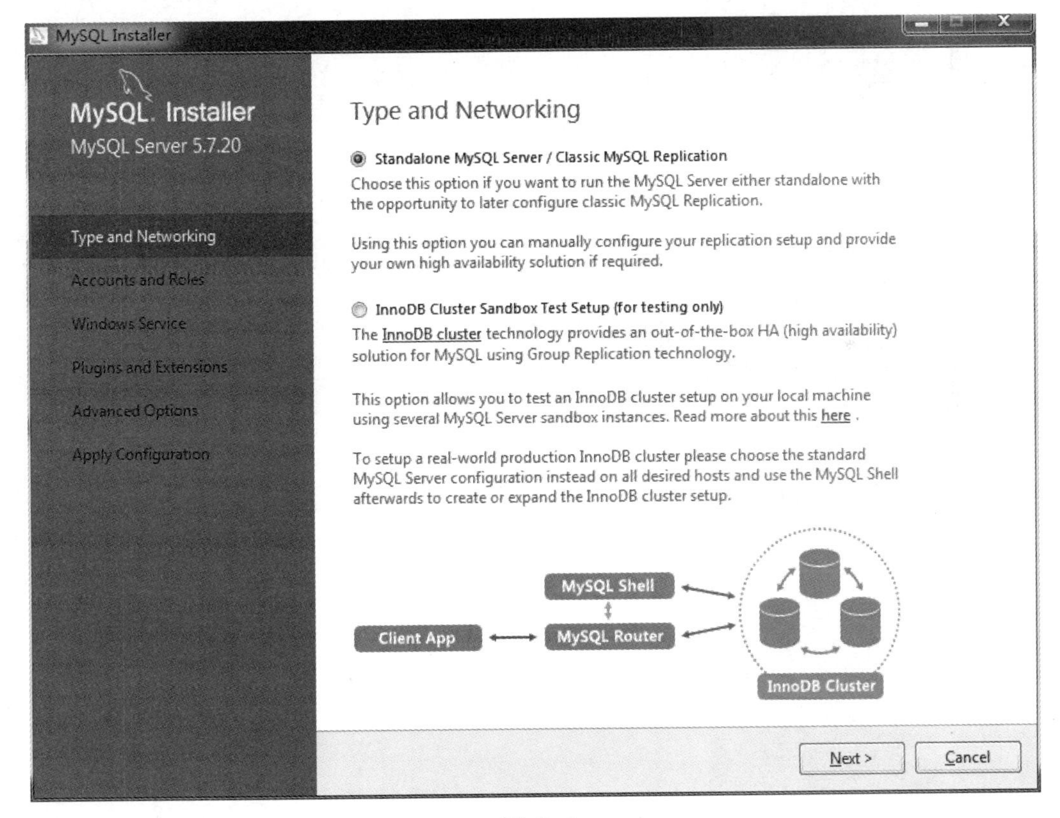

图 12-6

单击 Next 按钮，弹出界面如图 12-7 所示，选择服务器类型，对于开发环境来说，选择默认的 Development Machine 即可。

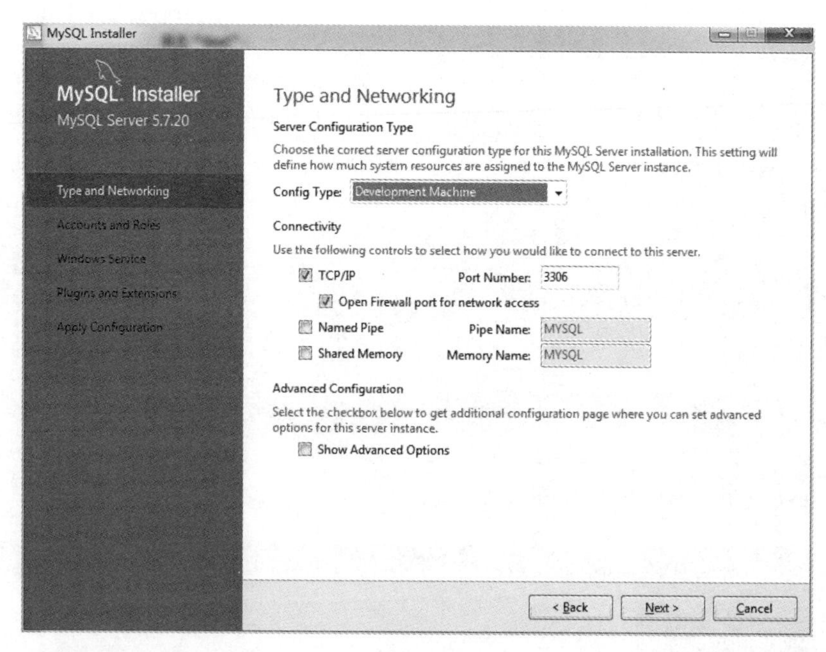

图 12-7

单击 Next 按钮，设置 root 账号密码并添加其他用户，如图 12-8 所示。

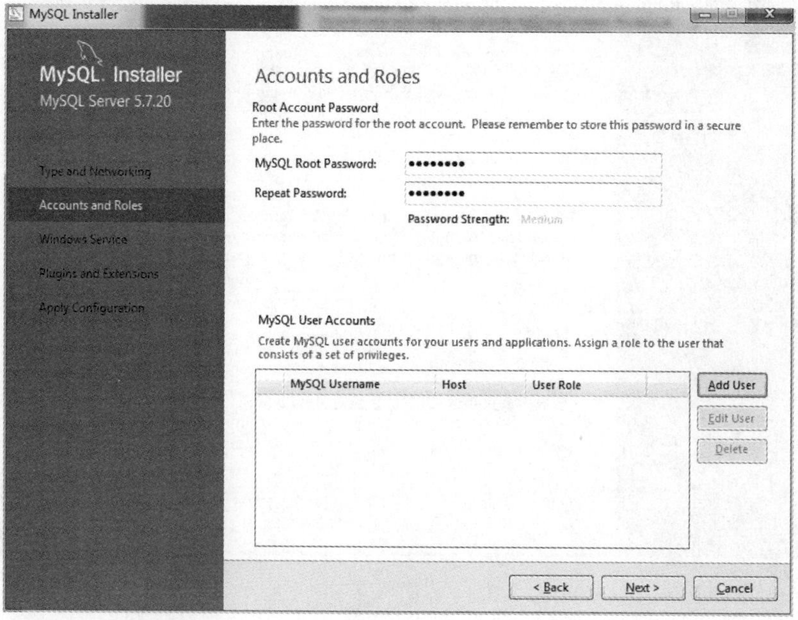

图 12-8

单击 Next 按钮，将 MySQL 配置为 Windows 系统服务，如图 12-9 所示。

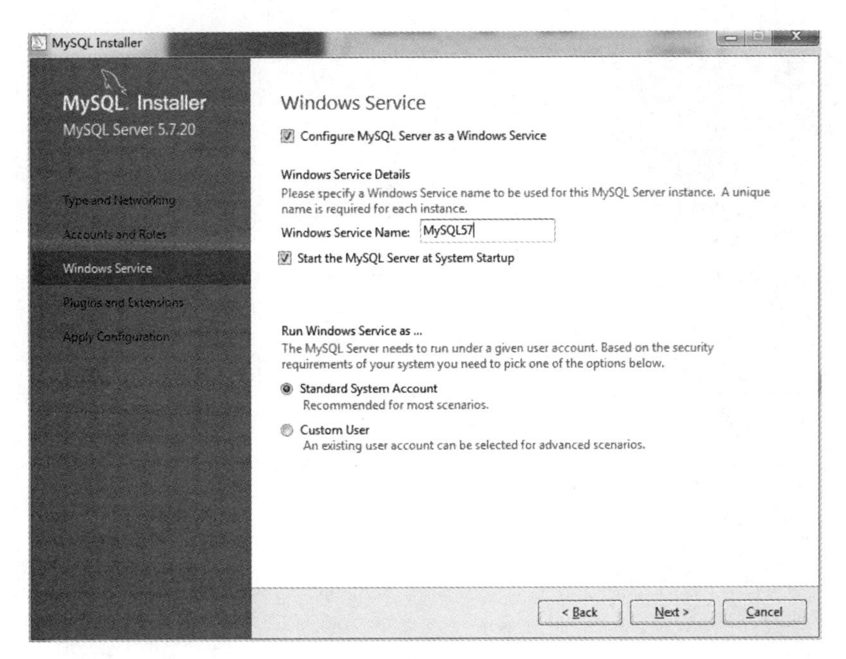

图 12-9

单击 Next 按钮，弹出界面如图 12-10 所示。

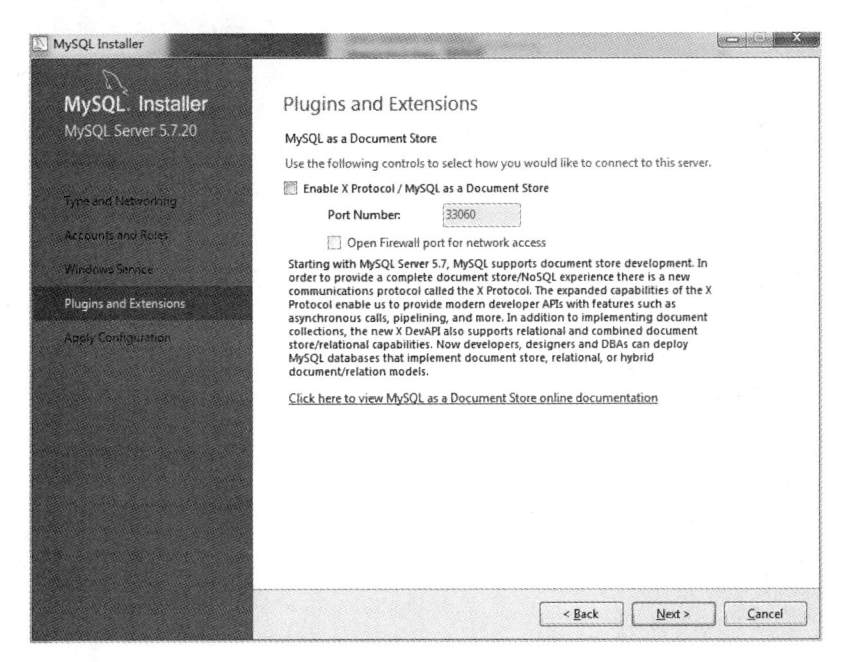

图 12-10

单击 Next 按钮，弹出界面如图 12-11 所示。

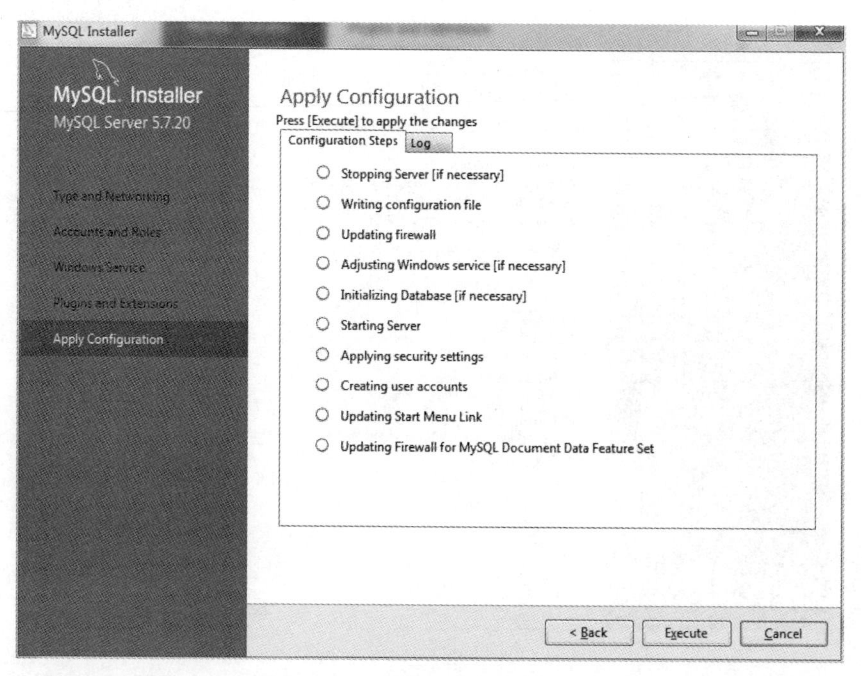

图 12-11

单击 Execute 按钮，弹出界面如图 12-12 所示。

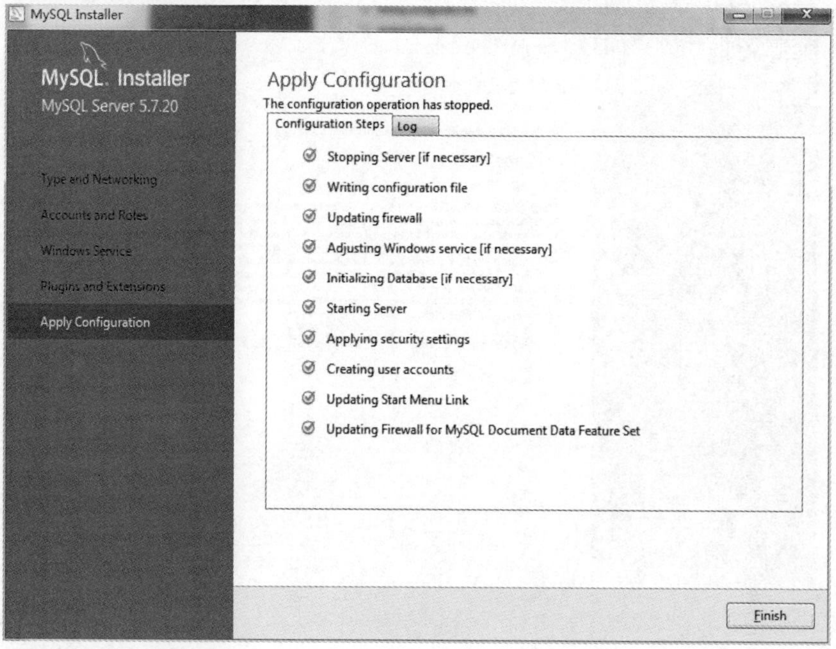

图 12-12

12.2 数据库操作

12.2.1 创建数据库

使用以下命令创建数据库：

```
CREATE DATABASE `blog` DEFAULT CHARACTER SET utf8 COLLATE utf8_general_ci;
```

命令解释：

CREATE DATABASE `blog`：创建名为 blog 的数据库。

DEFAULT CHARACTER SET utf8：数据库所使用的默认字符集为 utf8。

ci 的全拼是 case insensitive，即“大小写不敏感”，例如字母 a 和 A 在字符判断中会被当作一样的。

COLLATE utf8_general_ci：使用 utf8 字符集对文字进行校验，校验时不区分大小写。

查看现有数据库的命令如下：

```
SHOW DATABASES;
```

12.2.2 创建数据库表

使用以下命令创建数据库表：

```
USE blog;
CREATE TABLE blog (id INT NOT NULL PRIMARY KEY, title VARCHAR(100), body
VARCHAR(1000));
```

命令解释：

USE blog：指定当前命令使用名为 blog 的数据库。

CREATE TABLE blog：创建数据表 blog。

id INT NOT NULL PRIMARY KEY：数据表 blog 的主键。

title VARCHAR(100), body VARCHAR(1000)：数据表的其他字段。

12.2.3 创建用户

使用以下命令创建用户：

```
CREATE USER 'sa'@'localhost' IDENTIFIED BY 'password';
```

命令解释：

在主机“localhost”上创建用户“sa”，密码为“password”。

12.2.4 为用户授权

使用以下命令为用户授权：

```
GRANT ALL ON *.* TO 'sa'@'localhost';
```

语法解释：

GRANT ALL：为用户赋予所有数据库权限，如果只需要特殊操作权限的话，例如 SELECT、INSERT、UPDATE 权限，则使用 GRANT SELECT 或者 GRANT SELECT、INSERT、UPDATE。

ON *.*：权限对应的数据库和表名，*.* 表示全部数据库的全部表，blog.* 表示针对 blog 数据库的所有表授权，blog.blog 表示只针对 blog 数据库的 blog 表授权。

TO 'sa'@'localhost'：被授权的用户。

12.3 数据的增删改查

12.3.1 INSERT

语法：

```
INSERT INTO table_name ( field1, field2,...fieldN )
                       VALUES
                       ( value1, value2,...valueN );
```

语法解释：

向数据表中插入数据，field1，field2，...，fieldN 是所有数据所对应字段名，value1，value2，...，valueN 是所有字段值。

示例：

INSERT INTO blog(id,title,body) VALUES(1,'认识 Django','Django 是基于 Python 语言开发的一套重量级 Web 框架，其设计的初衷就是为了帮助开发人员以最小的代码量快速建站。');

12.3.2 SELECT

语法：

```
SELECT column_name1,column_name2,...column_nameN
FROM table_name
[WHERE Clause]
[LIMIT N][ OFFSET M]
```

语法解释：

SELECT 命令可以读取一条或者多条记录。

使用星号（*）来代替其他字段，此时 SELECT 语句会返回表的所有字段数据。

使用 WHERE 语句来设置查询条件。

使用 LIMIT 属性来设定返回的记录数。

使用 OFFSET 指定 SELECT 语句开始查询的数据偏移量。默认情况下偏移量为 0。

示例：

```
SELECT * FROM blog WHERE id=1 LIMIT 1
```

12.3.3 UPDATE

语法：

```
UPDATE table_name SET field1=new-value1, field2=new-value2
[WHERE Clause]
```

语法解释：

更新数据表中的一个或多个字段。

使用 WHERE 子句限定被更新数据。

示例：

```
UPDATE blog SET title='Django 入门 ' WHERE id=1
```

12.3.4 DELETE

语法：

```
DELETE FROM table_name [WHERE Clause]
```

语法解释：

如果没有指定 WHERE 子句，MySQL 表中的所有记录将被删除。

可以使用 WHERE 子句限定被删除的数据。

示例：

```
DELETE FROM blog WHERE id=1
```

第三部分

Django 框架

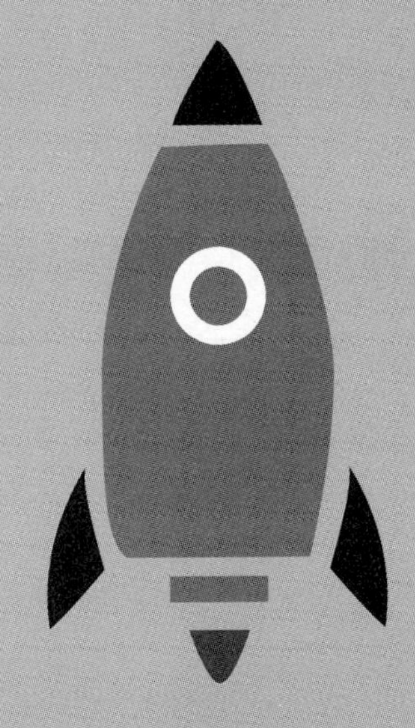

第 13 章
走进 Django 的世界

13.1 认识 Django

Django 是基于 Python 语言开发的一套重量级 Web 框架，其设计的初衷就是为了帮助开发人员以最小的代码量快速建站。Django 通过丰富的内置功能使开发人员摆脱了很多以往 Web 开发中的困难，进而得以将更多精力专注于自己的网站开发中。

另外，Django 是一款基于 BSD 协议并完全免费开源的开发框架，任何人都可以使用，Django 的 GitHub 地址是 https://github.com/django。

从本章开始将正式带领读者进入 Django 的世界，详细学习这门开发框架。

13.2 版本选择

自从 Django 1.0 版本开始，Django 按照以下形式命名版本编号：按照 A.B 或 A.B.C 的形式命名版本编号。A.B 是主版本号，包含新功能以及对原有功能的改进，每一个新版本都向前兼容，Django 大概每 8 个月就会发布一个主版本；C 是小版本号，包含 bug 的修改等，每当有需要时就会发布。在 Django 正式版本发布之前，还会发布 alpha、beta 和 RC（Release Candidate，候选发布版本）版本。另外，Django 长期支持的版本用 LTS 表示。

Django 推荐使用 Python 3 进行开发，而最后一个支持 Python 2.7 的版本是 Django 1.11 LTS，表 13-1 是 Django 各个版本对 Python 的支持情况（截至 2017 年 11 月）。

表 13-1

Django 版本	Python 版本
1.8	2.7，3.2（截至 2016 年），3.3，3.4，3.5
1.9，1.10	2.7，3.4，3.5
1.11	2.7，3.4，3.5，3.6
2.0	3.4，3.5，3.6
2.1	3.5，3.6，3.7

Django 官方对各个版本的支持情况如图 13-1 所示。

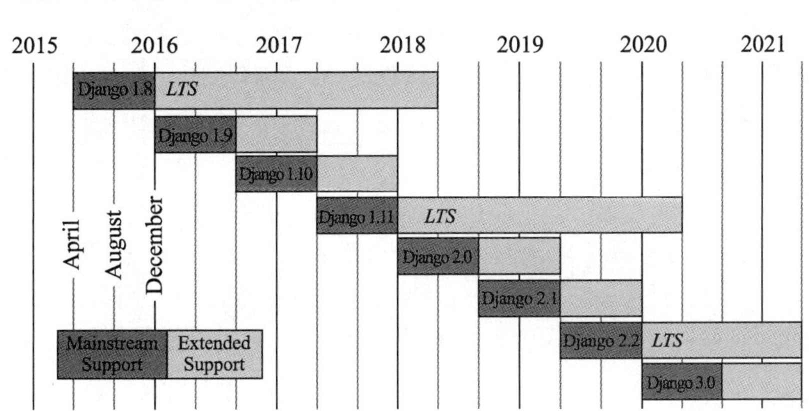

图 13-1

从图 13-1 可以看出，Django 长期支持的版本包括 Django 1.8、Django 1.11 以及 Django 2.2。其中 Django 1.8 版本在 2018 年 3 月底终止支持，而 Django 1.11 版本将会在 2020 年 3 月底终止支持，下一个被长期支持的版本是 Django 2.2。

Django 未来版本的支持情况如表 13-2 所示。

表 13-2

主版本	发布日期	主版本最终支持日期	小版本最终支持日期
Django2.0	2017 年 12 月	2018 年 8 月	2019 年 4 月
Django2.1	2018 年 8 月	2019 年 4 月	2019 年 12 月
Django2.2 LTS	2019 年 4 月	2019 年 12 月	最早截止于 2022 年 4 月
Django3.0	2019 年 12 月	2020 年 8 月	2021 年 4 月
Django3.1	2020 年 8 月	2021 年 4 月	2021 年 12 月
Django3.2 LTS	2021 年 4 月	2021 年 12 月	最早截止到 2024 年 4 月

本书主要以 Django 2.0 + Python 3.6 进行讲解，如遇到与 Django 1.11 不同之处将会进行对照讲解。

13.3 搭建开发环境

关于 Python 的安装请参考本书 Python 部分章节，下面主要介绍 Django 2.0 的安装。

安装 Django 2.0 版本的代码如下：

```
pip install Django==2.0
```

Django 的源代码托管在 GitHub，对于开发人员、乐于提前尝试新技术的人员或者

Django 的贡献作者，可以使用 git 客户端下载最新代码：git clone https://github.com/django/django.git。

当然也可以通过下载压缩包的方式下载源代码，下载地址：https://github.com/django/django/archive/master.tar.gz。

注意

pip 是随 Python 安装包安装的 Python 包管理工具。

安装结束，可以通过以下方式检查是否安装成功。

1. pip list

在命令行窗口输入“pip list”，结果如图 13-2 所示。

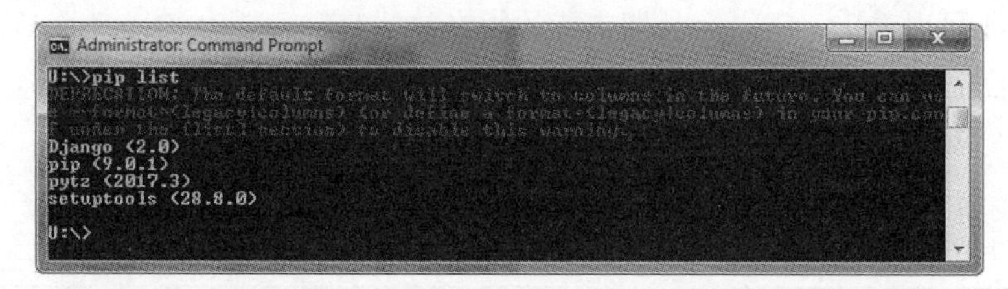

图 13-2

2. python -m django –version

在命令行窗口输入“python -m django –version”，结果如图 13-3 所示。

图 13-3

3. django.get_version()

在命令行窗口输入“django.get_version()”，结果如图 13-4 所示。

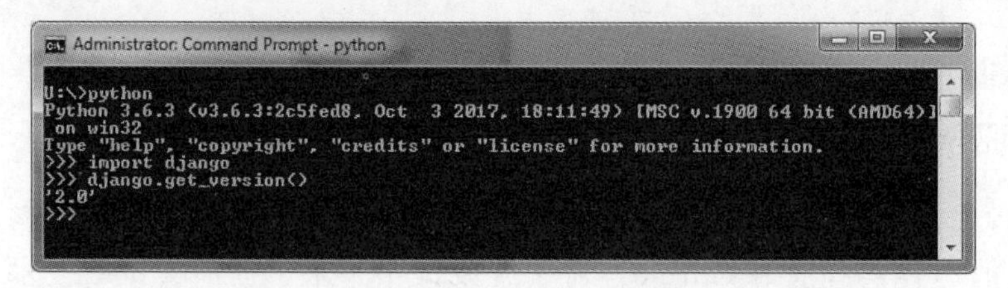

图 13-4

第14章 搭建第一个 Django 网站

学习任何新技术都不是一件容易的事情，很多开发人员喜欢花费大量时间进行碎片化学习，这种学习方式虽然能够满足一时的工作需要，但是并不能使其深入、全面地理解一门技术，因此很多开发人员在使用一门技术很长时间之后还是不能灵活应用它，本书首先带领读者使用 Django 框架快速搭建一个投票类网站，使读者能够从整体上认识 Django，然后再对具体技术细节进行详细介绍，最终使得读者能够深入理解并掌握 Django。

本章所演示的投票网站主要包含以下两部分：

- 公开的网站前台部分，用于浏览民意测验结果以及进行网上投票。
- 网站后台管理功能，允许管理员添加、修改、删除调查问卷。

开始学习后续内容之前应保证在电脑上已经安装了 Python 3.6、Django 2.0 以及 MySQL 5.6。为照顾大多数读者，本教程采用 Windows 系统作为开发环境。

14.1 创建 Django 工程

首先新建一个名为 demo 的文件夹，打开命令行提示符（在“开始”菜单中输入“cmd.exe”可以打开），在命令行提示符窗口输入“cd demo *文件夹的路径*”，将命令行切换到 demo 文件夹，然后输入下面命令：

```
> django-admin startproject mysite
```

命令执行结束后，将会在 demo 文件夹下创建一个 mysite 文件夹。

注意

- 应避免使用 Python 内置的包或者 Django 内嵌组件名来命名项目，例如不能使用 Django 来命名新项目，因为这会与 Django 自身产生冲突，也不能使用 test 作为项目名，因为这会与 Python 的内置包产生冲突。
- 不要将 Django 项目代码文件与其他网站项目放在一起，例如不应将 Django 文件放置在 Web 服务器的根目录，因为这样可能会将 Django 的代码暴露在浏览器中。

此时 demo 文件夹下的文件目录结构如下：

```
mysite/
    manage.py
    mysite/
        __init__.py
        settings.py
        urls.py
        wsgi.py
```

以上文件结构的意义如下。

- 最外层文件夹 mysite 是整个项目的容器，它的名字对于 Django 来说没有任何意义，虽然创建项目的时候使用了 mysite 作为项目名字，但是我们可以随时对它进行重命名。
- 根目录的 manage.py 脚本文件是一个命令行工具，通过使用这个文件我们可以管理 Django 项目，后面章节会对 django-admin 和 manage.py 进行详细介绍。
- 第二级的 mysite 文件夹才是当前 Django 工程所使用的 Python 包（包含 __init__.py 文件的 Python 文件夹）。这个文件夹的名字将会被用来导入包内的所有内容（例如导入 mysite.urls）。
- mysite/__init__.py：表明当前文件夹是一个 Python 包。
- mysite/settings.py：当前 Django 工程的配置文件，在后面章节会对 Django 配置进行详细介绍。
- mysite/urls.py：当前 Django 工程的路由配置文件，包含工程的路由信息，在后面章节会对 Django 路由系统进行详细介绍。
- mysite/wsgi.py：兼容 WSGI 的 Web 服务入口。Django 应用程序是基于 WSGI 服务开发的，因此运行或部署 Django 程序时需要指定 WSGI 配置信息，在后面章节会介绍如何使用 WSGI 部署 Django 应用程序。

14.2 运行 Django 工程

到目前为止，已经搭建好一个最简单的 Django 工程，下面来检查这个工程是否能够正常运行。将命令行提示符所在位置切换到最外层的 mysite 文件夹，执行以下命令：

```
> python manage.py runserver
```

运行结果如下：

```
Performing system checks...

System check identified no issues (0 silenced).
```

```
You have 14 unapplied migration(s). Your project may not work properly until you
 apply the migrations for app(s): admin, auth, contenttypes, sessions.
Run 'python manage.py migrate' to apply them.
November 18, 2017 - 20:13:34
Django version 2.0rc1, using settings 'mysite.settings'
Starting development server at http://127.0.0.1:8000/
Quit the server with CTRL-BREAK.
```

提示

暂时忽略上面输出结果中的警告信息（You have 14 unapplied migration(s).）。这是因为新建的 Django 工程还没有使用数据库。

此时我们已经使用一个 Python 内嵌的轻量级 Web 服务器运行了 Django 工程。这也是 Django 能够快速开发 Web 应用程序的一个优势——在开发过程中我们不需要关心 Web 服务。

如果细心观察的话会发现，在 polls 文件夹的平级多出一个 db.sqlite3 数据库文件。

注意

这种运行 Django 应用程序的方式的稳定性和网站性能都很差，只适用于开发过程，绝对不能应用在生产环境中，如果使用这种方式部署 Django 网站的话，当用户登出服务器时，通常 Web 服务也会停止。

现在 Django 应用已经运行起来了，打开浏览器在地址栏输入“ http://127.0.0.1:8000/”，此时能看到如图 14-1 所示的 Django 欢迎页面，说明 Django 程序已经创建成功了。

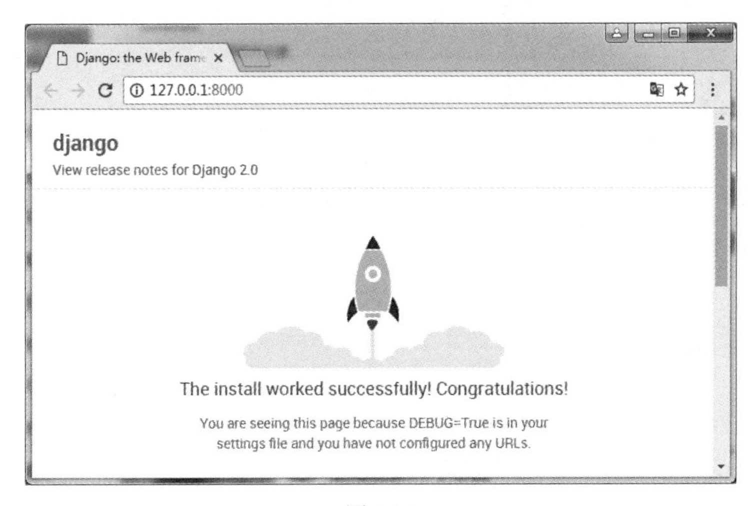

图 14-1

对于 runserver 命令，后面内容会详细介绍。

14.3 创建 Polls 应用程序

前面已经完成了 Django 工程的创建，接下来开始创建应用程序。每一个 Django 应用程序都包含一个 Python 包。django-admin 和 manage.py 可以帮助开发人员快速创建应用程序文件夹，因此大大地提高了开发效率。

工程（Project）与应用程序（App）：前面多次提到 Django 工程与应用程序，那么工程与应用程序之间有什么区别呢？其实应用程序是真正工作的组件，例如一个博客系统或者投票系统。工程是包含网站配置信息和应用程序等的集合，一个工程可以包含多个应用程序，而一个应用程序可以属于多个工程。

应用程序可以放置在任何 Python 路径能够识别的地方，在本教程中，我们将应用程序放在 manage.py 的同级目录，这样方便调用。

将命令行提示符中切换到 manage.py 所在目录，然后执行以下命令：

```
> python manage.py startapp polls
```

命令执行结束就已经创建好了应用程序 polls，polls 的目录结构如下：

```
polls/
    __init__.py
    admin.py
    apps.py
    migrations/
        __init__.py
    models.py
    tests.py
views.py
```

14.4 开发第一个视图

Django 的视图是负责页面展示的重要模块，用于处理网站业务逻辑。

打开 polls/view.py 文件，添加以下代码：

```
#!/usr/bin/python
# -*- coding: UTF-8 -*-

from django.http import HttpResponse

def index(request):
    return HttpResponse("你好！这里是在线投票系统。")
```

这样，一个最简单的 Django 视图已经创建完成。为了能够访问它，需要在 URL 中添加路由映射。在 polls 中创建文件 urls.py，并在 urls.py 文件中添加以下内容：

```
#!/usr/bin/python
# -*- coding: UTF-8 -*-

from django.urls import path

from . import views

urlpatterns = [
    path('', views.index, name='index'),
]
```

提示

Path() 方法可以接收 4 个参数，其中两个必选参数：route 和 view，另外两个是可选参数：kwargs 和 name。

接下来需要在根目录的 urls.py 中引用 polls/urls.py，修改 mysite/urls.py 如下：

```
from django.contrib import admin
from django.urls import include, path

urlpatterns = [
    path('polls/', include('polls.urls')),
    path('admin/', admin.site.urls),
]
```

上面代码中 include() 方法可以用来引用其他 URLconfs（urls.py）。通过合理使用 include() 方法可以将整个网站中的所有 URL 分配到多个文件中，使代码更加简洁合理。

提示

除了 admin.site.urls 之外，在任何时候都应该使用 include() 方法引用其他路由模块。

到目前为止，我们的 Django 工程中已经包含了一个视图。重新调用 runserver 命令启动 Web 服务，查看该视图是否能够正常工作。

在浏览器中输入“http://127.0.0.1:8000/polls/”，按 Enter 键，显示效果如图 14-2 所示。

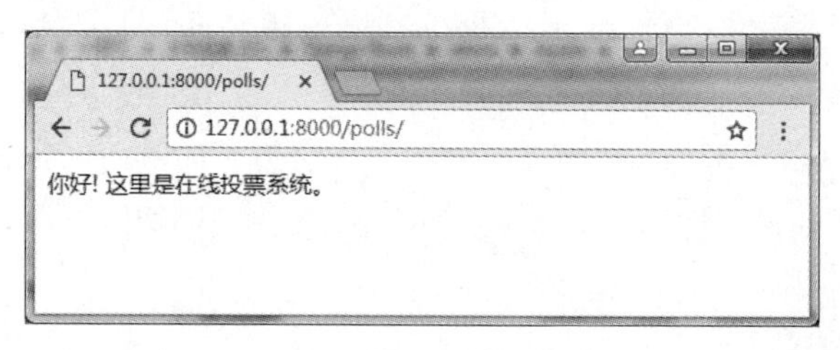

图 14-2

注意

Django 2.0 与 Django 1.11 的区别

在 Django 1.11 中使用 url() 方法创建 URL 映射，url() 方法接收 4 个参数：

（1）regex

regex 是正则表达式（regular expression）的简写，用于匹配字符串。Django 将接收到的 URL 按照 url pattern 在 urlpatterns 中的顺写进行比较，直到找到第一个匹配的地址。

注意以上正则表达式不会比较 GET 或 POST 参数，也不会比较网站服务器名。例如对于请求 https://www.example.com/myapp/，URLconf 只会匹配 myapp/，而对于请求 https://www.example.com/myapp/?page=3 也只会匹配 myapp/。

由于以上正则表达式在 URLconf 第一次被加载时就会被编译完成，因此 URLconf 的正则表达式执行速度很快。

（2）view

当 Django 找到了匹配的正则表达式后，Django 会将一个 HttpRequest 对象作为第一个参数、其他正则表达式捕捉到的值作为第二个参数传递给指定的视图。如果正则表达式只进行简单捕捉的话，那么捕捉到的值将会作为位置参数进行传递；如果正则表达式按照名字捕捉值的话，那么捕捉到的值将会作为关键字参数进行传递。

（3）kwargs

任何关键字参数都会作为字典传递给目标视图。

（4）name

为 URL 进行命名，方便在 Django 项目的其他位置使用名字来引用 URL。

注意

在 Django 2.0 中使用 path() 方法创建 URL 映射，path() 方法同样接收 4 个参数：route、view、kwargs、name，除 route 参数外，其他 3 个参数的工作方式与 Django 1.11 中 url() 方法的参数相似。route 是一个包含 URL 模式的字符串，其工作方式与 Django 1.11 中 url() 方法的 regex 相似，最主要的区别是 route 所使用的 URL 模式字符串可以指定参数类型。

对于 path() 方法，我们会在后面 URL 相关章节中进行详细介绍。

14.5 配置数据库

对于现代化的网站来说，数据存储是一个至关重要的环节，本节将会介绍如何为 Django 配置数据库。

前面提到 Django 应用程序的配置信息都存储在 mysite/settings.py 文件中，数据库配置也不例外。settings.py 是一个标准的 Python 模块，在其中存放了很多模块变量，数据库配置信息就是其中的一个变量。默认情况下，Django 使用 SQLite 作为数据库。SQLite 是一个免安装的数据库系统，非常简单易学，Python 已经提供了相应的支持模块，所以我们不需要做任何事情就可以在 Django 中使用 SQLite 了。虽然 SQLite 存在如此多的优势，但是当我们将 Django 程序真正应用到生产环境时，可能还是会因为各种原因而不得不更换数据库。因此 Django 官方提供了对 4 种数据库的支持：PostgreSQL、MySQL、Oracle 和 SQLite。本书全部内容均以 MySQL 数据库为例。

下面就来详细介绍如何为 Django 配置 MySQL 数据库的支持。

（1）安装数据库绑定程序：由于 Django 已经提供了对 MySQL 的支持，所以我们不需要再做任何额外工作了。

（2）按照以下格式在 mysite/settings.py 中设置 DATABASES 节点：

```
DATABASES = {
    'default': {
        'ENGINE': 'django.db.backends.mysql',
        'NAME': '数据库名',
        'USER': '数据库用户名',
        'PASSWORD': '数据库用户密码',
        'HOST': '数据库所在主机名',
        'PORT': '数据库端口号',
    }
}
```

提示

ENGINE：MySQL 数据库支持引擎。

NAME：数据库名。

USER：数据库用户名，该用户要求拥有对以上数据库的 SELECT、INSERT、UPDATE、DELETE 以及 CREATE DATABASE 权限。

PASSWORD：以上数据库用户的密码。

HOST：数据库所在主机名，如果是本地机器的话可使用 127.0.0.1。

PORT：为数据库开放的端口号，如果值为空表示默认端口。

注意

在继续后面内容之前必须先按照以上配置信息创建好同名数据库。

数据库配置完成，现在开始创建模型（model），在详细学习 Django 的 ORM 开发之前，读者只要将模型理解为数据库表的 Python 类的表现形式即可。每一个模型对应一个数据库表，而模型的属性就是数据库表的字段。

在线投票系统需要两个模型：问卷（Question）和选项（Choice）。Question 包含两个字段 question_text（问卷内容）和 pub_date（问卷时间），同时 Question 模型包含一个方法 was_published_recently() 用于判断问卷是不是最近（一天内）发布的；Choice 同样包含两个字段 choice_text（选项内容）和 votes（选项得分），另外每一个选项都必须属于一个问卷。结合以上分析，修改 polls/models.py 文件完成模型代码如下：

```
#!/usr/bin/python
# -*- coding: UTF-8 -*-

import datetime

from django.db import models
from django.utils import timezone

class Question(models.Model):
    question_text = models.CharField(max_length=200)
    pub_date = models.DateTimeField('date published')

    def was_published_recently(self):
        return self.pub_date >= timezone.now() - datetime.timedelta(days=1)
```

```
    def __str__(self):
        return self.question_text

class Choice(models.Model):
    question = models.ForeignKey(Question, on_delete=models.CASCADE)
    choice_text = models.CharField(max_length=200)
votes = models.IntegerField(default=0)

def __str__(self):
    return self.choice_text
```

上面代码中每一个类就是一个 Django 模型，它们都继承自 django.db.models.Model 类，而模型的每一个属性都是 Field 类的实例，同时也对应一个数据库表的字段。

数据库配置完成后，还需要进行以下额外配置：

- 配置时区。Django 的默认时区是“TIME_ZONE = 'UTC'”，将其修改为中国时区：“TIME_ZONE = 'Asia/Shanghai'”。
- 配置语言。Django 的默认语言是英语“LANGUAGE_CODE = 'en-us'”，将其修改为简体中文“LANGUAGE_CODE = 'zh-Hans'”。
- 添加应用程序，使 Django 能够识别 polls。Django 自定义应用程序信息保存在 polls/apps.py 脚本中，按以下格式将应用程序名 polls 添加到 INSTALLED_APPS 节点：

```
INSTALLED_APPS = [
    'django.contrib.admin',
    'django.contrib.auth',
    'django.contrib.contenttypes',
    'django.contrib.sessions',
    'django.contrib.messages',
    'django.contrib.staticfiles',
    'polls.apps.PollsConfig',
]
```

当前 polls/apps.py 脚本内容如下：

```
from django.apps import AppConfig


class PollsConfig(AppConfig):
    name = 'polls'
```

执行以下命令创建用于生成数据库的 Python 脚本：

```
python manage.py makemigrations polls
```

makemigrations 命令告知 Django，当前应用程序 polls 的模型发生改变，需要更新数据库脚本，数据库脚本存放在 polls/migrations/ 文件夹下，脚本名形如 0001_initial.py。命令执行后输入如下信息：

```
Migrations for 'polls':
  polls\migrations\0001_initial.py
    - Create model Choice
    - Create model Question
    - Add field question to choice
```

通过以下命令可以查看数据库脚本内容：

```
python manage.py sqlmigrate polls 0001
```

执行下面命令将 Django 中的数据库更改写入 MySQL：

```
python manage.py migrate
```

命令输出信息如下：

```
Operations to perform:
  Apply all migrations: admin, auth, contenttypes, polls, sessions
Running migrations:
  Applying polls.0001_initial... OK
```

错误提示

如果执行 migrate 命令时出现类似“ModuleNotFoundError: No module named 'MySQLdb'”的错误，在错误信息最下方会有相应解决方案提示，如“Did you install mysqlclient?”。只需按照提示安装相应模块即可，如“pip install mysqlclient”。

提示

将数据库更新拆分成 makemigrations 和 migrate 两个命令的好处是方便使用源代码管理工具保存数据库更新时所生成的 migrations 文件。

14.6 Django Admin 模块

Django 是一款非常强大的 Web 开发框架，尤其是它内置的 Admin 模块使得开发人员在不做任何代码编写的情况下就拥有了网站后台管理功能。

执行以下命令创建网站超级管理员：

```
python manage.py createsuperuser
```

按照命令提示输入用户名、邮箱地址、密码。

超级管理员创建成功后，启动 Web 服务：python manage.py runserver。

服务启动之后，打开浏览器，在地址栏输入网址：“http://127.0.0.1:8000/admin/”，按 Enter 键打开 Django Admin 后台登录页面，如图 14-3 所示。

在登录页面输入刚刚创建的超级管理员用户名和密码，单击“登录”按钮进入后台管理页面，如图 14-4 所示。

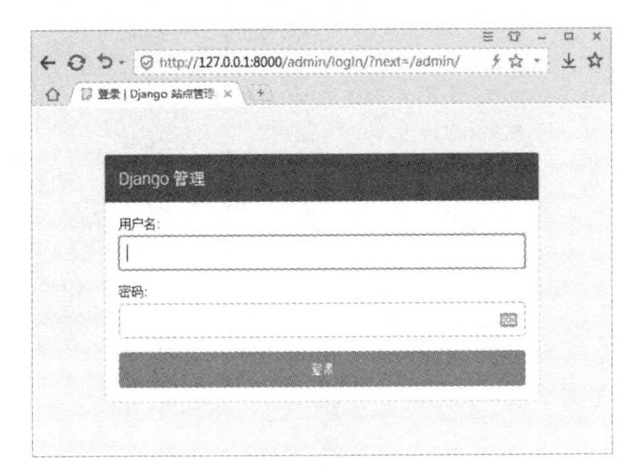

图 14-3

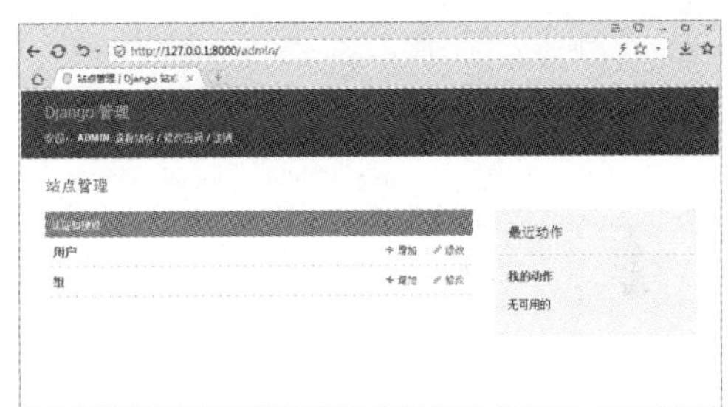

图 14-4

提示

Django 2.0 与 Django 1.11 的区别

管理后台样式自适应，支持移动端浏览器了。这对于开发人员来说真是一个里程碑式的改进，Django 2.0 不用再通过左右拖动来查看网页内容了，Django 已经做好了各种尺寸浏览器的自适应。

下面是几种不同尺寸设备的模拟现实样式。

1. Galaxy S5

Galaxy S5 的样式如图 14-5 所示。

2. iPhone 6

iPhone 6 的样式如图 14-6 所示。

3. iPad

iPad 的样式如图 14-7 所示。

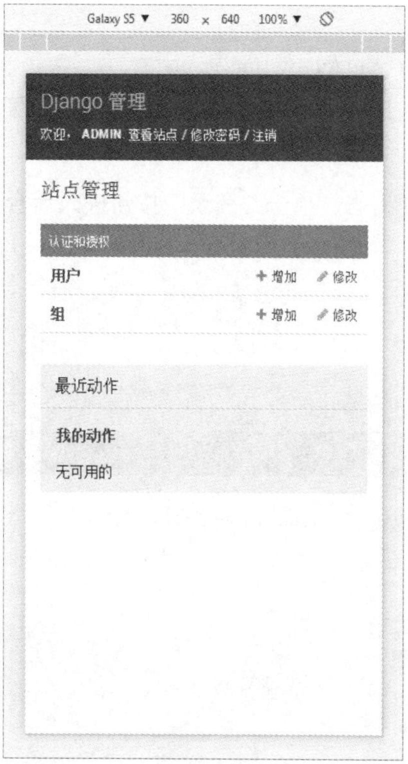

图 14-5

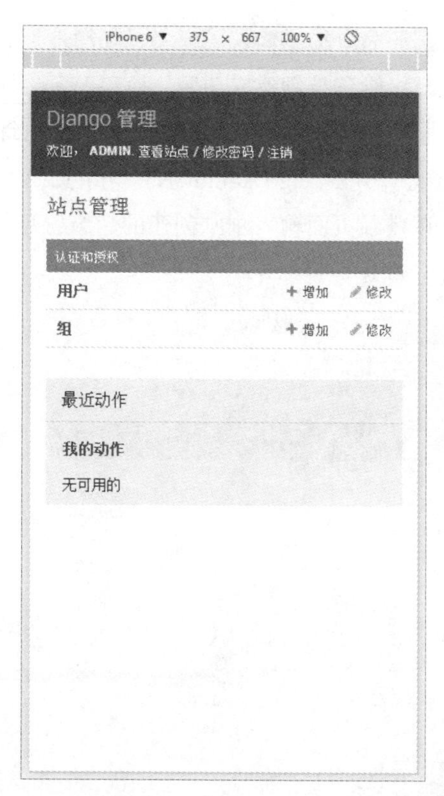

图 14-6

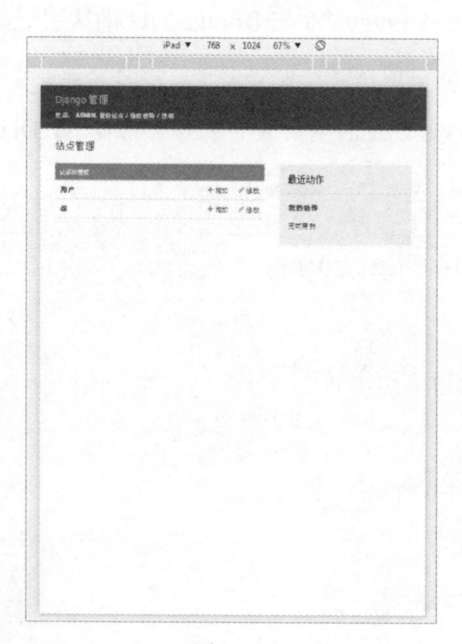

图 14-7

14.7 可编辑 Admin 模块

到目前为止，投票系统已经有了超级管理员账号，也有了网站后台管理系统，但是后台系统还是缺少对基本数据的修改功能，如没有问卷发布功能。接下来我们看看如何使得 Django 管理后台能够添加并修改问卷。

打开 polls/admin.py 文件，添加以下代码：

```
from django.contrib import admin
from .models import Question

admin.site.register(Question)
```

重启 Web 服务并刷新后台管理页面，如图 14-8 所示。

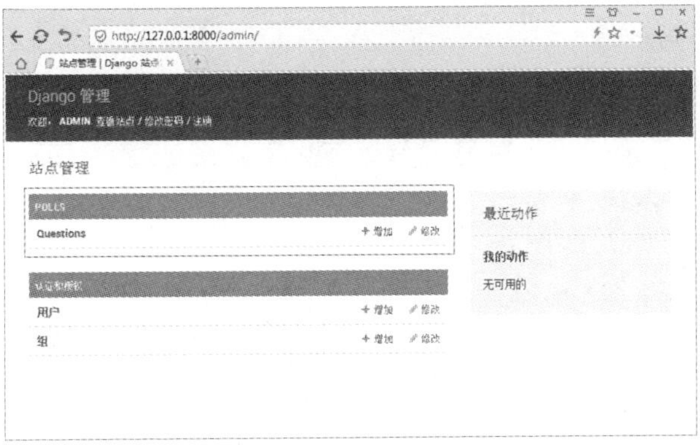

图 14-8

此时网页上多出了一个 POLLS 模块，其中有一行 Questions，Questions 是一个超链接，单击它可以查看全部已有问卷。由于目前系统中还不存在任何问卷，单击“增加”按钮添加一条问卷信息，如图 14-9 所示。

图 14-9

保存之后网页自动跳转到问卷列表页面，如图 14-10 所示。

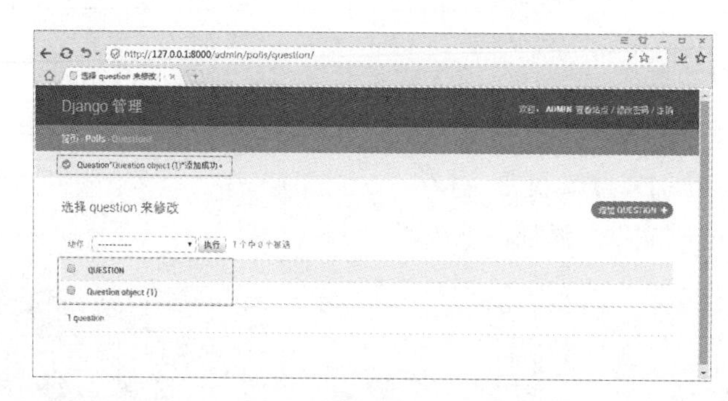

图 14-10

单击“Question object (1)”进入问卷编辑页面，如图 14-11 所示。

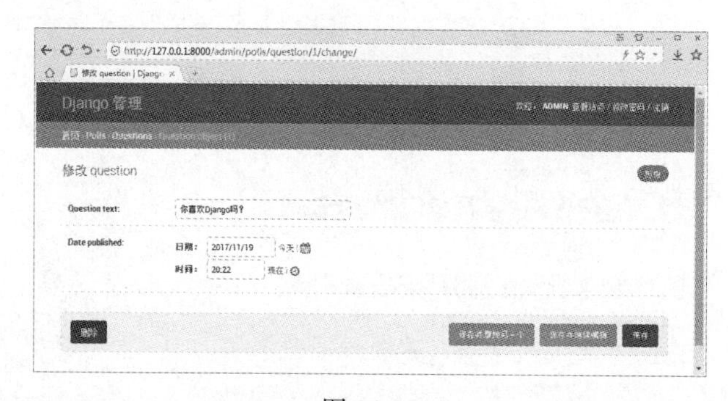

图 14-11

可以看出 Django 已经自动完成了很多事情：

- 自动生成网页表单；
- 根据数据字段类型自动生成 HTML 控件，如 DateTimeField 类型数据生成日期时间控件、CharField 生成文本控件；
- 数据增删改查功能；
- 部分文本的本地化显示（中文显示）。

14.8 添加视图

现在网站的后台管理模块已经可以工作了，还缺少前台页面。投票系统需要以下页面：

- 首页——展示最新的调查问卷。
- 详细页面——具体问卷展示页，不显示投票结果但是可以进行投票。
- 结果展示页——展示某一问卷的调查结果。

❑ 投票——处理某一次投票。

在 Django 中每一个页面或者其他内容都是通过视图呈现出来的，每一个视图就是一个 Python 函数或者方法。Django 通过 URL 确定调用哪一个视图，Django 的 URL 相较于早期网站的 URL 更加简洁优雅。

Django 通过 URLconfs 将 URL 模式字符串与视图关联起来，URL 模式字符串就是一个 URL 的一般形式，如 /newsarchive/<year>/<month>/。

下面在 polls/views.py 文件中添加以下视图：

```
def detail(request, question_id):
    return HttpResponse("将为您打开问卷 %s。" % question_id)

def results(request, question_id):
    response = "正在查看问卷 %s 的结果。"
    return HttpResponse(response % question_id)

def vote(request, question_id):
    return HttpResponse("请为问卷 %s 提交您的答案。" % question_id)
```

修改 polls.urls 文件，添加以下 URL 映射：

```
urlpatterns = [
    # ex: /polls/
    path('', views.index, name='index'),
    # ex: /polls/5/
    path('<int:question_id>/', views.detail, name='detail'),
    # ex: /polls/5/results/
    path('<int:question_id>/results/', views.results, name='results'),
    # ex: /polls/5/vote/
    path('<int:question_id>/vote/', views.vote, name='vote'),
]
```

重启 Web 服务器，在浏览器中访问 http://127.0.0.1:8000/polls/24/，如图 14-12 所示。

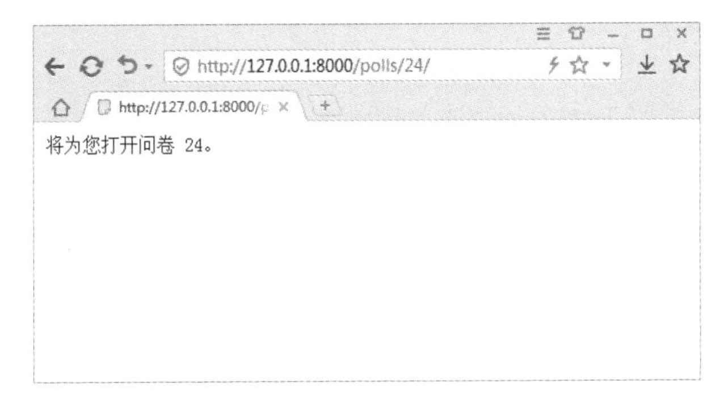

图 14-12

继续访问 http://127.0.0.1:8000/polls/24/results/ 和 http://127.0.0.1:8000/polls/24/vote/，可见同样能够正常显示视图内容。

Django 能够正常调用解析 URL 是因为在 settings.py 中设置了 ROOT_URLCONF = 'mysite.urls'。当用户访问的 URL 包含 polls/ 时，Django 会根据 mysite.urls 中的设置，跳转到 polls.urls 并进行验证，直到找到第一个匹配的 URL 为止。

以上视图中参数 question_id 的值来自于 <int:question_id>。<int:question_id> 用于匹配 URL 中的值，并将捕捉到的值作为关键字参数传递给视图，其中，question_id> 对应视图的参数，<int 决定了 URL 中的哪类值符合匹配条件。

14.9 丰富视图功能

每一个视图都应该负责一个具体的业务逻辑，视图执行结束会返回一个包含页面内容的 HttpResponse 对象或者异常信息。

下面修改 index 视图使它返回最新的 5 条调查问卷。

```
from .models import Question
def index(request):
    latest_question_list = Question.objects.order_by('-pub_date')[:5]
    output = ', '.join([q.question_text for q in latest_question_list])
return HttpResponse(output)
```

提示

代码 Question.objects.order_by('-pub_date') 是 Django 的数据库 API 语法，用于从数据库中查找数据，我们将在介绍 ORM 时进行详细讲解。

访问 index 页面查看显示情况，如图 14-13 所示。

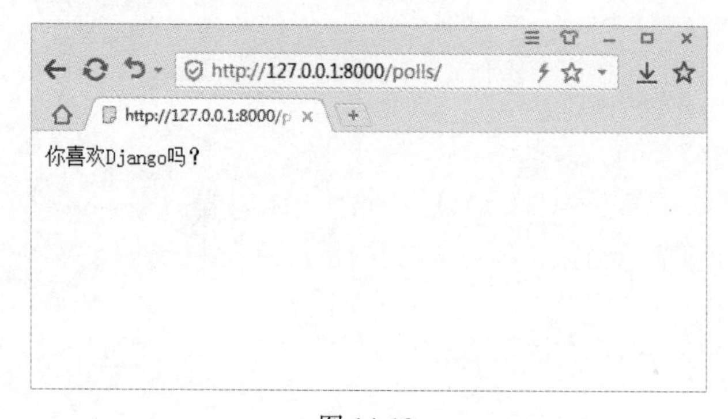

图 14-13

此时调查问卷已经在网页上显示，但是可以发现在 index 视图中使用了硬编码，如果想要修改网页显示样式就需要重新编写 Python 代码。Django 提供了一套模板系统（templates），可以将业务逻辑与页面显示样式分离。接下来看看如何使用模板系统。

首先在 polls 文件夹下创建一个新文件夹 templates，为了目录结构清晰，在 templates 文件夹下再创建一个 polls 文件夹，最后在 polls 下创建一个 index.html 文件。这个 index.html 就是即将应用于 index 视图的模板。

在 settings.py 中有一个关于模板的配置项：TEMPLATES。Django 就是根据这个配置查找并解析模板的，具体工作原理会在后续章节进行讲解。

将下面代码写入模板文件 index.html：

```
{% if latest_question_list %}
<ul>
{% for question in latest_question_list %}
    <li><a href="/polls/{{ question.id }}/">{{ question.question_text }}</a></li>
{% endfor %}
</ul>
{% else %}
<p>还没有调查问卷！</p>
{% endif %}
```

接下来重新修改 index 视图：

```
from django.http import HttpResponse
from django.template import loader
from .models import Question

def index(request):
    latest_question_list = Question.objects.order_by('-pub_date')[:5]
    template = loader.get_template('polls/index.html')
    context = {
        'latest_question_list': latest_question_list,
    }
    return HttpResponse(template.render(context, request))
```

新视图会从模板文件夹下加载模板文件并将一个字典对象传入视图。

重启 Web 服务器，重新查看 index 页面，如图 14-14 所示。

上面代码的工作原理是先使用 loader 方法加载视图，然后 HttpResponse 方法初始化一个 HttpResponse 对象并返回给浏览器。对于很多 Django 视图来说，它们的工作原理都是这样的，因此 Django 提供了一个简写函数 render。下面使用 render 函数重写 index 视图：

```
from django.shortcuts import render
```

```
def index(request):
    latest_question_list = Question.objects.order_by('-pub_date')[:5]
    context = {'latest_question_list': latest_question_list}
    return render(request, 'polls/index.html', context)
```

图 14-14

此时重新访问 index，可以发现页面效果一样。

提示

当引用 render 包之后，代码中将不再需要 loader 和 HttpResponse 包。

14.10 处理 404 错误

404 错误是一个比较常见的网页访问错误，当被访问的 URL 资源不存在时就会抛出这类错误。下面修改 detail 视图使其在被查找的问卷不存在时抛出 404 错误。

```
from django.http import Http404
from django.shortcuts import render
from .models import Question

def detail(request, question_id):
    try:
        question = Question.objects.get(pk=question_id)
    except Question.DoesNotExist:
        raise Http404(" 问卷不存在 ")
    return render(request, 'polls/detail.html', {'question': question})
```

按照前面步骤在 polls 文件夹下创建一个 detail.html 文件并作为 detail 视图的模板文件，模板内容暂时用 {{ question }} 表示。detail.html 与 index.html 在同一文件夹下。

此时重启 Web 服务，访问一个不存在的问卷，例如 http://127.0.0.1:8000/polls/1000/，如图 14-15 所示。

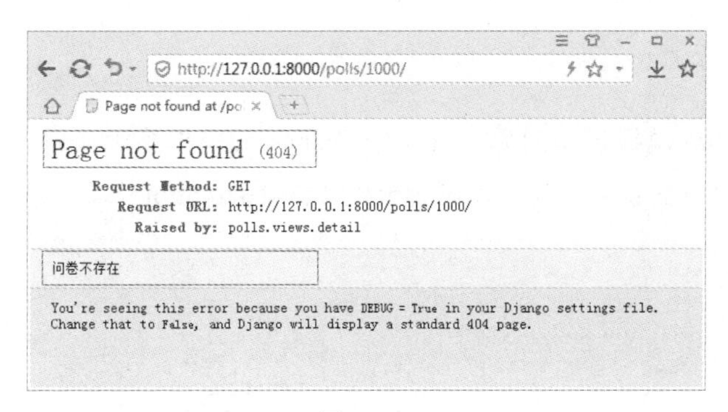

图 14-15

由于 404 错误也是一个非常常见的网页异常，所以 Django 也提供了一个简写方法：get_object_or_404。下面使用 get_object_or_404() 修改 detail 视图：

```
from django.shortcuts import get_object_or_404, render

def detail(request, question_id):
    question = get_object_or_404(Question, pk=question_id)
    return render(request, 'polls/detail.html', {'question': question})
```

重新访问 detail 页面，如图 14-16 所示。

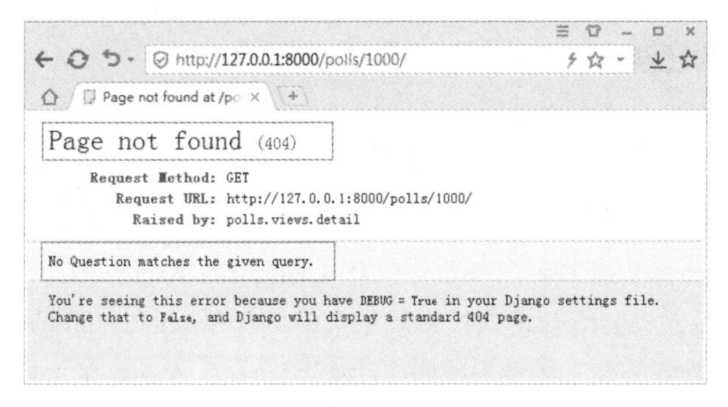

图 14-16

此时网页仍然抛出 404 错误，不过错误信息变成了 Django 默认的英文形式，此时可以通过修改 get_object_or_404() 方法源代码的方式修改错误信息。记得修改完 get_object_or_404() 方法源代码需要重启 Web 服务。

与 get_object_or_404 相似，Django 还提供了一个判断 list 是否存在的方法：get_list_or_404，在此不做详细介绍。

14.11 使用模板系统

14.11.1 模板语法

前面的 detail.html 模板过于简单，现实中 Django 的模板系统非常强大，可以制作出丰富多彩的网页效果。下面将以下代码复制到模板文件 detail.html 中：

```
<h1>{{ question.question_text }}</h1>
<ul>
{% for choice in question.choice_set.all %}
    <li>{{ choice.choice_text }}</li>
{% endfor %}
</ul>
```

上面代码中的双大括号形式（{{ }}）是 Django 模板语言中的属性访问语法，采用英文句点的方式访问变量的属性，如上面示例中的代码 {{ question.question_text }}，其中 question 是视图通过字典形式传递给模板的变量，通过“.”访问 question 的属性。

模板中 {% %} 形式的代码是 Django 模板语言的函数语法，上例中 {% for choice in question.choice_set.all %} 是一个 for 循环，循环对象是 question.choice_set.all，该对象等价于 Python 语法中的 question.choice_set.all()，返回一个可遍历的数组。Django 模板函数需要结束标记，本例中 {% for %} 循环的结束标记是 {% endfor %}。

14.11.2 模板中的超链接

前面我们使用硬编码的形式，在 polls/index.html 模板中编写 HTML 超链接：

```
<a href="/polls/{{ question.id }}/">{{ question.question_text }}</a>
```

当项目中存在很多模板并且多个模板都使用了同一个 URL 的时候，如果需要修改 URL，那么这种 URL 的书写方式会给开发人员带来很大的工作量。此时可以通过对 URL 命名的方式解决这类问题，前面在介绍 URL 时讲到了 URL 的命名，本例中的 URL 如下：

```
path('<int:question_id>/', views.detail, name='detail')
```

使用 URL 名字重新修改模板如下：

```
<a href="{% url 'detail' question.id %}">{{ question.question_text }}</a>
```

其中 {% url %} 是 Django 的模板标签，用于定义 URL。该标签将会在 polls/urls 模块中查找名为 detail 的 URL，question.id 作为参数传递给 URL，如果需要传递多个参数，只要在 question.id 后面紧跟一个空格然后继续添加参数即可。

通过使用 {% url %} 模板标签可以快速修改模板中的 URL，极大地提高工作效率保证代码安全。

14.11.3　为超链接添加命名空间

命名空间可以有效地对变量进行隔离，防止名称相同的变量之间调用混乱的问题。Django 中可以为 URL 定义命名空间。试想一下，在真实项目中往往会存在很多应用程序，而不同应用程序之间可能存在同名的视图，如多个应用中都存在 detail 视图，那么在 {% url %} 标签中如何确定应该调用哪一个应用中的 URL 呢？此时可以通过为 URL 添加命名空间的方式解决以上问题。

打开 polls/urls.py 文件，在其中添加 app_name 变量来设置 URLconf 的命名空间，修改后的代码如下：

```
#!/usr/bin/python
# -*- coding: UTF-8 -*-

from django.urls import path

from . import views

app_name = 'polls'
urlpatterns = [
    path('', views.index, name='index'),
    path('<int:question_id>/', views.detail, name='detail'),
    path('<int:question_id>/results/', views.results, name='results'),
    path('<int:question_id>/vote/', views.vote, name='vote'),
]
```

接下来修改 polls/index.html 模板中的 URL，为 detail 视图添加命名空间：

```
<a href="{% url 'polls:detail' question.id %}">{{ question.question_text }}</a>
```

此时单击 index 页面中的超链接的话仍能正常显示。

14.12　HTML 表单

我们讲解 HTML 表单在 Django 中的应用之前，先进行必要的准备工作。

将 Choice 模型注册到 admin 网站，修改 polls/admin.py：

```
from django.contrib import admin
from .models import Question, Choice
```

```
admin.site.register(Question)
    admin.site.register(Choice)
```

登录 admin 后台，为问卷添加选项：单击“增加”按钮，进入添加问卷选项页面，如图 14-17 所示。

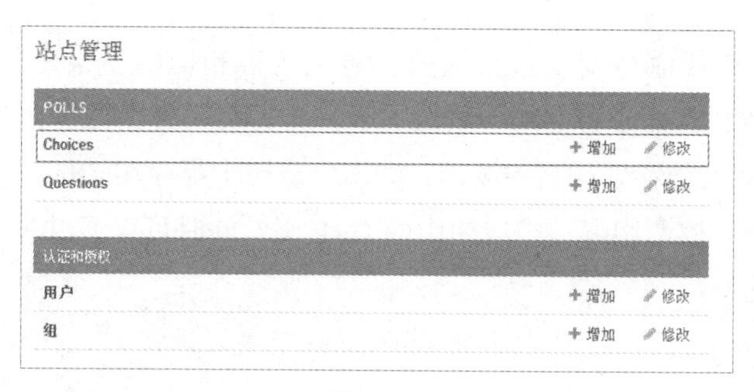

图 14-17

添加三个选项，如图 14-18 所示。

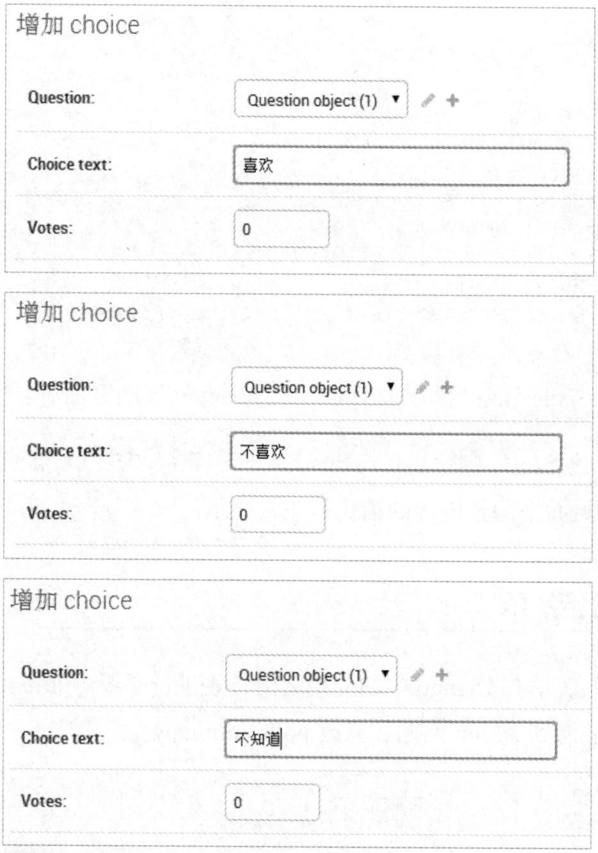

图 14-18

完成准备工作后，继续修改 polls/detail.html 模板，为其添加 HTML 表单用于提交信息，新模板如下：

```
<h1>{{ question.question_text }}</h1>

{% if error_message %}<p><strong>{{ error_message }}</strong></p>{% endif %}

<form action="{% url 'polls:vote' question.id %}" method="post">
{% csrf_token %}
{% for choice in question.choice_set.all %}
    <input type="radio" name="choice" id="choice{{ forloop.counter }}" value=
"{{ choice.id }}" />
    <label for="choice{{ forloop.counter }}">{{ choice.choice_text }}</label>
<br />
{% endfor %}
<input type="submit" value=" 提交 " />
</form>
```

以上模板简单介绍如下：

- 在问卷页显示问卷相关选项，并为每一个选项添加单选按钮（radio）。
- 表单的处理页用 url 模板标签表示 "{% url 'polls:vote' question.id %}"，表单以 post 的方式提交。
- forloop.counter 标签用于记录循环次数。
- 由于当前表单使用 post 方式提交数据，我们需要防止伪造的跨域请求，表单中的 {% csrf_token %} 标签就可以解决这类问题。

接下来创建一个视图来接收并处理表单提交信息：

```
#!/usr/bin/python
# -*- coding: UTF-8 -*-

from django.shortcuts import get_object_or_404, render
from django.http import HttpResponseRedirect, HttpResponse
from django.urls import reverse

from .models import Question, Choice

def vote(request, question_id):
    question = get_object_or_404(Question, pk=question_id)
    try:
        selected_choice = question.choice_set.get(pk=request.POST['choice'])
    except (KeyError, Choice.DoesNotExist):
        # 没有选择任何答案，返回问卷页
        return render(request, 'polls/detail.html', {
            'question': question,
            'error_message': " 还没有选择任何选项 ",
        })
```

```
        else:
            selected_choice.votes += 1
            selected_choice.save()
            # 为了防止用户在提交数据结束后，单击浏览器后退按钮重新提交数据,
            # 必须使用 HttpResponseRedirect 方法进行页面跳转
            return HttpResponseRedirect(reverse('polls:results', args=(question.id,)))
```

对以上视图做简单介绍如下：

（1）request.POST['choice']：POST 提交数据是一个字典，因此该语句表示在提交信息检索 choice 值。如果表单提交信息中不存在 choice 则抛出 KeyError。

（2）信息处理结束后，使用 HttpResponseRedirect 方法跳转到新的页面以免用户单击浏览器后退按钮重新提交表单。

（3）为了防止在 HttpResponseRedirect 方法中使用 URL 硬编码，使用 reverse() 方法强制调用 URL 名，而不是直接使用 URL。

修改 results 视图：

```
def results(request, question_id):
    question = get_object_or_404(Question, pk=question_id)
return render(request, 'polls/results.html', {'question': question})
```

新建 polls/results.html 模板并添加以下代码：

```
<h1>{{ question.question_text }}</h1>

<ul>
{% for choice in question.choice_set.all %}
    <li>{{ choice.choice_text }} -- 计票 {{ choice.votes }} {{ choice.votes|
pluralize }} 次 </li>
{% endfor %}
</ul>

<a href="{% url 'polls:detail' question.id %}"> 重新投票? </a>
```

到目前为止，一个简单的投票系统就做好了，登录网站测试一下。

打开投票系统 http://127.0.0.1:8000/polls/，如图 14-19 所示。

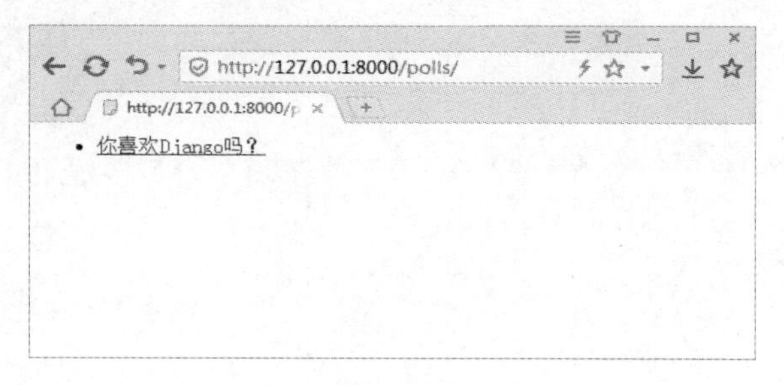

图 14-19

单击问卷链接，打开如图 14-20 所示的界面。

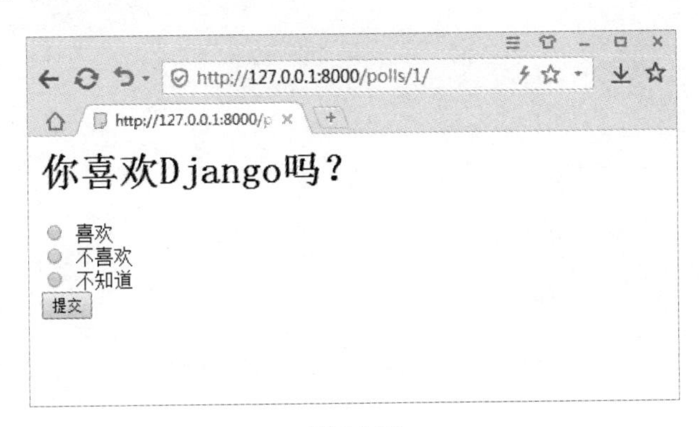

图 14-20

选择任意选项，单击“提交”按钮，打开如图 14-21 所示的界面。

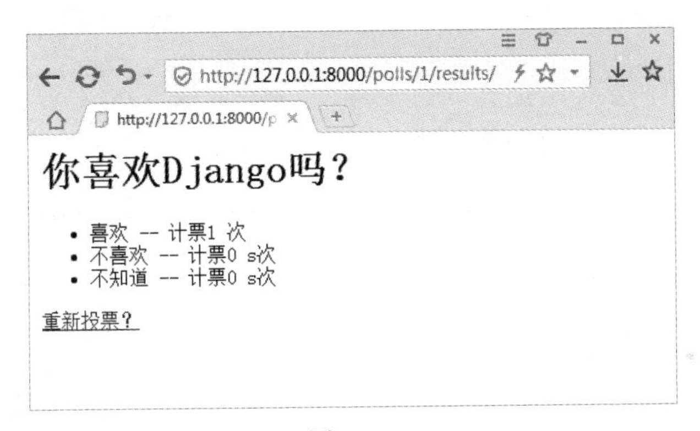

图 14-21

14.13　通用视图系统

回顾前面的代码可以发现，detail() 和 results() 两个视图结构非常相似，都是根据视图参数从数据库中提取相应数据并渲染模板。不仅这两个视图，在真实项目中会存在很多结构相似的视图，据此 Django 提供了一个通用视图系统（generic views system），通过通用视图系统开发人员甚至可以在不编写任何 Python 代码的情况下就可以完成一个应用程序。

下面使用通用视图系统对 polls 应用进行改进。

14.13.1　修改 URLconf

打开 polls/urls.py 文件，使用下面代码重新定义 URL：

```
#!/usr/bin/python
# -*- coding: UTF-8 -*-

from django.urls import path

from . import views

app_name = 'polls'
urlpatterns = [
    path('', views.IndexView.as_view(), name='index'),
    path('<int:pk>/', views.DetailView.as_view(), name='detail'),
    path('<int:pk>/results/', views.ResultsView.as_view(), name='results'),
    path('<int:question_id>/vote/', views.vote, name='vote'),
]
```

注意 detail 和 results 两个 URL 的匹配字符串中 <question_id> 被替换为了 <pk>，同时第二个参数多了一个 as_view() 方法。

提示

如果是 Django 1.11，urlpattern 需要按照下面格式修改：

```
url(r'^(?P<pk>[0-9]+)/$', views.DetailView.as_view(), name='detail')
```

14.13.2 修改视图

打开 polls/views.py 脚本文件，删除已有的 index、detail、results 视图并添加以下代码（保持 vote 视图不变）：

```
#!/usr/bin/python
# -*- coding: UTF-8 -*-

from django.shortcuts import get_object_or_404, render
from django.http import HttpResponseRedirect
from django.urls import reverse
from django.views import generic

from .models import Choice, Question


class IndexView(generic.ListView):
    template_name = 'polls/index.html'
    context_object_name = 'latest_question_list'

    def get_queryset(self):
```

```
        """ 返回最近发布的 5 个调查问卷。"""
        return Question.objects.order_by('-pub_date')[:5]


class DetailView(generic.DetailView):
    model = Question
    template_name = 'polls/detail.html'


class ResultsView(generic.DetailView):
    model = Question
    template_name = 'polls/results.html'


def vote(request, question_id):
    question = get_object_or_404(Question, pk=question_id)
    try:
        selected_choice = question.choice_set.get(pk=request.POST['choice'])
    except (KeyError, Choice.DoesNotExist):
        # 没有选择任何答案，返回问卷页
        return render(request, 'polls/detail.html', {
            'question': question,
            'error_message': " 还没有选择任何选项 ",
        })
    else:
        selected_choice.votes += 1
        selected_choice.save()
        # 为了防止用户在提交数据结束后，单击浏览器后退按钮重新提交数据，
        # 必须使用 HttpResponseRedirect 方法进行页面跳转
        return HttpResponseRedirect(reverse('polls:results', args=(question.id,)))
```

代码解析：

在新视图中，我们使用了两个通用视图：ListView 和 DetailView。这两个视图分别用于“显示一组对象”和“显示一个特定对象的详细信息”。使用通用视图时需要注意：

- 每一个通用视图都需要指定待解析的模型；
- DetailView 需要从 URL 中获取模型的主键值，因此在 URL 定义中我们将 question_id 修改为 pk。

为通用视图指定模板：

- 默认情况下，DetailView 会调用一个名字格式为 <appname>/<modelname>_detail.html 的视图。由于 polls 中创建了新视图，所以需要使用 template_name 属性重新指定模板。
- 与 DetailView 相似，ListView 也存在一个默认模板，默认模板的名字格式为 <appname>/<modelname>_list.html，使用 template_name 重新指定模板。

为通用视图传递上下文对象：

前面我们使用一个字典对象为模板传递上下文对象，而对于 DetailView 来说，我们什么都

不需要做，Django 会根据 URL 传递的主键值以及模型自动生成一个上下文对象并传递给模板，本例中自动生成的上下文对象为 question ；对于 ListView 来说，Django 会根据模型自动生成一个包含所有模型数据的上下文对象并传递给视图，本例只需要提取最新发布的 5 条文件，因此使用 context_object_name 重写上下文对象名并用 get_queryset(self) 方法取得最新的 5 条问卷。

14.14 自动化测试

任何软件产品在发布之前都应该完成测试工作，充分合理的测试工作可以保证产品中的缺陷能够在产品发布前被发现并得到解决，继而提高产品质量。现代软件产品的规模越来越庞大、业务逻辑越来越复杂、发布周期越来越短，如果仅仅使用人工测试的话，会带来巨大的工作量以及人工成本。自动化测试就是通过编写自动化测试脚本的方式，让机器完成简单、常规的测试工作，而测试人员只需要关注于产品中的新功能即可。

14.14.1 编写第一个测试用例

Question 模型包含一个方法 was_published_recently() 用于判断问卷是不是最近一天发布的，如果问卷是一天内发布的，该方法返回 True，但是如果问卷的发布日期是未来的某一个日期的话，was_published_recently() 仍然会返回 True，这是不正确的。下面我们就来编写一个测试用例来验证发布日期是否正确。

Django 的自动化测试代码通常会放在一个以 test 开头的 Python 脚本文件中，Django 系统也会根据文件名来查找测试代码。在使用 Django 命令行创建应用程序的时候，系统已经为我们创建了一个叫作 tests.py 的自动化测试脚本文件。

将以下测试代码复制到 polls\ tests.py 脚本中：

```
#!/usr/bin/python
# -*- coding: UTF-8 -*-

import datetime

from django.utils import timezone
from django.test import TestCase

from .models import Question

class QuestionModelTests(TestCase):

    def test_was_published_recently_with_future_question(self):
        """
当问卷的发布日期是未来的某一天时，was_published_recently() 方法将会返回 False。
```

```
        """
        time = timezone.now() + datetime.timedelta(days=30)
        future_question = Question(pub_date=time)
        self.assertIs(future_question.was_published_recently(), False)
```

14.14.2　执行测试用例

在命令行提示符窗口执行以下代码：

```
$ python manage.py test polls
```

命令执行结果如图 14-22 所示。

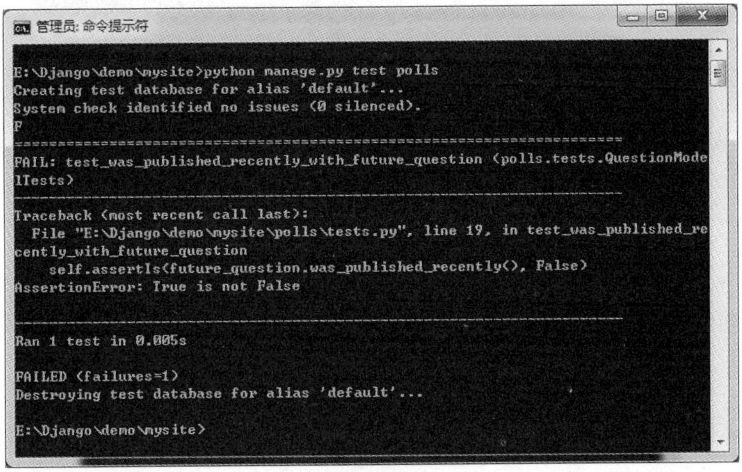

```
管理员: 命令提示符
E:\Django\demo\mysite>python manage.py test polls
Creating test database for alias 'default'...
System check identified no issues (0 silenced).
F
======================================================================
FAIL: test_was_published_recently_with_future_question (polls.tests.QuestionMode
lTests)
----------------------------------------------------------------------
Traceback (most recent call last):
  File "E:\Django\demo\mysite\polls\tests.py", line 19, in test_was_published_re
cently_with_future_question
    self.assertIs(future_question.was_published_recently(), False)
AssertionError: True is not False

----------------------------------------------------------------------
Ran 1 test in 0.005s

FAILED (failures=1)
Destroying test database for alias 'default'...

E:\Django\demo\mysite>
```

图 14-22

命令解析：

- python manage.py test polls 检索应用程序 polls 中的全部测试用例；
- 如果发现自动化测试类（django.test.TestCase 的子类），创建一个测试数据库；
- 检索测试方法（测试方法名以 test 开头）；
- 执行测试方法并输出测试结果；
- 删除测试数据库。

14.14.3　修改代码中的 bug

我们需要修改已经找到的代码中存在的 bug，在前面代码中如果问卷的发布日期是将来的某一天，was_published_recently() 方法会返回 False，对其修改如下：只有一天内发布的问卷才属于“最近发布的问卷”，此时 was_published_recently() 方法返回 True：

```
def was_published_recently(self):
        now = timezone.now()
        return now - datetime.timedelta(days=1) <= self.pub_date <= now
```

重新执行测试用例，如图 14-23 所示。

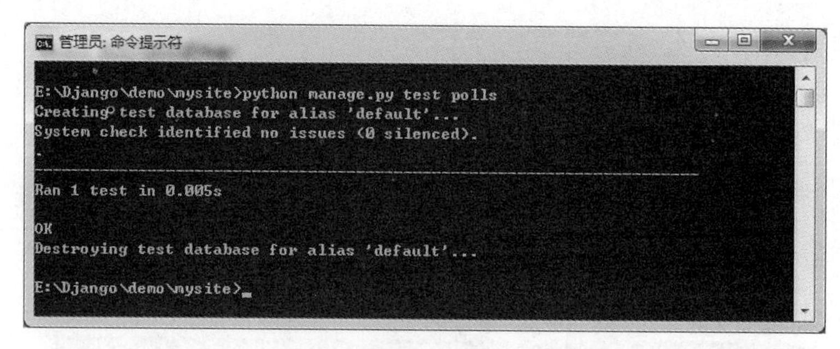

图 14-23

14.14.4 边界值测试

边界值测试是用来测试用户输入边界值时代码功能是否正常的一种测试方式，边界值也是最经常出现软件执行异常的情况。

前面我们将当前时间与前一天之间所发布的问卷定义为“最近发布的问卷”，那么它的边界值就是“比前一天早一秒钟”和“比前一天晚一秒钟”，据此添加两个新的测试用例：

```
def test_was_published_recently_with_old_question(self):
    """
    当问卷的发布日期比前一天还早一秒钟时，was_published_recently() 返回 False。
    """
    time = timezone.now() - datetime.timedelta(days=1, seconds=1)
    old_question = Question(pub_date=time)
    self.assertIs(old_question.was_published_recently(), False)

def test_was_published_recently_with_recent_question(self):
    """
当问卷的发布日期比前一天晚一秒钟时，was_published_recently() 返回 True。
    """
    time = timezone.now() - datetime.timedelta(hours=23, minutes=59, seconds=59)
    recent_question = Question(pub_date=time)
    self.assertIs(recent_question.was_published_recently(), True)
```

14.14.5 测试自定义视图

目前 polls 应用程序可以使用任何 pub_date 来发布问卷，甚至使用未来的某一天。为了解决这一问题，将问卷的显示逻辑修改为：如果问卷的发布日期还没到，则问卷不可见。修改 IndexView 视图的 get_queryset() 方法。

添加 timezone 引用：

```
from django.utils import timezone
```

根据发布日期过滤 Question：

```
def get_queryset(self):
    """返回最近发布的 5 个调查问卷。"""
    return Question.objects.filter(
        pub_date__lte=timezone.now()
    ).order_by('-pub_date')[:5]
```

为了对新视图进行测试，我们需要分别创建：发布日期早于当前时间的问卷、发布日期晚于当前时间的问卷、多种发表时间混合的问卷。

修改 polls\ tests.py 脚本，添加 create_question() 用于创建测试问卷：

```
def create_question(question_text, days):
    """
    使用指定的文本和日期数量创建问卷。
    如果日期数量是负数则表示发布日期早于当前时间，如果日期数量是正数则表示发布日期晚于当前时间。
    """
    time = timezone.now() + datetime.timedelta(days=days)
    return Question.objects.create(question_text=question_text, pub_date=time)
```

添加测试用例，为了模拟浏览器访问引用程序，我们使用 Django 控制台（shell）中的 client 对象完成测试代码：

```
from django.urls import reverse
…
class QuestionIndexViewTests(TestCase):
    def test_no_questions(self):
        """
如果当前系统没有符合条件的问卷则返回提示信息。
        """
        response = self.client.get(reverse('polls:index'))
        self.assertEqual(response.status_code, 200)
        self.assertContains(response, u"还没有调查问卷！ ")
        self.assertQuerysetEqual(response.context['latest_question_list'], [])


    def test_past_question(self):
        """
早于当前时间发表的问卷将会被显示在 index 页面。
        """
        create_question(question_text="Past question.", days=-30)
        response = self.client.get(reverse('polls:index'))
        self.assertQuerysetEqual(
```

```
            response.context['latest_question_list'],
            ['<Question: Past question.>']
        )

    def test_future_question(self):
        """
晚于当前时间发表的问卷将不会被显示在 index 页面。
        """
        create_question(question_text="Future question.", days=30)
        response = self.client.get(reverse('polls:index'))
        self.assertContains(response, u"还没有调查问卷！ ")
        self.assertQuerysetEqual(response.context['latest_question_list'], [])

    def test_future_question_and_past_question(self):
        """
系统中同时存在已经发表和还未发表的问卷，只显示已经发表的问卷。
        """
        create_question(question_text="Past question.", days=-30)
        create_question(question_text="Future question.", days=30)
        response = self.client.get(reverse('polls:index'))
        self.assertQuerysetEqual(
            response.context['latest_question_list'],
            ['<Question: Past question.>']
        )

    def test_two_past_questions(self):
        """
Index 页面可以同时显示多个问卷。
        """
        create_question(question_text="Past question 1.", days=-30)
        create_question(question_text="Past question 2.", days=-5)
        response = self.client.get(reverse('polls:index'))
        self.assertQuerysetEqual(
            response.context['latest_question_list'],
            ['<Question: Past question 2.>', '<Question: Past question 1.>']
        )
```

14.14.6 测试 DetailView

虽然在 index 视图中限制了问卷的显示规则，但是如果用户知道或者根据一定的规律猜到了问卷的 ID，那么就可以通过这个 ID 访问问卷的详细信息。为了解决这个问题，可以按照下面方式修改 DetailView。

```
class DetailView(generic.DetailView):
    model = Question
    template_name = 'polls/detail.html'

    def get_queryset(self):
```

```
        """
只提取已经发表的问卷。
        """
        return Question.objects.filter(pub_date__lte=timezone.now())

添加测试用例:
    class QuestionDetailViewTests(TestCase):
      def test_future_question(self):
        """
        如果被查询的问卷还没有发表则返回 404 错误。
        """
        future_question = create_question(question_text='Future question.', days=5)
        url = reverse('polls:detail', args=(future_question.id,))
        response = self.client.get(url)
        self.assertEqual(response.status_code, 404)

      def test_past_question(self):
        """
如果被查询的问卷已经发表了则返回问卷内容。
        """
        past_question = create_question(question_text='Past Question.', days=-5)
        url = reverse('polls:detail', args=(past_question.id,))
        response = self.client.get(url)
        self.assertContains(response, past_question.question_text)
```

与 DetailView 相似，ResultsView 也可以按照上面方法添加 get_queryset() 和测试类。另外，对于还没有选项的问卷，不应该显示在 index 页面和 result 页面。针对这些规则可以添加更多的测试用例。

对于不同权限的用户，index 页面所显示的信息也可能不同，这些都可以编写自动化测试用例。

建议开发人员每完成一个新的功能都要编写相应的自动化测试用例。

下面是一些测试用例的最佳实践：

- 为每一个模型或视图单独创建测试类。
- 每一个测试用例只用来测试一种情况。
- 测试用例名要能够解释用例。

14.15 添加 CSS 样式

目前我们已经完成了调查问卷系统的主要功能，但是还没有使用 CSS 样式对其进行美化，本节将带领读者学习如何在 Django 应用中使用 CSS 样式。

Django 将图片、JavaScript、CSS 等文件称为静态文件（static file）。对于小项目来说，如何处理静态文件不是太重要的事情，我们可以将它们放在任何地方，只要服务器能访问到就可以了。但是对于大项目来说，尤其是包含了很多应用程序的项目，处理每一个项目所使用的静态文件就比较困难了。

默认情况下，Django 会在应用程序根目录下查找 static 文件夹，这个文件夹就是用来存放静态文件的。

按照路径 polls/static/polls/style.css 创建一个 style.css 样式文件，具体 CSS 内容如下：

```
li {
    color: green;
    text-decoration: none;
    list-style-type: decimal;
}

body {
    background-color: rgb(223, 204, 204);
}
```

接下来修改模板 polls/templates/polls/index.html，在模板最顶部添加以下代码：

```
{% load static %}

<link rel="stylesheet" type="text/css" href="{% static 'polls/style.css' %}" />
```

提示

{% static %} 标签用于生成静态文件的绝对路径。

到此为止，所有关于 CSS 的设置已经完成，重启 Web 服务，然后在浏览器中打开 index 页面，如图 14-24 所示。

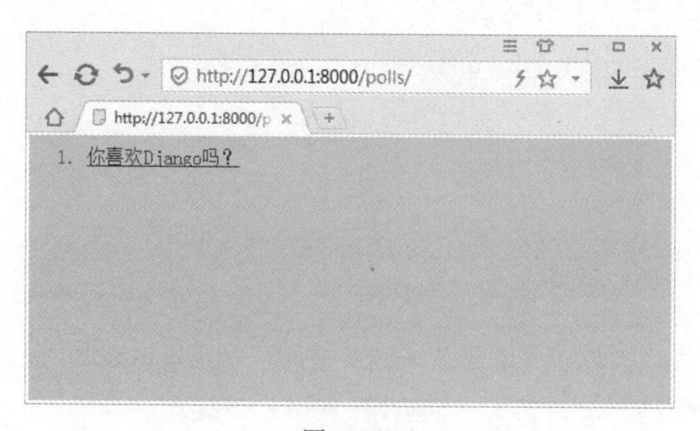

图 14-24

14.16 自定义后台管理页面

前面介绍过如何使用 admin.site.register() 方法向 Admin 后台程序添加模型。不仅如此，Django 还允许我们对 Admin 后台进行更丰富的定制化操作。

14.16.1　对模型属性进行分组显示

修改 polls/admin.py 文件：

```
#!/usr/bin/python
# -*- coding: UTF-8 -*-

from django.contrib import admin
from .models import Question, Choice

class QuestionAdmin(admin.ModelAdmin):
    # 对字段进行分组
    fieldsets = [
        (None,               {'fields': ['question_text']}),
        ('Date information', {'fields': ['pub_date']}),
    ]

admin.site.register(Question, QuestionAdmin)
admin.site.register(Choice)
```

打开浏览器查看显示效果，如图 14-25 所示。

图 14-25

14.16.2　添加相关模型

在添加新问卷的时候，我们希望能够同时为问卷添加选项。用以下代码替换 polls/admin.

py 脚本中原有的代码：

```
#!/usr/bin/python
# -*- coding: UTF-8 -*-

from django.contrib import admin
from .models import Question, Choice

class ChoiceInline(admin.StackedInline):
    model = Choice
    extra = 2

class QuestionAdmin(admin.ModelAdmin):
    # 对字段进行分组
    fieldsets = [
        (None,               {'fields': ['question_text']}),
        ('Date information', {'fields': ['pub_date']}),
    ]
    inlines = [ChoiceInline]

admin.site.register(Question, QuestionAdmin)
```

上面代码使管理员能够在添加 Question 的同时编辑 Choice 对象，默认情况下需要为 Question 提供两个选项。

重新打开 Question 管理页面，效果如图 14-26 所示。

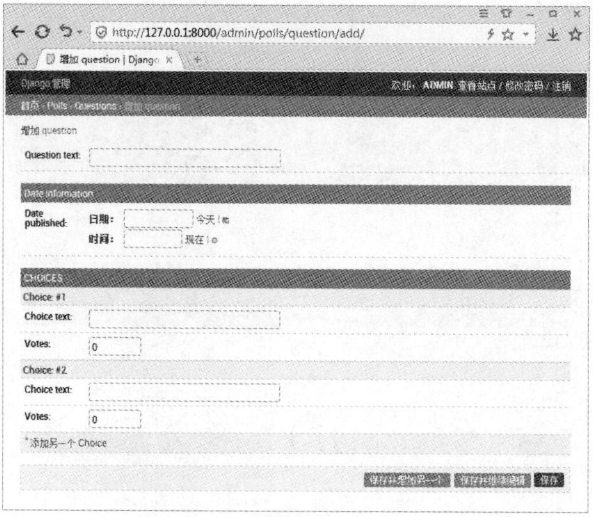

图 14-26

对于新问卷，在问卷中添加页面包含两个 Choice 选项，而如果编辑一个已经存在的问卷，则会出现两个新的 Choice 选项供管理员为问卷添加选项，如图 14-27 所示。

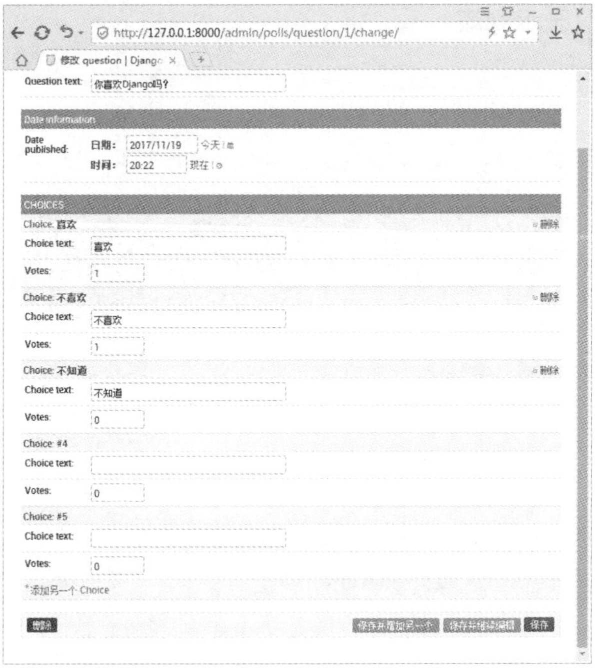

图 14-27

在问卷选项的最后有一个链接用于继续添加新选项。

在这里，读者可能会发现一个问题，如果一个问卷包含了很多选项，这些选项会占用大量的页面空间，很不方便管理，对此，Django 提供了一种新的显示视图 admin.TabularInline，修改 ChoiceInline：

```
class ChoiceInline(admin.TabularInline):
    model = Choice
    extra = 2
```

刷新页面查看现在的显示样式，如图 14-28 所示。

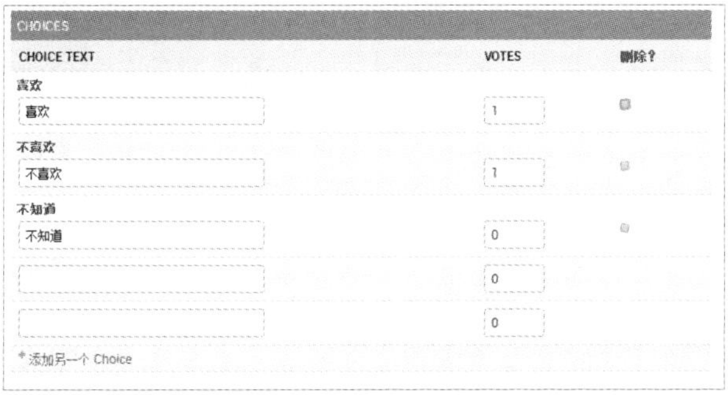

图 14-28

14.16.3 定制模型显示列表

现有的模型显示列表如图 14-29 所示。

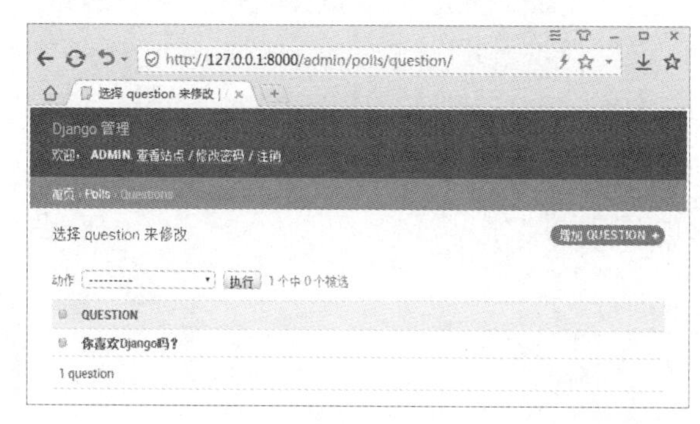

图 14-29

默认情况下，Django 只显示每行数据的 str()，但是更多的情况是，我们需要显示更多信息。使用 list_display 属性修改 QuestionAdmin 类：

```
class QuestionAdmin(admin.ModelAdmin):
    list_display = ('question_text', 'pub_date', 'was_published_recently')
    # 对字段进行分组
    fieldsets = [
        (None,               {'fields': ['question_text']}),
        ('Date information', {'fields': ['pub_date']}),
    ]
inlines = [ChoiceInline]
```

重启 Web 服务，查看 Question 模型显示列表，如图 14-30 所示。

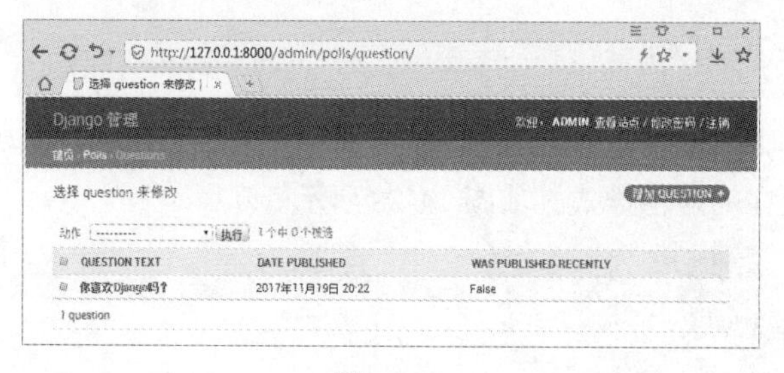

图 14-30

注意

模型显示列表是可排序列表，我们可以通过单击 QUESTION TEST 和 DATE PUBLICHED 列标题对表格进行排序。

Django 不支持对方法输出列进行排序。

使用 list_filter 属性设置可过滤列。

在 QuestionAdmin 类添加代码：list_filter = ['pub_date']，重启 Web 服务查看页面显示结果，如图 14-31 所示。

图 14-31

使用 search_fields 属性为列表添加可搜索字段。

在 QuestionAdmin 类添加代码：search_fields = ['question_text']，重启 Web 服务查看页面显示结果，如图 14-32 所示。

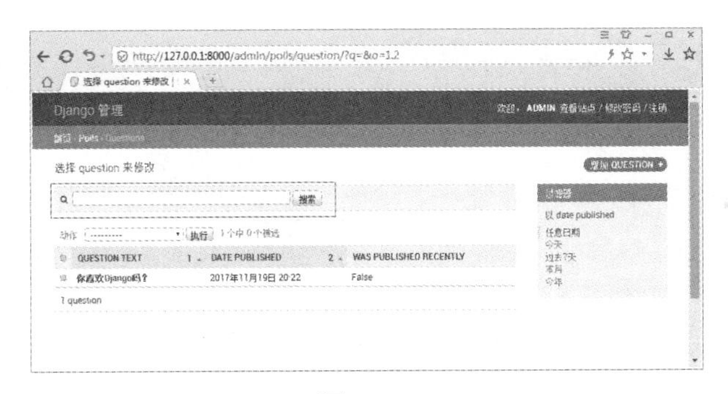

图 14-32

14.16.4　定制 Admin 后台模板

浏览整个 Admin 后台网页会发现，每个页面左上角都会出现"Django 管理"字样，这是由 Django 的模板系统提供的，我们可以对其进行修改。

（1）在工程文件夹（manage.py 所在文件夹）创建一个 templates 文件夹。

（2）在 mysite/settings.py 中找到 TEMPLATES 设置项，添加 DIRS 选项：

```
TEMPLATES = [
    {
        'BACKEND': 'django.template.backends.django.DjangoTemplates',
        'DIRS': [os.path.join(BASE_DIR, 'templates')],
```

```
            os.path.join(os.path.dirname(os.path.abspath(__file__)), 'templates')],
        'APP_DIRS': True,
        'OPTIONS': {
            'context_processors': [
                'django.template.context_processors.debug',
                'django.template.context_processors.request',
                'django.contrib.auth.context_processors.auth',
                'django.contrib.messages.context_processors.messages',
            ],
        },
    },
]
```

注意

os.path.dirname(os.path.abspath(__file__)) 表示 settings.py 所在路径。

（3）在 mysite/templates 文件夹下创建 admin 文件夹。

（4）将 Django 自带的 admin/base_site.html 模板复制到 mysite/templates/admin。

通过以下命令可以快速查找 Django 自带的 admin/base_site.html 模板路径：

```
$ python -c "import django; print(django.__path__)"
```

（5）修改 mysite/templates/admin/base_site.html：

```
{% extends "admin/base.html" %}

{% block title %}{{ title }} | {{ site_title|default:_('Django site admin') }}{% endblock %}

{% block branding %}
<h1 id="site-name"><a href="{% url 'admin:index' %}">问卷调查系统</a></h1>
{% endblock %}

{% block nav-global %}{% endblock %}
```

修改完成重启 Web 服务，查看 Admin 管理页面，如图 14-33 所示。

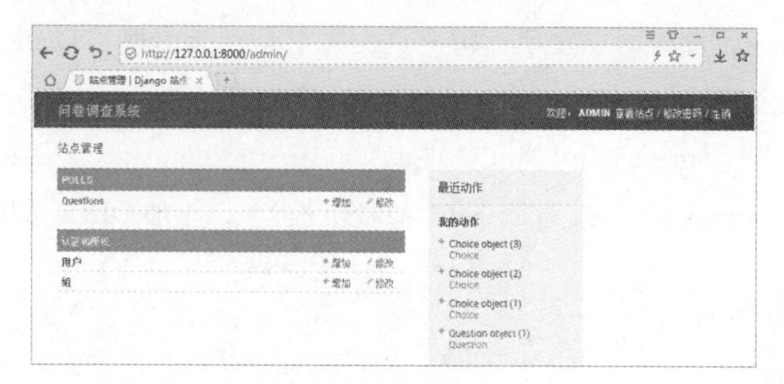

图 14-33

14.7 小结

到目前为止，我们已经介绍完所有的入门教程，包括安装 Django 和配置 Django 开发环境，创建 Django 工程和应用，配置数据库，开发视图和模板并使用 CSS 样式对模板进行美化。

此时读者应该能够独立搭建 Web 应用了，但是如果想要更愉快地使用 Django，我们还需要继续深入学习。前面提到的每一个知识点都可以扩展出很多内容，而我们所学完的内容仅占 Django 全部知识体系的 5%。虽然前面的内容并不丰富，但却是最基础的部分，建议所有读者在继续后面章节的学习之前一定要完成本章内容的学习与实践。

第 15 章 Django 知识体系

任何一门技术都有它的知识体系，想要学好 Django，就必须先在头脑中对它的知识体系有一个清晰的认识，当我们能够了解这个体系中的每一个知识点时，即使不能够深刻地理解它，也能够在遇到困难时迅速定位到问题根源。

15.1 Socket 编程

Socket 也叫“套接字”，是计算机网络通信中最基础的内容，它通过对 TCP/IP 协议的封装提供了在不同主机之间进行通信的功能。当我们访问一个网站时，浏览器会为我们打开一个套接字，通过套接字建立与服务器之间的链接，链接建立成功后服务器提供对访问的响应并返回访问内容，浏览器接收响应并显示出来。

我们接触到的所有 Web 应用几乎都是通过 Socket 实现的，一个网站本质上就是一个 Socket 服务端和客户端之间的通信，Web 服务器就是服务端而用户浏览器就是客户端。用户访问网站的过程就是服务端与客户端 Socket 通信的过程，如图 15-1 所示。

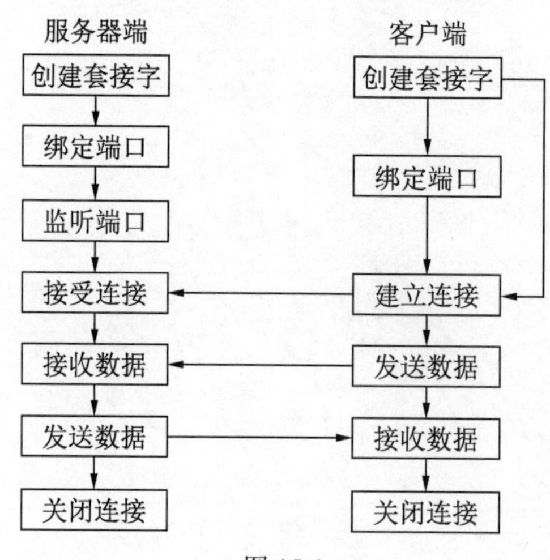

图 15-1

下面程序代码是一个简单的 socket web 服务器，当程序执行起来之后通过浏览器访问 http://localhost:8000/，就会打开一个 Hello, World! 的页面：

```
#!/usr/bin/env python
# -*- coding: UTF-8 -*-

import socket

def handle_request(client):
    buf = client.recv(1024)
    client.send(bytes("HTTP/1.1 200 OK\r\n\r\n".encode('utf_8')))
    client.send(bytes("Hello, World!".encode('utf_8')))

def main():
    sock = socket.socket(socket.AF_INET, socket.SOCK_STREAM)
    sock.bind(('localhost',8000))
    sock.listen(5)

    while True:
        connection, address = sock.accept()
        handle_request(connection)
        connection.close()

if __name__ =='__main__':
    main()
```

浏览器访问效果如图 15-2 所示。

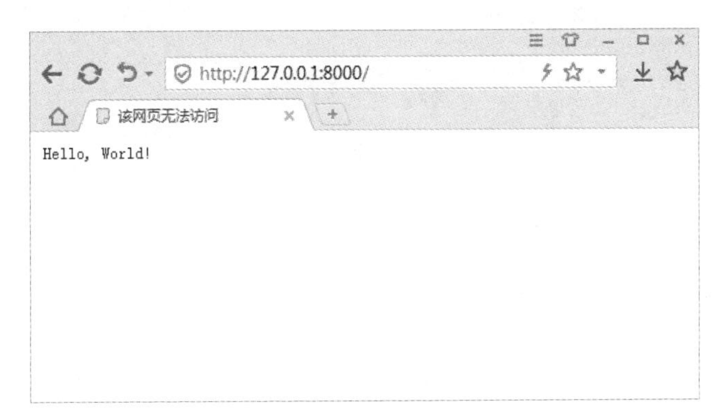

图 15-2

这就是所有网站的实现原理：接收 HTTP 请求、解析 HTTP 请求，发送 HTTP 响应。如果这些工作都由网站开发人员来做的话，那么开发人员不仅需要熟悉自身产品相关的技术，还需要学习 HTTP 协议、TCP/IP 协议等，这会带来很多额外的工作量。幸运的是，这些工作已经有人帮我们完成了，在 Python 中这个工作就是由 WSGI 接口实现的，Django 基于 WSGI 接口。

当访问同一个网站时，如果输入的 URL 地址不同，网页显示内容也不相同，这就是一般 Web 框架所实现的，下面开发一个可以根据用户输入地址的不同而显示不同页面信息的 Web 框架。这个框架可以接收两个地址：index 和 detail，对于输入其他地址则返回 404 错误，具体代码如下：

```
#!/usr/bin/env python
# -*- coding: UTF-8 -*-

from wsgiref.util import setup_testing_defaults
from wsgiref.simple_server import make_server

def simple_app(environ, start_response):
    setup_testing_defaults(environ)

    status = '200 OK'
    headers = [('Content-type', 'text/html; charset=utf-8')]

    start_response(status, headers)

    url = environ["PATH_INFO"]

    response = ''
    if url == '/index':
        response = '<h1>这里是 Index 页面 </h1>'
    elif url == '/detail':
        response = '<h1>这里是 Detail 页面 </h1>'
    else:
        response = '<h1 style="color:red;">网页丢失了: 404</h1>'

    return [response.encode("utf-8")]

if __name__ == '__main__':
    httpd = make_server('', 8000, simple_app)
    httpd.serve_forever()
```

执行脚本，然后分别访问 index、detail 和 home 页面，如图 15-3 所示。

虽然这个 Web 框架看起来非常简单，但是事实上很多开发框架都是这样在 WSGI 基础上开发来的，只是不同的框架提供了不同的功能而已。感兴趣的同学可以尝试自己开发一套 Web 框架。

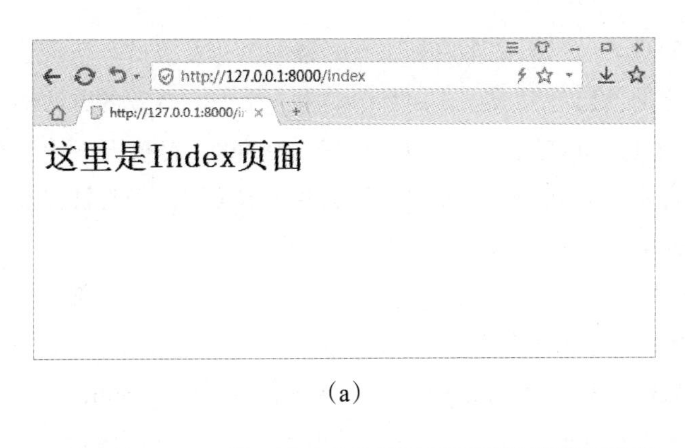

（a）

（b）

（c）

图 15-3

15.2 MTV 框架

前面的 Web 开发框架过于简单，完全属于初级程序员那种想到哪做到哪的开发风格，这种开发风格在个人开发或者微型团队开发中不会出现任何问题，有时还能够提高沟通效率、减少工作量，但是当团队规模扩大、业务场景变得越来越复杂的情况下，这种开发模式就会给开发人员和技术管理人员带来诸多麻烦，有时某一个开发人员辛辛苦苦完成一个方法后却发现其他人在很早之前就已经完成了，而有的时候一个非常高效的方法却没有人知道放在哪里，最终代码变得杂乱无章难以管理。为了解决这些问题，软件开发中逐渐引入了开发框架的概念，开发框架通常针对某一领域使得代码更容易被重用。经常被提及的设计模式有微软的 ASP.NET MVC 框架、Java 的 Spring 框架等。

Django 框架的基础是 MTV 模式，它将开发任务分为三大部分：Model、Template、View，如图 15-4 所示。可能很多人对 MTV 不太了解，但是都对 MVC 开发模式比较熟悉。MVC 模式就是把 Web 应用分为 Model（模型）、View（视图）、Controller（控制器）三层。

- Model：负责业务对象与数据库的关系映射（一般基于 ORM 框架）。
- View：负责页面展示，也就是与用户直接交互的网页部分。
- Controller：接收并处理用户的请求，通常需要调用 Model 和 View 来完成用户请求。

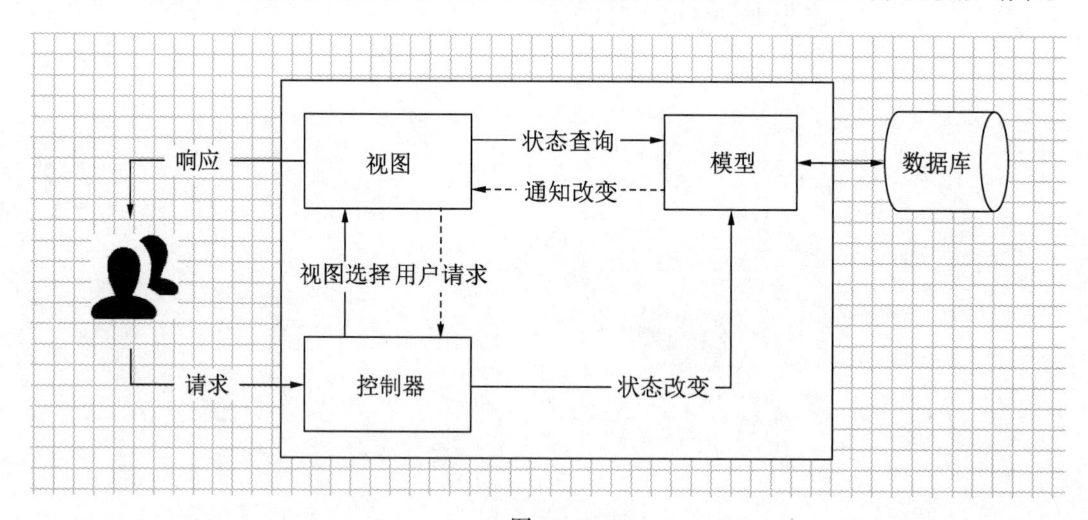

图 15-4

MTV 与 MVC 模式非常相似，也将开发工作分为三层。

- M 模型（Model）：负责业务对象和数据库的关系映射（ORM），这与 MVC 模式中的模型是一样的。
- T 代表模板（Template）：负责如何把页面展示给用户（html），这部分类似于 MVC 中的视图。
- V 代表视图（View）：负责业务逻辑，并在适当时候调用 Model 和 Template，这里就不是 MVC 的 View 了，反而更像是 Controller。

Django 的响应模式如图 15-5 所示。

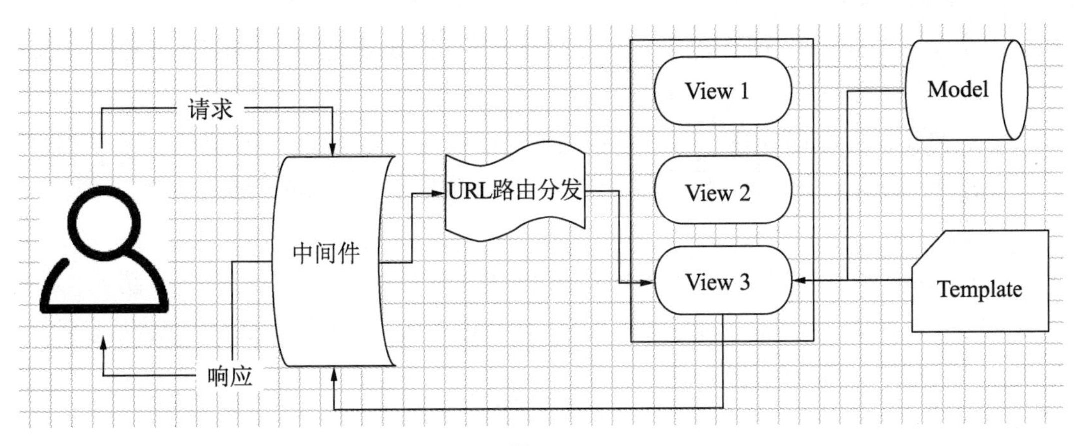

图 15-5

响应顺序如下：

（1）Django 中间件收到一个用户请求。

（2）Django 通过 URLconf 查找对应的视图然后进行 URL 路由分发。

（3）视图接收到请求，查询对应的模型，调用模板生成 HTML。

（4）视图返回一个处理后的 HTML 内容。

（5）Web 服务器将响应内容发给客户端。

15.3 Django 知识体系概述

前面介绍了一般 Web 开发框架的工作原理以及 Django 的工作流程，结合前一章所讲内容，此时在读者头脑中应该对 Django 的知识体系有一个比较清晰的认识了。本节将会对这些 Django 的关键知识点进行简单介绍，以帮助读者在进行后续学习时能够有一定的基础。

- 配置信息。在搭建第一个 Django 网站时，我们多次提到了 settings.py 文件，Django 网站的所有配置信息都是在这里完成的。
- 路由系统。路由系统是对用户请求的分发，Django 通过 URLconf 模块使开发人员可以开发出简洁优雅的 URL 格式。
- 模型。模型是数据库的映射，通过 ORM 技术开发人员可以使用纯粹的 Python 语言来定义数据库模型，这是一个丰富的、动态的数据库访问接口，当然在必要的情况下，读者仍然可以写 SQL 脚本来处理自己的业务逻辑。
- 模板。模板是 Django 应用程序的表现层，Django 通过友好的信息展示语法为用户提供了网页绘制功能，这些语法不仅包括丰富的模板过滤器与标签，还允许开发人员开发自己的过滤器和标签。

- 视图。Django 的视图可以接收用户请求并进行相应的业务实现，最后调用恰当的模板对用户进行响应。
- 表单系统。Web 应用程序中客户端与服务器端进行交互的一个重要概念就是 HTML 表单，Django 提供了一个强大的表单系统可以使开发人员简单地创建表单、处理表单数据。
- Admin 管理模块。Django 的 Admin 管理模块完全可以称作是一个 CMS 系统了，通过丰富的接口，开发人员可以在编写很少代码的情况下快速搭建起一套包含信息发布、权限管理等功能的应用系统。

15.4 django-admin 和 manage.py

django-admin 是 Django 的命令行工具集，用于处理系统管理员相关操作，而 manage.py 是在创建 Django 工程的时候自动生成的，二者的作用完全一样。

在使用时需要注意的是，django-admin 存放在 python 的 site-packages/django/bin 目录，而 manage.py 存放在工程文件夹下。django-admin 可以对不同的项目进行设置，但是需要提前指定 settings.py 文件，而 manage.py 只对当前工程有效，并且已经完成了所有环境准备工作，可以直接拿来使用。

下面是工程 mysite 的 manage.py 脚本内容：

```
#!/usr/bin/env python
import os
import sys

if __name__ == "__main__":
    os.environ.setdefault("DJANGO_SETTINGS_MODULE", "mysite.settings")
    try:
        from django.core.management import execute_from_command_line
    except ImportError as exc:
        raise ImportError(
            "Couldn't import Django. Are you sure it's installed and "
            "available on your PYTHONPATH environment variable? Did you "
            "forget to activate a virtual environment?"
        ) from exc
    execute_from_command_line(sys.argv)
```

总之，manage.py 比 django-admin 更简单，本节所有命令都可以使用 manage.py 替代，例如 django-admin help 可以替换为 python manage.py help。

15.4.1　help

作用：取得帮助信息。

语法如下。

显示帮助信息以及可用命令：

```
django-admin help
```

显示可用命令列表：

```
django-admin help --commands
```

显示指定命令的详细帮助文档：

```
django-admin help <command>
```

15.4.2　version

作用：取得当前 Django 的版本信息。

语法：django-admin version

15.4.3　check

作用：检查工程中是否存在错误。

语法：django-admin check [app_label [app_label ...]]

15.4.4　startproject

作用：创建 Django 工程。

语法：django-admin startproject name [directory]

其他：命令默认在当前目录创建一个文件夹，文件夹下包含 manage.py 文件以及工程文件夹，在工程文件夹下包含 settings.py 文件和其他必要文件。

15.4.5　startapp

作用：创建 Django 应用程序。

语法：django-admin startapp name [directory]

可选参数：

```
--template TEMPLATE
```

导入外部模板文件，TEMPLATE 可以是包含模板文件的路径、包含压缩包的路径或者 URL。

例如下面命令会将 my_app_template 路径下的模板文件复制到 myapp 应用程序中：

```
django-admin startapp --template=/Users/jezdez/Code/my_app_template myapp
```

而下面命令会将 github 上其他项目的模板复制到 myapp 应用中：

```
django-admin startapp --template=https://github.com/ebertti/django-registration-bootstrap/archive/master.zip myapp
```

15.4.6 runserver

作用：在当前机器上启动一个轻量级的 Web 服务器，默认服务器端口号是 8000。

语法：django-admin runserver [addrport]

示例：

```
django-admin runserver
django-admin runserver 1.2.3.4:8000
django-admin runserver 7000
django-admin runserver [2001:0db8:1234:5678::9]:7000
```

15.4.7 shell

作用：启动一个交互窗口。

语法：

```
django-admin shell --interface {ipython,bpython,python}
django-admin shell --i {ipython,bpython,python}
```

需要注意的是，默认情况下，Django 使用 ipython,bpython 启动交互模式。需要使用 pip 安装以上交互工具，例如安装 ipython：pip install ipython。

示例如图 15-6 所示。

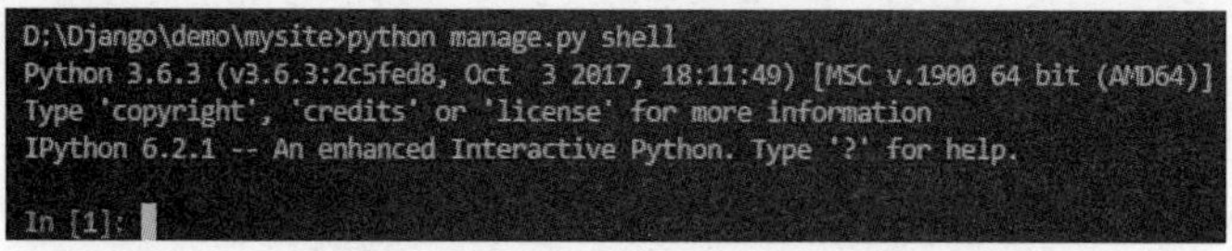

```
D:\Django\demo\mysite>python manage.py shell
Python 3.6.3 (v3.6.3:2c5fed8, Oct  3 2017, 18:11:49) [MSC v.1900 64 bit (AMD64)]
Type 'copyright', 'credits' or 'license' for more information
IPython 6.2.1 -- An enhanced Interactive Python. Type '?' for help.

In [1]:
```

图 15-6

15.5 Migrations

Django 通过 Migrations 命令将 Model 中的任何修改写入到数据库中，例如增加新模型、修改已有字段等。

15.5.1 makemigrations

作用：根据 model 的变化生成对应的 python 代码，该代码用于更新数据库。

语法：django-admin makemigrations [app_label [app_label ...]]

如果没有填写任何参数，Django 会检查所有应用程序中的模型并生成 python 脚本，脚本存放在每个应用下面一个名为 migrations 的文件夹下，脚本名字类似 0001_initial.py 格式。

示例如图 15-7 所示。

```
D:\Django\demo\mysite>python manage.py makemigrations blog
Migrations for 'blog':
  blog\migrations\0003_test.py
    - Create model Test

D:\Django\demo\mysite>
```

图 15-7

15.5.2 migrate

作用：将 model 的修改应用到数据库。

语法：django-admin migrate [app_label] [migration_name]

如果执行 migrate 命令时没有给出任何参数，Django 会将系统中所有应用程序模型的更改部署到数据库。

如果执行 migrate 命令时指定了应用程序名，Django 仅将指定的应用程序的模型修改部署到数据库。注意如果该应用程序的模型与其他应用程序模型之间存在关联，那么其他关联的应用程序模型的修改也可能被部署到数据库。

如果执行 migrate 命令时同时给出了应用程序名和 migration 名字，系统将会把数据库恢复到一个以前的版本。

所有 migration 信息保存在 django_migrations 数据表中，django_migrations 表内容如图 15-8 所示。

例如最后一次 migrate 操作（003_test）为 blog 应用程序创建了一个 test 数据表，此时执行下面代码将会撤销最后一次操作（0002_auto_20171221_1726 是 003_test 的前一次操作）：

```
python manage.py migrate blog 0002_auto_20171221_1726
```

id	app	name	applied
1	contenttypes	0001_initial	2017-12-17 13:26:19.8702
2	auth	0001_initial	2017-12-17 13:26:25.5256
3	admin	0001_initial	2017-12-17 13:26:26.9936
4	admin	0002_logentry_remove_auto_add	2017-12-17 13:26:27.0666
5	contenttypes	0002_remove_content_type_name	2017-12-17 13:26:27.9197
6	auth	0002_alter_permission_name_max_le	2017-12-17 13:26:28.4017
7	auth	0003_alter_user_email_max_length	2017-12-17 13:26:28.9097
8	auth	0004_alter_user_username_opts	2017-12-17 13:26:28.9567
9	auth	0005_alter_user_last_login_null	2017-12-17 13:26:29.3778
10	auth	0006_require_contenttypes_0002	2017-12-17 13:26:29.4028
11	auth	0007_alter_validators_add_error_mes	2017-12-17 13:26:29.4448
12	auth	0008_alter_user_username_max_leng	2017-12-17 13:26:30.7939
13	auth	0009_alter_user_last_name_max_leng	2017-12-17 13:26:31.3699
14	blog	0001_initial	2017-12-17 13:26:31.5799
15	sessions	0001_initial	2017-12-17 13:26:31.9119
16	polls	0001_initial	2017-12-17 13:28:27.7495
17	blog	0002_auto_20171221_1726	2017-12-21 09:26:22.9957
18	blog	0003_test	2017-12-22 10:08:34.1517

图 15-8

操作结果如图 15-9 所示。可以看出，此时数据表 blog_test 已经被删除了。

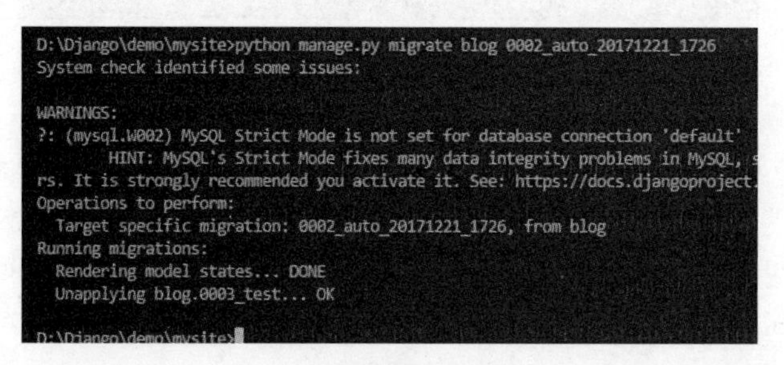

图 15-9

如果想撤销所有数据库更改，使用 zero 代替 migrationname。

可选参数：

```
--fake
```

对于高级用户，仅仅想设置当前的 migration 状态，并不需要真正去更新数据库，或者已经手动更新了数据库，此时可以使用 fake 参数。

```
python manage.py migrate blog --fake

--database DATABASE
```

将模型更改应用到指定的数据库，默认情况会更新到 settings.py 里面的 default 数据库。

15.5.3　sqlmigrate

作用：输出某一个 migrate 对应的 SQL 语句。

语法：django-admin sqlmigrate app_label migration_name

示例：打印出初始化的 SQL 脚本，如图 15-10 所示。

```
PS D:\Code\Python\Blog\tech-blog> python .\manage.py sqlmigrate blog 0001_initial
BEGIN;
CREATE TABLE `blog_appsettings` (`id` integer AUTO_INCREMENT NOT NULL PRIMARY KEY, `name` varchar(20) NULL, `va
200) NULL);
CREATE TABLE `blog_article` (`id` integer AUTO_INCREMENT NOT NULL PRIMARY KEY, `title` varchar(70) NOT NULL, `b
etime(6) NOT NULL, `last_modified_time` datetime(6) NOT NULL, `status` varchar(1) NOT NULL, `views` integer UNS
D NOT NULL, `topped` bool NOT NULL, `attachment` varchar(100) NULL);
CREATE TABLE `blog_blogcomment` (`id` integer AUTO_INCREMENT NOT NULL PRIMARY KEY, `user_name` varchar(100) NOT
 `body` longtext NOT NULL, `created_time` datetime(6) NOT NULL, `article_id` integer NOT NULL);
CREATE TABLE `blog_category` (`id` integer AUTO_INCREMENT NOT NULL PRIMARY KEY, `name` varchar(20) NOT NULL, `c
odified_time` datetime(6) NOT NULL, `display` varchar(1) NOT NULL);
CREATE TABLE `blog_location` (`id` integer AUTO_INCREMENT NOT NULL PRIMARY KEY);
CREATE TABLE `blog_tag` (`id` integer AUTO_INCREMENT NOT NULL PRIMARY KEY, `name` varchar(20) NOT NULL, `create
```

图 15-10

15.5.4　showmigrations

作用：显示 migrations 记录。

语法：django-admin showmigrations [app_label [app_label ...]]

可以通过 --list 或者 --plan 参数设置显示格式。--list 按照应用程序显示 migration 记录，该参数缩写为 -l，--plan 显示所有记录，缩写为 -p。如果某一次 migration 已经被部署到数据库中了，在该记录前就会显示 [X]，否则显示 [ ]，如图 15-11 所示。

```
D:\Django\demo\mysite>python manage.py showmigrations
admin
 [X] 0001_initial
 [X] 0002_logentry_remove_auto_add
auth
 [X] 0001_initial
 [X] 0002_alter_permission_name_max_length
 [X] 0003_alter_user_email_max_length
 [X] 0004_alter_user_username_opts
 [X] 0005_alter_user_last_login_null
 [X] 0006_require_contenttypes_0002
 [X] 0007_alter_validators_add_error_messages
 [X] 0008_alter_user_username_max_length
 [X] 0009_alter_user_last_name_max_length
blog
 [X] 0001_initial
 [X] 0002_auto_20171221_1726
 [ ] 0003_test
contenttypes
 [X] 0001_initial
 [X] 0002_remove_content_type_name
polls
 [X] 0001_initial
sessions
 [X] 0001_initial

D:\Django\demo\mysite>
```

图 15-11

第 16 章 配置

在搭建 Django 应用程序的时候需要进行一定的配置，除了前面使用过的数据库配置、系统语言配置外，Django 还提供了更多的配置项，这些配置信息都存放在配置文件中，Django 的配置文件是一个 Python 模块，所有配置项都是模块级别的变量。本章将会对 Django 配置进行详细介绍。

16.1 Django 配置文件

由于 Django 的配置文件是一个 Python 模块，所以必须遵循以下原则：

- 不能够出现 Python 语法错误。
- 可以使用 Python 语法动态指定配置值，如：

```
MY_SETTING = [str(i) for i in range(30)]
```

- 可以从其他配置文件中引入变量。

使用 Django 时必须通过环境变量 DJANGO_SETTINGS_MODULE 指定当前工程所使用的配置文件，默认情况下，在 manage.py 中指定配置文件，如：

```
#!/usr/bin/env python
import os
import sys

if __name__ == "__main__":
    os.environ.setdefault("DJANGO_SETTINGS_MODULE", "mysite.settings")
    try:
        from django.core.management import execute_from_command_line
    except ImportError as exc:
        raise ImportError(
            "Couldn't import Django. Are you sure it's installed and "
            "available on your PYTHONPATH environment variable? Did you "
            "forget to activate a virtual environment?"
        ) from exc
    execute_from_command_line(sys.argv)
```

如果使用 WSGI 部署 Django 应用程序，需要在 wsgi.py 中指定配置文件，如：

```
import os
from django.core.wsgi import get_wsgi_application
os.environ.setdefault("DJANGO_SETTINGS_MODULE", "mysite.settings")
application = get_wsgi_application()
```

如果配置文件中缺少对某个配置的设置，则会使用 Django 的默认值，每一个配置项在 Django 的默认配置文件中都已经给出了默认值。Django 的默认配置文件路径是 django/conf/global_settings.py，例如 Pyghon 安装在 D 盘，则默认配置文件的路径就是 D:\Program Files\Python36\Lib\site-packages\django\conf\global_settings.py。

Django 按照下面算法编译配置文件：

（1）加载 global_settings.py；

（2）加载工程指定的配置文件，使用工程指定的配置重写默认值。

16.2 引用 Django 配置信息

在 Django 应用程序中可以通过导入 django.conf.settings 来引用 Django 配置信息，例如：

```
from django.conf import settings
if settings.DEBUG:
    pass
```

注意

- django.conf.settings 是一个 Python 对象，不是模块，所以不能使用下面方法单独导入配置信息：

```
from django.conf.settings import DEBUG
```

- 由于配置文件是在 Django 编译时加载的，所以不能在运行时对系统配置进行修改。

16.3 Django 核心配置

16.3.1 数据库

1. DATABASES

DATABASES 用于指定网站所使用的数据库类型以及连接方式，它是一个嵌套的字典对象，字典的 Key 是数据库别名，字典的值是数据库配置信息。

DATABASES 必须包含一个别名为 default 的数据库配置，Django 支持包括 PostgreSQL、MySQL、SQLite、Oracle 等几种主流数据库。默认为一个空字典，此时会使用 SQLite 数据库，该数据库在创建 Django 应用的时候被自动创建。这就是为什么在第一次搭建 Django 网站的时候，什么都没有做，就可以添加管理员并且使用后台管理系统的原因，因为所有信息都存在这个 sqlite 数据库中。

默认配置等价于：

```
DATABASES = {
    'default': {
        'ENGINE': 'django.db.backends.sqlite3',
        'NAME': os.path.join(BASE_DIR, 'db.sqlite3'),
    }
}
```

如果需要链接到其他数据库，就需要给出更多的配置信息。下面是一个用于链接 MySQL 数据库的配置信息：

```
DATABASES = {
    'default': {
        'ENGINE': 'django.db.backends.mysql',
        'NAME': 'polls',
        'USER': 'root',
        'PASSWORD': '',
        'HOST': '',
        'PORT': '',
    }
}
```

从上面的配置信息可以知道，Django 与其他语言链接数据库的方式相似，同样需要链接数据库的用户名、密码，同时需要给出数据库所在的主机名、端口号以及数据库名。

下面介绍具体参数。

ENGINE：数据库链接引擎，针对不同的数据库，Django 分别提供了响应的引擎：

- 'django.db.backends.postgresql'
- 'django.db.backends.mysql'
- 'django.db.backends.sqlite3'
- 'django.db.backends.oracle'

NAME：数据库名，对于 Sqlite 数据库，需要给定 Sqlite 文件路径，不论是 Windows 系统还是 Linux 系统，这个文件路径中一律使用反斜杠"/"，例如：C:/homes/user/mysite/sqlite3.db。

USER：链接数据库的用户名。Sqlite 不需要指定。

PASSWORD：链接数据库的用户密码。Sqlite 不需要指定。

HOST：数据库所在主机名，如果值为空表示本机。Sqlite 不需要指定。

PORT：为数据库开放的端口号，如果值为空表示默认端口。Sqlite 不需要指定。

2. DATABASE_ROUTERS

数据库路由配置，当执行数据库操作时，Django 会根据路由配置选择恰当的数据库执行操作。默认值是一个空列表：[]，列表元素是一个实现了特殊路由方法的 Python 类的路径。

要想使用数据库路由，首先需要创建数据库路由类，该类必须实现以下方法：

- db_for_read(model, **hints)：指定对 model 进行读操作的数据库。
- db_for_write(model, **hints)：指定对 model 进行写操作的数据库。
- allow_relation(obj1, obj2, **hints)：如果允许 obj1 和 obj2 之间存在关联则返回 True，如果禁止 obj1 和 obj2 之间存在关联则返回 False，如果对 obj1 和 obj2 之间没有限制则返回 None。

这个方法仅用于验证两个对象间是否可以存在外键关联或者多对多关联。

- allow_migrate(db, app_label, model_name=None, **hints)：该方法用于确定数据库是否可以进行 migration 操作，第一个参数 db 是数据库的别名。方法返回 True 则表示允许进行 migration 操作，返回 False 则表示不允许进行 migration 操作，返回 None 表示没有特殊规定。

参数 app_label 是进行 migration 操作的应用程序名。

下面举一个数据库路由的例子，假设存在如下数据库配置。

```
DATABASES = {
    'default': {},
    'auth_db': {
        'NAME': 'auth_db',
        'ENGINE': 'django.db.backends.mysql',
        'USER': 'mysql_user',
        'PASSWORD': 'swordfish',
    },
    'primary': {
        'NAME': 'primary',
        'ENGINE': 'django.db.backends.mysql',
        'USER': 'mysql_user',
        'PASSWORD': 'spam',
    },
    'replica1': {
        'NAME': 'replica1',
        'ENGINE': 'django.db.backends.mysql',
```

```
            'USER': 'mysql_user',
            'PASSWORD': 'eggs',
        },
        'replica2': {
            'NAME': 'replica2',
            'ENGINE': 'django.db.backends.mysql',
            'USER': 'mysql_user',
            'PASSWORD': 'bacon',
        },
    }
```

下面创建一个用于处理 auth 应用向 auth_db 数据库发送请求的路由类：

```
class AuthRouter:
    """
用于处理所有auth应用的数据库请求的路由。
    """
    def db_for_read(self, model, **hints):
        """
        尝试在auth_db数据库中读取model。
        """
        if model._meta.app_label == 'auth':
            return 'auth_db'
        return None

    def db_for_write(self, model, **hints):
        """
    尝试在auth_db数据库中对model进行写操作。
        """
        if model._meta.app_label == 'auth':
            return 'auth_db'
        return None

    def allow_relation(self, obj1, obj2, **hints):
        """
        允许auth应用中的model存在关系。
        """
        if obj1._meta.app_label == 'auth' or \
           obj2._meta.app_label == 'auth':
           return True
        return None

    def allow_migrate(self, db, app_label, model_name=None, **hints):
        """
        仅允许auth应用中的auth_db进行migration操作。
        """
        if app_label == 'auth':
            return db == 'auth_db'
        return None
```

接下来创建一个路由用于处理其他所有应用向数据库集群发送的请求，对于读操作则在集群中随机选择一个数据库：

```
import random

class PrimaryReplicaRouter:
    def db_for_read(self, model, **hints):
        """
        随机选择集群中的数据库进行读操作。
        """
        return random.choice(['replica1', 'replica2'])

    def db_for_write(self, model, **hints):
        """
        仅使用集群中的主数据库进行写操作。
        """
        return 'primary'

    def allow_relation(self, obj1, obj2, **hints):
        """
        如果两个对象都同时存在于数据库集群的所有数据库中，则允许在对象间设置关系。
        """
        db_list = ('primary', 'replica1', 'replica2')
        if obj1._state.db in db_list and obj2._state.db in db_list:
            return True
        return None

    def allow_migrate(self, db, app_label, model_name=None, **hints):
        """
        允许所有非 auth 应用的数据库进行 migration 操作。
        """
        return True
```

接下来设置路由信息：

```
DATABASE_ROUTERS = ['AuthRouter 的 Python 路径 ', 'PrimaryReplicaRouter 的 Python 路径 ']
```

注意，所有数据库操作都会按照路由在 DATABASE_ROUTERS 中出现的顺序进行匹配，在本例中会先使用 AuthRouter 执行数据库操作。

此时任何 auth 应用中的数据库操作都将采用路由 AuthRouter，其他应用中的数据库操作都将采用路由 PrimaryReplicaRouter。

除了使用 DATABASE_ROUTERS 外，还可以通过手动指定数据库的方式执行数据库操作，例如：

- Question.objects.using('default').all()
- Question.save(using='default')

16.3.2 文件上传

1. DEFAULT_FILE_STORAGE

在没有特殊指定文件系统时，指任何文件操作所使用的文件系统。默认值是 django.core.files.storage.FileSystemStorage。

2. FILE_CHARSET

从磁盘读取文件时所使用的编码格式，默认值是“utf-8”。包括读取模板文件以及数据库文件的方式。

3. FILE_UPLOAD_HANDLERS

文件上传处理程序。

默认值：

```
[
    'django.core.files.uploadhandler.MemoryFileUploadHandler',
    'django.core.files.uploadhandler.TemporaryFileUploadHandler',
]
```

4. FILE_UPLOAD_MAX_MEMORY_SIZE

允许上传的文件的最大体积，单位为字节（B），默认值为 2621440B(2.5 MB)。

5. FILE_UPLOAD_PERMISSIONS

为上传的文件设置权限，默认值为 None，可选值是 Linux 文件权限的数值模式，如 0o777 表示路径所有者、所在组成员、其他组成员对路径有读、写、执行权限。在大多数操作系统中，默认的文件权限是 0o600。

6. FILE_UPLOAD_DIRECTORY_PERMISSIONS

为上传文件过程中所创建的文件夹设置权限，默认值为 None，可选值是 Linux 文件权限的数值模式，如 0o777 表示路径所有者、所在组成员、其他组成员对路径有读、写、执行权限。

7. FILE_UPLOAD_TEMP_DIR

文件上传时，文件的临时存放路径。默认值为 None，此时 Django 会使用操作系统的默认临时路径。

8. MEDIA_ROOT

用于保存上传文件的绝对路径，如“/var/www/example.com/media/”，默认值是空字符串。

注意

MEDIA_ROOT 与后面即将介绍的 STATIC_ROOT 的值必须不同。

9. MEDIA_URL

用于处理 MEDIA_ROOT 中所保存文件的 URL，如果 MEDIA_URL 的值不为空，的话则必须以斜杠“/”结尾，例如“http://media.example.com/”。

在使用 MEDIA_ROOT 之前需要进行以下配置：

```
from django.conf import settings
from django.conf.urls.static import static

urlpatterns = [
    # 其他 URL 配置代码
] + static(settings.MEDIA_URL, document_root=settings.MEDIA_ROOT)
```

如果希望在模板中使用{{ MEDIA_URL }}，则需要将 django.template.context_processors.media 添加到 TEMPLATES 配置中，如：

```
TEMPLATES = [
    {
        'BACKEND': 'django.template.backends.django.DjangoTemplates',
        'DIRS': [os.path.join(BASE_DIR, 'templates'),
            os.path.join(os.path.dirname(os.path.abspath(__file__)), 'templates')],
        'APP_DIRS': True,
        'OPTIONS': {
            'context_processors': [
                'django.template.context_processors.debug',
                'django.template.context_processors.request',
                'django.contrib.auth.context_processors.auth',
                'django.contrib.messages.context_processors.messages',
                'django.template.context_processors.media',
            ],
        },
    },
]
```

16.3.3 调试

1. DEBUG

DEBUG 配置用于指定当前网站是否在调试模式执行，默认值为 False。如果网站已经部署在生产环境，那么一定不能开启 DEBUG。

当开启 DEBUG 模式后，如果网站运行过程中出现异常情况，那么异常信息会被输出到网页上，这些信息包括 Django 执行过程、环境信息、settings.py 中的配置信息。当然出于安全考虑，Django 不会输出 settings.py 中的敏感内容，例如密码等，Django 会根据以下文字对 settings.py 中的信息进行过滤。

- API
- KEY
- PASS
- SECRET
- SIGNATURE
- TOKEN

注意 Django 是按照模糊配置的方式在 settings.py 中对以上文字进行匹配的，例如 PASSWORD 会与 PASS 匹配成功。虽然如此，在输出信息中仍然会包含一些敏感信息。

最后需要注意的是，当 DEBUG 被设置为 False 时，Django 会认为当前程序已经被部署到了生产环境，因此还需要提供可以访问网站的主机信息，以及相关配置在 ALLOWED_HOSTS 中的设置。

图 16-1 是 DEBUG=True 时输入的部分错误信息。

```
DATABASES                 {'default': {'ATOMIC_REQUESTS': False,
                                       'AUTOCOMMIT': True,
                                       'CONN_MAX_AGE': 0,
                                       'ENGINE': 'django.db.backends.mysql',
                                       'HOST': '',
                                       'NAME': 'polls',
                                       'OPTIONS': {},
                                       'PASSWORD': '********************',
                                       'PORT': '',
                                       'TEST': {'CHARSET': None,
                                                'COLLATION': None,
                                                'MIRROR': None,
                                                'NAME': None},
                                       'TIME_ZONE': None,
                                       'USER': 'root'}}
DATABASE_ROUTERS          []
```

图 16-1

2. DEBUG_PROPAGATE_EXCEPTIONS

如果该参数被设置为 True，那么当 Django 的视图方法出现异常或者需要返回 HTTP 500 响应时，异常信息将会被 Web 服务器接收并处理而不是由 Django 来处理。

该参数的默认值是 False。如果希望看到详细异常信息则不应该将它设置为 True。

图 16-2 是 DEBUG_PROPAGATE_EXCEPTIONS 为 True 时网页出现异常时的情况。

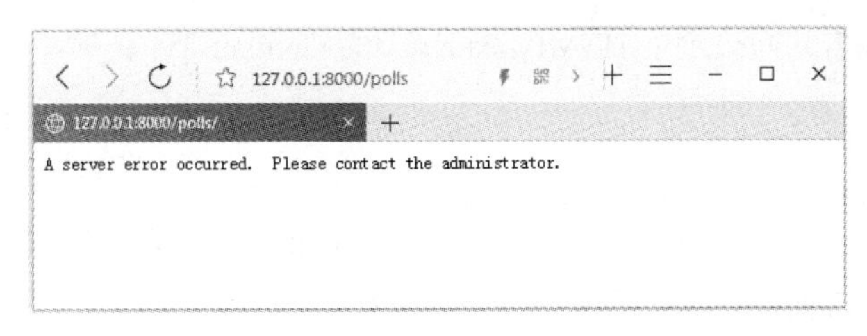

图 16-2

16.3.4　HTTP

1. DATA_UPLOAD_MAX_MEMORY_SIZE

表示一次 HTTP 请求的最大值，单位为字节。默认值是 2621440B（2.5 MB）。当访问 request.body 或者 request.POST 的时候进行检查，检查内容不包括正在上传的文件体积。可以通过将 DATA_UPLOAD_MAX_MEMORY_SIZE 设置为 None 的方式来禁用 HTTP 请求体积的检查。

HTTP 请求的大小与处理程序所占用的内存相关，HTTP 请求越大处理程序所使用的内存就越多。如果没有对 HTTP 请求大小进行限制将会被服务器攻击程序所利用，攻击程序利用不停发送特大请求包的方式攻击服务器，导致服务器内存被迅速耗尽，最终服务器瘫痪。

2. DATA_UPLOAD_MAX_NUMBER_FIELDS

一次 HTTP 请求所能接收的最大参数数量，包括 GET 请求和 POST 请求，默认值是 1000。可以通过将 DATA_UPLOAD_MAX_NUMBER_FIELDS 设置为 None 的方式来禁用该检查。

由于 GET 和 POST 请求是一个字典，所以参数数量会影响请求的执行时间。如果没有对 HTTP 请求的参数数量进行限制的话，会被攻击程序所利用，攻击程序通过提交包含很多参数的请求来占用服务器处理时间，最终导致服务器瘫痪。

3. DEFAULT_CHARSET

如果在 HTML 代码中没有使用 MIME 指定字符集，DEFAULT_CHARSET 表示 HttpResponse 对象所使用的字符集，默认值为“utf-8”。与配置信息 DEFAULT_CONTENT_TYPE 共同决定了 HTML header 中的 Content-Type。

4. DEFAULT_CONTENT_TYPE

如果在 HTML 代码中没有使用 MIME 指定文档内容类型，DEFAULT_CONTENT_TYPE 表示 HttpResponse 对象所使用的文档内容类型，默认值为“text/html”。与配置信息

DEFAULT_CHARSET 共同决定了 HTML header 中的 Content-Type。

由于 HTML 5 中不再需要在 header 中指定 content 了，以及这个属性与某些第三方应用不兼容，所以在 Django 2.0 中不建议使用该配置。

5. WSGI_APPLICATION

指向 WSGI 应用的 Python 路径，Django 的内置服务器将会使用这个应用程序运行 Django 代码。

在使用 django-admin startproject 命令创建 Django 工程的时候会自动创建一个 wsgi.py 脚本，在这个脚本中存在一个可执行的 application 对象，WSGI_APPLICATION 就是这个 application 对象的路径。

16.3.5 国际化

1. 日期时间格式设置

Django 中有多个日期时间格式设置参数：DATE_FORMAT、DATE_INPUT_FORMATS、DATETIME_FORMAT、DATETIME_INPUT_FORMATS、TIME_FORMAT、TIME_INPUT_FORMATS，分别用于设置日期的显示格式、在文本框中日期的输入格式、日期时间的显示格式、在文本框中日期时间的输入格式、时间的显示格式、在文本框中时间的输入格式。

DATE_FORMAT 的默认值是 'N j, Y'，显示效果：Feb. 4, 2003。

DATE_INPUT_FORMATS 的默认值是：

```
[
'%Y-%m-%d', '%m/%d/%Y', '%m/%d/%y', # '2006-10-25', '10/25/2006', '10/25/06'
'%b %d %Y', '%b %d, %Y',            # 'Oct 25 2006', 'Oct 25, 2006'
'%d %b %Y', '%d %b, %Y',            # '25 Oct 2006', '25 Oct, 2006'
'%B %d %Y', '%B %d, %Y',            # 'October 25 2006', 'October 25, 2006'
'%d %B %Y', '%d %B, %Y',            # '25 October 2006', '25 October, 2006'
]
```

DATETIME_FORMAT 的默认值是 'N j, Y, P'，显示效果：Feb. 4, 2003, 4 p.m.。

DATETIME_INPUT_FORMATS 的默认值是：

```
[
    '%Y-%m-%d %H:%M:%S',      # '2006-10-25 14:30:59'
    '%Y-%m-%d %H:%M:%S.%f',   # '2006-10-25 14:30:59.000200'
```

```
    '%Y-%m-%d %H:%M',        # '2006-10-25 14:30'
    '%Y-%m-%d',              # '2006-10-25'
    '%m/%d/%Y %H:%M:%S',     # '10/25/2006 14:30:59'
    '%m/%d/%Y %H:%M:%S.%f',  # '10/25/2006 14:30:59.000200'
    '%m/%d/%Y %H:%M',        # '10/25/2006 14:30'
    '%m/%d/%Y',              # '10/25/2006'
    '%m/%d/%y %H:%M:%S',     # '10/25/06 14:30:59'
    '%m/%d/%y %H:%M:%S.%f',  # '10/25/06 14:30:59.000200'
    '%m/%d/%y %H:%M',        # '10/25/06 14:30'
    '%m/%d/%y',              # '10/25/06'
]
```

TIME_FORMAT 的默认值是 'P'，显示效果：(e.g. 4 p.m.)。

TIME_INPUT_FORMATS 的默认值是：

```
[
    '%H:%M:%S',     # '14:30:59'
    '%H:%M:%S.%f',  # '14:30:59.000200'
    '%H:%M',        # '14:30'
]
```

可选的日期时间格式化字符串如表 16-1 所示。

表 16-1

格式化字符	描 述	示 例
a	'a.m.' 或 'p.m.' （注意，为了与美联社风格一致，它的输出格式与 PHP 略有不同，它包括了句点）	'a.m.'
A	'AM' 或者 'PM'	'AM'
b	月份，使用三个字母的缩略形式表示	'jan'
B	未实现	
c	ISO 8601 格式日期字符串 （注意，与 “Z” “O” 或者 “r” 等格式化字符不同的是，当处理本地时间时，“ c” 格式化字符不会为时间添加时区偏移量）	2008-01-02T10:30:00.000123+02:00 或 2008-01-02T10:30:00.000123（本地时间）
d	使用两位数字表示每月的第几天，当数字小于 10 时，用数字 0 在左侧补齐两位	'01' 至 '31'
D	使用三个字母的缩略形式表示每周的第几天	'Fri'
e	时区。具体返回值取决于 datetime 对象，可以返回任意格式，也可以返回空字符串	''、'GMT'、'-500'、'US/Eastern' 等
E	月份，本地化表现形式，多用于长日期类型	'listopada'(波兰语)
f	时间，12 小时制格式 （注意，当分钟数为零时则不显示）	'1'、'1:30'
F	长文本格式的月份	'January'

续表

格式化字符	描 述	示 例
g	12 小时制小时，没有前导数字 0	'1' 至 '12'
G	24 小时制小时，没有前导数字 0	'0' 至 '23'
h	12 小时制小时，有前导数字 0	'01' 至 '12'
H	24 小时制小时，有前导数字 0	'00' 至 '23'
i	分钟，有前导数字 0	'00' 至 '59'
I	夏令时	'1' 至 '0'
j	每月中的第几天，无前导数字 0	'1' 至 '31'
l	长文本格式的星期	'Friday'
L	是否是闰年	True 或者 False
m	月份，使用两位数字表示，有前导数字 0	'01' 至 '12'
M	月份，使用三个字母的缩略形式表示	'Jan'
n	月份，数值形式，无前导数字 0	'1' 至 '12'
N	美联社风格的月份缩写词	'Jan.'、'Feb.'、'March'、'May'
o	ISO-8601 星期编号年	'1999'
O	与格林威治时间的时间差 (以小时计)	'+0200'
P	12 小时制的小时分钟及 'a.m.'/'p.m.'，分钟数若为零则不显示。用字符串表示特殊的时间点，如 'midnight' 和 'noon'	'1a.m.'、'1:30p.m.'、'midnight'、'noon'、'12:30p.m.'
r	RFC 5322 格式的日期	'Thu,21Dec200016:01:07+0200'
s	秒，两位数字形式，有前导数字 0	'00' 至 '59'
S	英语序数后缀，用于表示一个月的第几天，两个字符	'st'、'nd'、'rd' 或 'th'
t	给定月份的总天数	28 至 31
T	本机时区	'EST'、'MDT'
u	毫秒	000000 至 999999
U	以秒为单位计算的距离新纪元开始的时间 (新纪元时间为 January 1 1970 00:00:00 UTC)	
w	星期，数值形式，没有前导数字 0	'0'(星期日) 至 '6'(星期六)
W	ISO-8601 一年的第多少星期数，此时每周的起始日期是星期一	1、53
y	两位数字表示的年	'99'
Y	四位数字表示的年	'1999'
z	日期在一年中的排序	0 到 365
Z	以秒计的时区偏移量。这个偏移量对 UTC 西部时区总是负数，而对 UTC 东部时区则总是正数	–43200 至 43200

2. TIME_ZONE

当前程序所在的时区，默认值为 'America/Chicago'。中国所在时区为 Asia/Shanghai，如果将时区设置为 Asia/Chongqing、Asia/Harbin 等中国时区，其本质就是 Asia/Shanghai。

所有可选时区可以在维基百科中查到：

https://en.wikipedia.org/wiki/List_of_tz_database_time_zones

3. LANGUAGE_CODE

当前程序所使用的语言，默认值为 'en-us'。简体中文为 'zh-Hans'。

所有可选语言编码可以在 i18nguy 上查看：http://www.i18nguy.com/unicode/language-identifiers.html。

注意

为了使 LANGUAGE_CODE 生效，必须将 USE_I18N 设置为 True。

4. USE_I18N

规定 Django 是否启用翻译系统，设置为 True 的话，Django 会将系统语言翻译成 LANGUAGE_CODE 所指定的语言，这会带来一定的性能损耗。默认值为 False。

5. USE_L10N

规定 Django 是否启用格式化系统，设置为 True 的话，Django 会对数字、日期、时间字符串进行格式化。默认值为 False。

6. USE_TZ

规定 Django 是否使用 UTC 时间，如果设置为 False 则使用本地时间。如果将 USE_TZ 设置为 True 后，所有系统中的时间都将被自动转换为 UTC 时间，避免了时间冲突。

例如当 USE_TZ 设置为 True 时，在 Admin 后台管理系统保存一条调查问卷，检查数据库中保存的时间以及网页中显示的时间。

数据库中显示的是 UTC 时间，如图 16-3 所示。

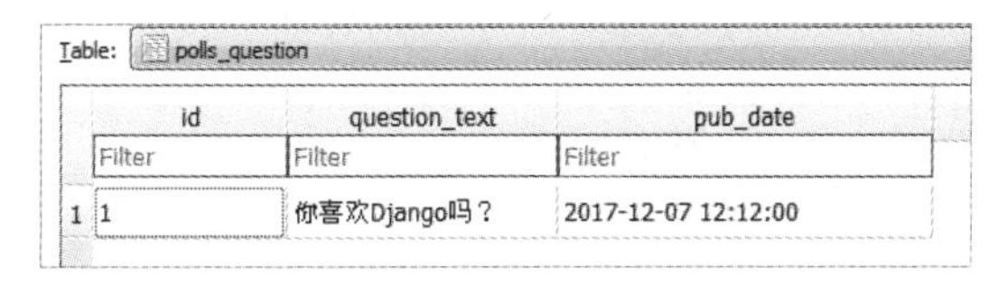

图 16-3

网页中显示的是本地时间，如图 16-4 所示。

图 16-4

16.3.6 日志

1. LOGGING

表示日志配置信息，LOGGING 的内容将会被当作参数传递给 LOGGING_CONFIG。默认配置信息存储在 django/utils/log.py 中。

2. LOGGING_CONFIG

该参数指向一个用于配置日志系统的可调用对象的路径。默认使用 Python 的 dictConfig：logging.config.dictConfig。

如果将 LOGGING_CONFIG 设置为 None，系统将禁用日志功能。

16.3.7 模板

TEMPLATES 是一个包含所有模板引擎配置信息的数组，数组中的每一个成员都是一个包含模板引擎配置信息的字典。

下面是一个最简单的模板配置，通过这个配置，模板引擎（BACKEND）将会在所有已安装的应用程序子目录中查找 templates 文件夹，并在该文件夹中加载模板：

```
TEMPLATES = [
    {
        'BACKEND': 'django.template.backends.django.DjangoTemplates',
        'APP_DIRS': True,
    },
]
```

下面是 Polls 应用的模板配置：

```
TEMPLATES = [
    {
        'BACKEND': 'django.template.backends.django.DjangoTemplates',
        'DIRS': [os.path.join(BASE_DIR, 'templates'),
            os.path.join(os.path.dirname(os.path.abspath(__file__)), 'templates')],
        'APP_DIRS': True,
        'OPTIONS': {
            'context_processors': [
```

```
                'django.template.context_processors.debug',
                'django.template.context_processors.request',
                'django.contrib.auth.context_processors.auth',
                'django.contrib.messages.context_processors.messages',
            ],
        },
    },
]
```

BACKEND：模板引擎的 Python 路径，Django 内置的模板引擎包括以下两个：

- 'django.template.backends.django.DjangoTemplates'
- 'django.template.backends.jinja2.Jinja2'

DIRS：列表对象，每个列表成员都是一个模板文件的存放路径。模板文件的路径在列表中的位置就是模板引擎查找模板文件的顺序。

APP_DIRS：规定模板引擎是否在已安装的应用程序中查找模板文件，默认为 True。

OPTIONS：额外传递给模板引擎的参数，不同的模板引擎包含不同的参数，如 DjangoTemplates 支持 autoescape、context_processors、file_charset 等参数；Jinja2 支持 context_processors。

除了以上配置信息外，Django 的模板配置还支持国际化配置等，如 TIME_FORMAT、TIME_ZONE 等，这与前面介绍的国际化配置一致，在此不再赘述。

16.3.8　安全

1. 跨站点请求伪造保护

通常黑客可以在其他网站中制造虚假链接诱使用户单击该链接向目标网站发送请求，如果此时用户正在登录目标网站或者用户 session 还没过期，那么目标网站就会接收并执行请求。为了避免服务器程序执行这些虚假链接，Django 提供了 CSRF（Cross Site Request Forgery，跨站点请求伪造）验证，以下是部分 CSRF 设置。

- CSRF_COOKIE_AGE：CSRF cookie 的有效期，默认为 31449600（接近一年），超长的有效期可以保证 CSRF 一直保护用户。
- CSRF_COOKIE_DOMAIN：CSRF 允许的主机名。上面例子中黑客所制作的虚假链接就是寄宿在其他网站，所以当 CSRF 主机名不同时，网站将拒绝执行。默认值为 None。
- CSRF_COOKIE_NAME：CSRF 身份认证所使用的 cookie 名，默认为 csrftoken。
- CSRF_COOKIE_PATH：CSRF cookie 的存储路径，默认为‘\’。当同一主机上运行多个 Django 程序时，有必要将不同网站的 cookie 分开存储。

- CSRF_COOKIE_SECURE：是否使用 HTTPS 的方式发送 CSRF cookie。默认为 False。当设置为 True 时，浏览器将以 HTTPS 的方式发送 CSRF cookie。
- CSRF_USE_SESSIONS：规定是否将 CSRF token 保存在用户 session 中而不是保存在 cookie 中。默认为 False。在 Django 中，两种保存方式都是安全的，开发人员可以根据个人喜好进行设置。
- CSRF_FAILURE_VIEW：当用户请求因为 CSRF 原因被拒绝时，处理该请求的视图路径。默认值为 'django.views.csrf.csrf_failure'。视图签名如下：

```
def csrf_failure(request, reason=""):
    ...
```

- CSRF_HEADER_NAME：用户 CSRF 身份认证的 HTTP 请求头。默认名为 HTTP_X_CSRFTOKEN。
- CSRF_TRUSTED_ORIGINS：不安全请求的授信列表。对于不安全请求（例如 POST 请求），Django 要求 HTTP 请求的主机名要与上一个请求一致。但是当两个请求来自于同一网站的不同子域名时，Django 也会阻止该请求，例如来自于 subdomain.example.com 的 POST 请求紧跟在 api.example.com 之后也会被阻止，这其实是不合理的。为了解决这个问题，可以将 subdomain.example.com 添加到 CSRF_TRUSTED_ORIGINS 列表中。CSRF_TRUSTED_ORIGINS 列表也可以接收子域名，如 example.com 表示网站信任所有来自 example.com 的请求。

2. SECRET_KEY

表示 Django 工程的密钥，该密钥将会用于加密签名，它的值是一个随机字符串，每个工程都不一样。

在使用 django-admin 创建工程时会自动为工程创建一个秘钥。

16.3.9 URL

1. ROOT_URLCONF

URL 配置的根位置，如前面示例中的 ROOT_URLCONF = 'mysite.urls'。Django 处理用户请求时会先查找 ROOT_URLCONF 中的 URL 配置，在 ROOT_URLCONF 中可以包含其他 URL 配置信息。

2. APPEND_SLASH

当 APPEND_SLASH 设置为 True 时，如果用户访问的 URL 不是以 / 结尾，并且路由系统没有在URLconf中找到匹配的URL时，系统会自动在用户访问的URL后面添加一个/，然后进行重定向。注意此时的URL重定向可能会导致POST请求中所提交的数据丢失。

要想使APPEND_SLASH生效，必须确保已经安装了CommonMiddleware。

3. PREPEND_WWW

优先使用WWW作为URL前缀。

要想使PREPEND_WWW生效，必须确保已经安装了CommonMiddleware。

第 17 章 路由系统

简洁优雅的 URL 结构是高质量 Web 应用程序的象征。Django 允许开发人员设计任何形式的 URL，这在早期的网站中是不可想象的。早期的网站通常会有很长的一串 URL，而且通常 URL 还会包括一些无用信息，如 .aspx、.php 等。

为了给应用程序设计 URL，开发人员需要开发一个 Python 模块，这个模块就是 URL 的配置信息，通常我们将这个配置模块叫作 URLconf。这个模块是一个纯粹的 Python 脚本，它包含了 URL 表达式与 Python 方法之间的映射，这里的 Python 方法就是 Django 应用中的视图方法。前面示例中的 mysite/urls.py 和 polls/urls.py 就是两个 URLconf 实例。

17.1 Django 处理 HTTP 请求的流程

当用户发起一个 HTTP请求时，Django 就会按照以下逻辑对请求进行处理：

（1）确定 URL 根配置位置，通常 URL 根配置在 ROOT_URLCONF 中设置。

（2）加载配置信息，在配置信息中查找 urlpatterns。

（3）按顺序检索 urlpatterns 中的所有 URL 模式字符串，并定位在第一个与 URL 匹配的 URL 模式字符串。

（4）当检索到匹配的 URL 模式字符串后，调用对应的视图方法，并传递以下参数给视图方法：

- 一个 HttpRequest 对象实例。
- 如果匹配的 URL 模式字符串不包含任何组，那么匹配的信息会作为位置参数传递给视图。
- 如果 URL 模式字符串中的参数给定了参数名，那么匹配的信息会作为命名参数传递给视图。

（5）如果在 URLconf 中没有找到任何匹配的 URL 模式字符串，或者出现其他任何错误，Django 将会调用一个用于处理错误信息的视图。

17.2 URLconf 示例

下面是一个 URLconf 的简单示例。

```
from django.urls import path

from . import views

urlpatterns = [
    path('articles/2003/', views.special_case_2003),
    path('articles/<int:year>/', views.year_archive),
    path('articles/<int:year>/<int:month>/', views.month_archive),
    path('articles/<int:year>/<int:month>/<slug:slug>/', views.article_detail),
]
```

示例解读：

- 函数 path 的第一个参数是一个 URL 模式字符串，用于匹配 URL。
- 函数 path 的第二个参数是用于处理 URL 请求的视图函数。
- 使用尖括号提取 URL 中的参数，如 <int:year>。
- 可使用类型转化器对参数类型进行转换，如 int: 会将从 URL 中捕获的值转换为数值类型，如果没有指定类型转换器，如 <year>，则任何不包含 / 的字符串都会被提取。
- URL 模式字符串不需要以 / 开头。

应用场景：

- 发送向 /articles/2005/03/ 的请求将会与第三个 URL 模式字符串匹配成功，匹配成功后 Django 调用 views.month_archive(request, year=2005, month=3)。
- 发送向 /articles/2003/ 的请求将会与第一个 URL 模式字符串匹配成功而不是第二个，因为 Django 在第一个 URL 匹配成功后停止后续 URL 检验，匹配成功后 Django 调用 views.special_case_2003(request)。
- 发送向 /articles/2003 的请求不会与任何 URL 模式字符串匹配成功，因为每个 URL 模式字符串都要求以 / 结束。
- 发送向 /articles/2003/03/building-a-django-site/ 的请求将会与最后一个 URL 模式字符串匹配成功，匹配成功后 Django 调用 views.article_detail(request, year=2003, month=3, slug="building-a-django-site")。

17.3 URL 参数类型转化器

前面提到可以使用 int 对捕捉到的 URL 参数进行类型转换，下面是 Django 支持的所有类型转换器。

- str：匹配任意非空字符串，但是不能匹配 URL 分隔符“/”。这是默认的 URL 参数转换器。
- int：匹配任意大于等于 0 的整数。
- slug：匹配任意 slug 字符串，slug 字符串可以包含任意 ASCII 字符、数字、连字符“-”和下画线“_”。
- uuid：匹配 UUID 字符串（字符串中的字母必须为小写字母），例如：075194d3-6885-417e-a8a8-6c931e272f00。
- path：匹配任意非空字符串，包括 URL 分隔符“/”。这允许匹配完成的 URL 而不是 URL 的一个片段。

17.4 自定义 URL 参数类型转化器

对于更加复杂的 URL 场景，开发人员可以开发自定义参数类型转换器，自定义参数类型转换器包括以下几部分：

- 一个 regex 属性，属性值为正则表达式。
- 一个 to_python(self, value) 方法，该方法用于将匹配的 URL 参数转换为指定类型，当类型转换失败后抛出 ValueError 异常。
- 一个 to_url(self, value) 方法，该方法用于将 Python 类型转换为类型转换器字符串。

下面是一个用于捕获日期年的类型转换器：

```
class FourDigitYearConverter:
    regex = '[0-9]{4}'

    def to_python(self, value):
        return int(value)

    def to_url(self, value):
        return '%04d' % value
```

使用 register_converter() 将以上类型转换器注册到 URLconf。

```
#!/usr/bin/python
# -*- coding: UTF-8 -*-

from django.urls import register_converter, path

from . import views
from .converters.FourDigitYearConverter import *
```

```
register_converter(FourDigitYearConverter, 'yyyy')

app_name = 'polls'
urlpatterns = [
    path('<yyyy:year>/', views.get_year, name='detail'),
]
```

创建视图：

```
def get_year(request, year):
return HttpResponse(str(year))
```

此时目录结构如下：

```
polls/
    __init__.py
    admin.py
apps.py
converters/
   __init__.py
   FourDigitYearConverter.py
    migrations/
        __init__.py
   statics/
   templates/
    models.py
    tests.py
views.py
```

启动 Web 服务，访问 URL，如图 17-1 所示。

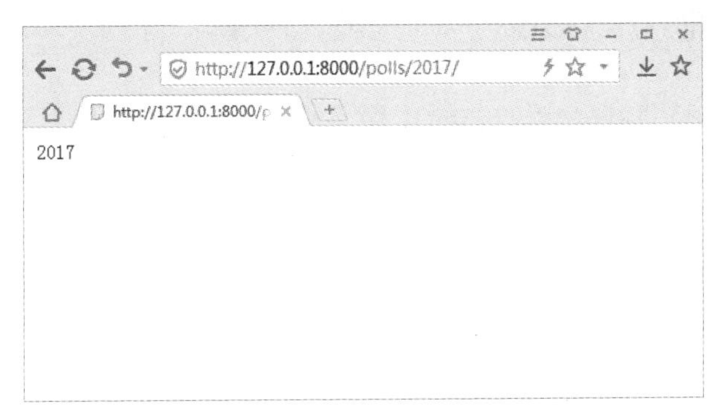

图 17-1

17.5 使用正则表达式

与 Django 1.x 一样，Django 2.0 仍然可以使用正则表达式匹配 URL，此时需要使用 re_

path() 方法而不是 path()。

Python 的正则表达式支持对分组进行命名，语法格式为：(?P<name>pattern)，其中 name 为分组名，pattern 为匹配的正则表达式。

使用正则表达式对前面的 URLconf 进行重写效果如下：

```
from django.urls import path, re_path

from . import views

urlpatterns = [
    path('articles/2003/', views.special_case_2003),
    re_path('articles/(?P<year>[0-9]{4})/', views.year_archive),
    re_path('articles/(?P<year>[0-9]{4})/(?P<month>[0-9]{2})/', views.month_archive),
    re_path('articles/(?P<year>[0-9]{4})/(?P<month>[0-9]{2})/(?P<slug>[\w-_]+)/',
views.article_detail),
]
```

虽然可以使用未命名的正则表达式，例如使用 ([0-9]{4}) 替代 (?P<year>[0-9]{4})，但是为了防止出现意外错误，推荐对分组命名。

另外需要注意，不要将命名正则表达式与未命名正则表达式混合使用，这样会造成未命名正则表达式丢失。

最后正则表达式可以嵌套使用，如：

```
re_path(r'comments/(?:page-(?P<page_number>\d+)/)?$', comments)
```

17.6 导入其他 URLconf

对于现代 Web 应用程序来说，一个工程下通常会包含多个应用程序，每个应用程序包含很多 URL，如果将这些 URL 都写在 URLconf 根模块中，那么 URLconf 将会变得非常臃肿，不利于维护。对于这种情况，常用的解决办法就是为每一个应用程序写一套独立的 URLconf，而 URLconf 根模块通过使用 include() 方法将其他 URLconf 引用进来。

下面是 Polls 网站的 mysite/urls.py：

```
from django.contrib import admin
from django.urls import include, path

urlpatterns = [
    path('polls/', include('polls.urls')),
    path('admin/', admin.site.urls),
]
```

当 Django 遇到 include() 方法时，URL 匹配工作跳转进入被引用的 URLconf 进行验证。

使用 include() 方法还可以引用其他 URL 模式列表，例如：

```
from django.urls import include, path

from apps.main import views as main_views
from credit import views as credit_views

extra_patterns = [
    path('reports/', credit_views.report),
    path('reports/<int:id>/', credit_views.report),
    path('charge/', credit_views.charge),
]

urlpatterns = [
    path('', main_views.homepage),
    path('help/', include('apps.help.urls')),
    path('credit/', include(extra_patterns)),
]
```

此时访问 /credit/reports/ 时将会调用 credit_views.report() 视图方法。这样做的好处是当一个应用程序中多条 URL 的前缀相同时，在本例中 extra_patterns 中的 URL 都是以 credit 开头，可以简化 URL 模式字符串。

17.7 向视图传递额外参数

可以使用 path() 方法的第三个参数向视图传递额外参数，例如：

```
from django.urls import path
from . import views

urlpatterns = [
    path('blog/<int:year>/', views.year_archive, {'foo': 'bar'}),
]
```

也可以向 include() 方法传递额外参数，例如：

```
# main.py
from django.urls import include, path

urlpatterns = [
    path('blog/', include('inner'), {'blog_id': 3}),
]

# inner.py
from django.urls import path
```

```
from mysite import views

urlpatterns = [
    path('archive/', views.archive),
    path('about/', views.about),
]
```

此时，额外参数 {'blog_id': 3} 将会被传递给每一个被引用的 URL。

17.8 动态生成 URL

在网页应用中，很多情况下需要动态编写 URL，而不是用户直接在浏览器中输入 URL，例如网页超链接的 URL 需要在生成网页时固定好。

用以下 URL 模式字符串为例，看看如何在 Django 模板和视图中动态生成 URL：

```
path('articles/<int:year>/', views.year_archive, name='news-year-archive')
```

1. 使用 url 标签在模板中动态生成 URL

```
{# 使用固定值参数 : #}
<a href="{% url 'news-year-archive' 2012 %}">2012 Archive</a>
{# 使用动态变量 : #}
<ul>
{% for yearvar in year_list %}
<li><a href="{% url 'news-year-archive' yearvar %}">{{ yearvar }} Archive</a></li>
{% endfor %}
</ul>
```

2. 使用 reverse() 方法在 Python 代码中生成 URL

```
from django.urls import reverse
from django.http import HttpResponseRedirect

def redirect_to_year(request):
    # ...
    year = 2006
    # ...
        return HttpResponseRedirect(reverse('news-year-archive', args=(year,)))
```

17.9 URL 名字和命名空间

给 URL 命名，可以方便地在模板或 Python 代码中使用 URL，如前面示例中分别在模板和 Python 代码中使用了 URL 的名字 'news-year-archive'。

URL 命名空间用于将 URL 进行隔离。应用程序名就可以作用 URL 的命名空间，例如 django.contrib.admin 的命名空间就是 admin。由于 Django 的应用程序可以部署多次，所以应用程序的实例名也可以作为命名空间。

使用“命名空间名 :URL 名”的方式调用 URL。命名空间可以嵌套使用如“命名空间名 1: 命名空间名 2:URL 名”。

1. 定义命名空间

在 URLconf 模块中使用 app_name 属性声明命名空间，例如：

```
#!/usr/bin/python
# -*- coding: UTF-8 -*-

from django.urls import path

from . import views

app_name = 'polls'
urlpatterns = [
    …
]
```

或者，直接在 urlpatterns 中定义命名空间：

```
from django.urls import include, path

from . import views

polls_patterns = ([
    path('', views.IndexView.as_view(), name='index'),
    path('<int:pk>/', views.DetailView.as_view(), name='detail'),
], 'polls')

urlpatterns = [
    path('polls/', include(polls_patterns)),
]
```

上面 polls_patterns 是一个元组，元组的第一个参数是 path() 或 re_path() 列表，第二个参数是 URL 的 namespace。当使用 include() 方法引用 polls_patterns 时系统会自动为 polls_patterns 中的所有 URL 添加 namespace。

2. 在其他 URLconf 中使用命名空间

```
from django.urls import include, path

urlpatterns = [
    path('polls/', include('polls.urls')),
]
```

3. 在模板文件中使用命名空间

```
{% url 'polls:index' %}
```

4. 在 Python 代码中使用命名空间

```
return HttpResponseRedirect(reverse('polls:results', args=(question.id,)))
```

第 18 章 模型

18.1 模型简介

模型是一个用于表示数据的 Python 类，包含基本的数据字段和行为，在 Django 中，通常一个模型就代表一个数据库表。模型继承自 django.db.models.Model，模型的每一个属性代表一个数据表的列。

前面已经使用模型创建过问卷调查系统的调查问卷类和选项类，下面用一个简单的例子介绍模型，下面的模型 Person 属于 myapp 应用：

```
from django.db import models

    class Person(models.Model):
        first_name = models.CharField(max_length=30)
        last_name = models.CharField(max_length=30)
```

模型 Person 包括两个字段：first_name 和 last_name。这两个字段都是模型的类属性，分别对应数据库表中的两个列。

当执行 migrate 命令时，Django 会执行类似下面的 SQL 脚本来创建 Person 对应的数据库表：

```
CREATE TABLE myapp_person (
    "id" serial NOT NULL PRIMARY KEY,
    "first_name" varchar(30) NOT NULL,
    "last_name" varchar(30) NOT NULL
);
```

脚本解释：

- ❑ Django 根据模型所属应用程序生成数据库表名，命名规则：应用程序名 _ 模型名；
- ❑ Django 自动添加 id 字段作为数据库表的主键，与其他字段一样可以自定义主键，自定义主键需要包含“primary_key=True”，格式如下：

```
id = models.AutoField(primary_key=True)
```

18.2 使用模型

模型创建完成后，需要在 Django 的配置文件中注册模型。打开 settings.py 文件，找到 INSTALLED_APPS 配置项，将模型所在应用程序名添加到列表中。一般情况下，应用程序名就是使用 manage.py startapp 命令时所填写的名字。如果忘记了应用程序名，可以到应用程序文件夹下找到 apps.py 脚本文件，打开即可找到应用程序名：

```
from django.apps import AppConfig

class PollsConfig(AppConfig):
name = '应用程序名'
```

新的配置信息如下：

```
INSTALLED_APPS = [
    …
    'myapp',
]
```

配置完成，需要执行以下 migration 命令生成对应的数据库表：

```
python manage.py makemigrations 应用程序名
python manage.py migrate
```

18.3 字段

字段是模型的最重要组成部分，它是一系列数据表列的定义。模型字段是模型的类属性，它的命名不能与模型接口相同，如不能定义名为 clean、save、delete 的字段，同时字段名字中不能出现连续的两个下画线，因为连续两个下画线是 Django 数据库 API 的特殊语法。

每一个模型字段类型都对应一种数据库存储格式以及 HTML 元素。

为了支持不同的数据库，Django 提供了几十种字段类型，常用的有以下几种。

1. AutoField

IntegerField 的改进形式，字段值根据已有的 ID 自动增长，常用作主键。一般情况下 Django 已经帮你自动创建了。

2. BigAutoField

与AutoField相似，不过BigAutoField使用64位整型存储数据，取值范围从1至9223372036854775807。

3. BooleanField

字段值只包含True和False。类似于SQL Server中的bit类型。默认情况下，BooleanField对应HTML的复选框：<input type="checkbox" ...>。如果没有设置Field.default属性，那么它的默认值是None。

4. CharField

字符串类型，用于保存不太长的字符串。使用该字段必须要给出CharField.max_length，该属性指定了CharField所能接收的最大字符数，也用于字段有效性验证。默认情况下，CharField对应HTML的文本框：<input type="text" ...>。

在这里要注意由于不同数据库对字符串字段的大小限制不一样，所以在设置max_length的时候要考虑自己的数据库特性。

对于超长的字符串，建议使用TextField类型。

5. DateField

日期类型，对应Python中的datetime.date类型。该字段类型包含以下几个可选参数。

DateField.auto_now，如果指定了该属性，那么每当保存数据时都会将该字段值更新为当前时间。不像默认值，标记为auto_now的字段值是不能被重写的。只有在Model.Save()的时候才会被更新。

DateField.auto_now_add，与auto_now类似，不过只有当该行数据第一次创建时才会保存当前时间。不像默认值，标记为auto_now_add的字段值是不能被重写的。

如果将日期类型字段的auto_now或者auto_now_add属性设置为True，那么字段的editable属性会被自动设置为False，同时blank属性会被自动设置为True。

auto_now、auto_now_add和default三个参数只能单独存在，不能搭配设置，否则会引起异常。

auto_now、auto_now_add属性总是使用TIME_ZONE中设置的时区保存时间，如果想使用其他时区，则不应该设置这两个属性。

示例：

```
date_field = models.DateField(default=datetime.datetime.now())
```

显示效果如图18-1所示。

单击日历图表后，弹出日历控件，如图 18-2 所示。

图 18-1　　图 18-2

6. DateTimeField

日期时间类型，对应 Python 中的 datetime.datetime 类型。与 DateField 一样，包含两个额外参数 auto_now 和 auto_now_add。

默认情况下，DateTimeField 对应 HTML 的文本框：<input type="text" ...>，在 Admin 后台页面则使用两个文本框显示 DateTimeField 字段。

示例：

```
date_time_field = models.DateTimeField(default=datetime.datetime.now())
```

显示效果如图 18-3 所示。

单击钟表图表后，弹出预设时间选择控件，如图 18-4 所示。

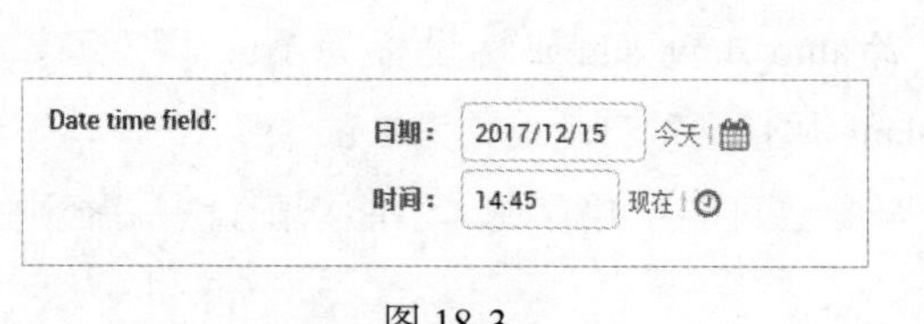

图 18-3

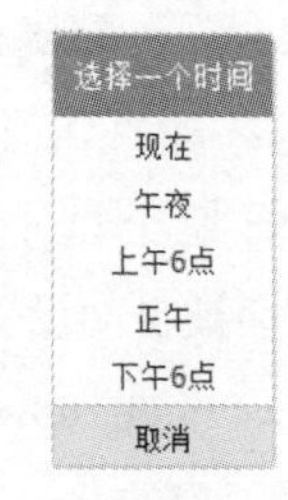

图 18-4

7. DecimalField

指定小数位数的数值类型，对应 Python 的 Decimal 类型。

该字段类型包含两个必要参数：

DecimalField.max_digits，数值的总位数，例如 123.45 就是 5 位。

DecimalField.decimal_places，小数点后位数。

例如，设置一个字段的最大值为 999，同时包含两位小数：

```
models.DecimalField(max_digits=5, decimal_places=2)
```

DecimalField 对应 HTML 的文本框：<input type="number" ...>

示例：

```
decimal_field = models.DecimalField(max_digits=5, decimal_places=2, default=0.00)
```

显示效果如图 18-5 所示。

8. EmailField

本质就是 CharField，不过会验证输入的字符串是不是一个有效的邮件地址。

示例：

```
email_field = models.EmailField(default='test@test.com')
```

显示效果如图 18-6 所示。

Decimal field: 0.0

图 18-5

Email field: test@test.com

图 18-6

9. FileField

文件上传控件。

该字段不允许使用 primary_key 属性。包含两个可选参数：

FileField.upload_to，文件上传后的保存位置，例如：

```
class MyModel(models.Model):
        # 文件上传到 MEDIA_ROOT/uploads
        upload = models.FileField(upload_to='uploads/')
        # 文件上传到 MEDIA_ROOT/uploads/2017/12/30
upload = models.FileField(upload_to='uploads/%Y/%m/%d/')
```

> **注意**
>
> MEDIA_ROOT 在 settings.py 中设置，upload_to 所指定的路径将会拼接在 MEDIA_ROOT 之后。

FileField.storage，负责文件存储的 Python 类，用于存储和提取文件，类 django.core.files.storage.FileSystemStorage 提供了基本的文件管理功能。例如下面代码，无论在 settings.py 里面如何设置 MEDIA_ROOT 都会按照 fs 所指定的路径存储被上传的文件：

```
from django.db import models
from django.core.files.storage import FileSystemStorage

fs = FileSystemStorage(location='/media/documents')

class Car(models.Model):
    ...
    photo = models.FileField(storage=fs)
FileField 对应 HTML 的文件上传控件：<input type="file" ...>。
```

示例：

```
file_Field = models.FileField(upload_to='file_field')
```

显示效果如图 18-7 所示。

File Field: 选择文件 未选择任何文件

图 18-7

10. FilePathField

文件列表显示字段，该字段接收一个必选参数以及一个可选参数。

❑ 必选参数：

FilePathField.path，当前路径下的文件将会显示在下拉列表中。注意路径分隔符是“/”。

❑ 可选参数：

FilePathField.match，一段正则表达式，用于过滤 FilePathField.path 中的文件，注意该正则表达式只能过滤文件名，不能过滤路径。

FilePathField.recursive，参数值为 True 或 False。当参数设置为 True 时，FilePathField.path 的子文件夹中符合条件的文件也会显示在下拉列表中，否则只显示当前文件夹中的文件，默认值为 True。

FilePathField.allow_files，参数值为 True 或 False。

可以从下面目录结构查看 FilePathField 显示效果：

```
File/
            file_path/
            css.jpg
            linux.jpg
            Django/
                Django.jpg
```

示例 1：

```
file_path_field = models.FilePathField(path='D:/File/file_path', match='.jpg$',
recursive=False, allow_files=True, allow_folders=False)
```

显示效果如图 18-8 所示。

示例 2：

```
file_path_field = models.FilePathField(path='D:/File/file_path', match='.jpg$',
recursive=True, allow_files=True, allow_folders=False)
```

显示效果如图 18-9 所示。

图 18-8

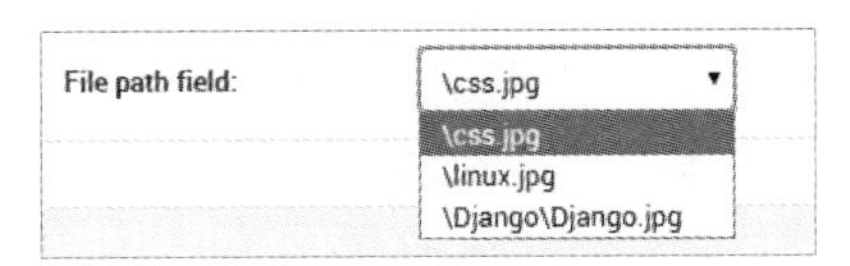

图 18-9

注意

- 文件的绝对路径会显示在 HTML 代码中，会导致一定的安全隐患，因此需要谨慎使用 FilePathField 对象。
- FilePathField 在数据库中使用 varchar 类型存储，默认最大长度为 100 字符。

11. FloatField

浮点数类型，对应 Python 的 float 类型。

12. ImageFIeld

包含 FileField 字段的全部属性与方法，但是仅允许上传图片类型文件。

为了设置图片显示的高度与宽度，ImageField 字段额外提供两个属性：

ImageField.height_field，图片高度。

ImageField.width_field，图片宽度。

13. IntegerField

整数字段，取值范围：-2147483648 ~ 2147483647。对于所有 Django 支持的数据库来说都是安全的。

14. PositiveIntegerField

正整数类型，取值范围：0 ~ 2147483647。

15. PositiveSmallIntegerField

小正整数类型，取值范围：0 ~ 32767。

16. SlugField

Slug 是用于新闻业的专业名词，slug 是一个简短的文本，只允许包含字母、数字、下画线和连字符。与 CharField 相似，可以指定 max_length 属性，如果没有显式地给出 max_length 值，默认值为 50。

如果想在 SlugField 字段中使用除 ASCII 之外的其他 Unicode 字符，可以将属性 SlugField.allow_unicode 设置为 True。

17. SmallIntegerField

小整数类型，取值范围：-32768 ~ 32767。

18. TextField

超长文本类型。

示例：

```
text_field = models.TextField(default='')
```

显示效果如图 18-10 所示。

图 18-10

19. TimeField

时间类型，对应 datetime.time。

20. URLField

CharField 类型，只能接收 URL 字符串，默认最大长度是 200 字符。

18.4 字段通用属性

每一个字段都需要一系列属性，例如使用 CharField 时必须给出 max_length 属性值，除了以上特殊字段属性外，Django 还为所有字段提供了一系列通用属性，这些属性都是可选属性。

接下来详细介绍字段通用属性。

18.4.1　null

默认值为 True，此时保存模型时，Django 会在数据库的对应字段中保存空。

对于文本型字段，尽可能不使用 null 属性，因为当使用默认值 null 时，数据库中就可能出现两种空数据：NULL 和空字符串，而 Django 默认使用空字符串。

18.4.2　blank

默认值为 False，当设置 Field.blank=True 时字段值允许为空。

注意与 Field.null 属性不同的是，null 只是表示数据库值而 blank 用于表单验证，当字段属性 blank=True 时，表单验证将允许字段值为空，但是当 blank=False 时，表单字段将变成必填字段。

18.4.3　choices

属性值为一个可迭代对象，如列表或者元组，迭代对象的每个成员包括两个字符串。当字段设置了 choices 属性时，字段在网页中将会以下拉列表的形式显示。

列表或元组的第一个值将作为字段值保存到数据库中，第二个值用于提高字段的可读性。

示例 1：

```
YEAR_IN_SCHOOL_CHOICES = (
    ('FR', 'Freshman'),
    ('SO', 'Sophomore'),
    ('JR', 'Junior'),
    ('SR', 'Senior'),
)

year_in_school = models.CharField(
            max_length=2,
            choices=YEAR_IN_SCHOOL_CHOICES,
            default='Freshman',
        )
```

显示效果如图 18-11 所示。

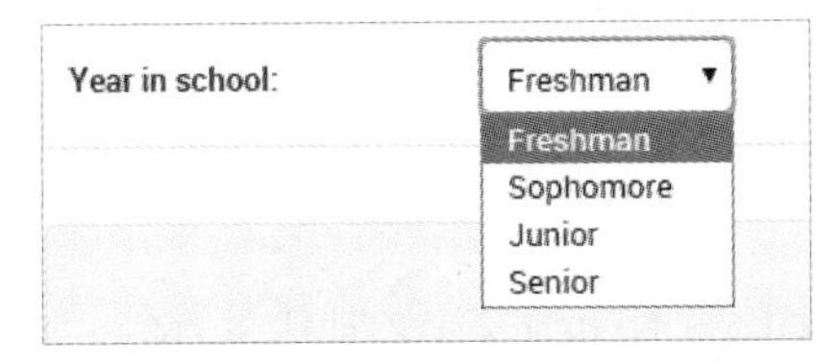

图 18-11

示例 2：

```
MEDIA_CHOICES = (
    ('Audio', (
            ('vinyl', 'Vinyl'),
            ('cd', 'CD'),
        )
    ),
    ('Video', (
            ('vhs', 'VHS Tape'),
            ('dvd', 'DVD'),
        )
    ),
    ('unknown', 'Unknown'),
)

group_choice_field = models.CharField(
            max_length=2,
            choices=MEDIA_CHOICES,
            default='Audio',
        )
```

显示效果如图 18-12 所示。

示例 3：

修改示例 2，设置字段 blank 属性为 True：

```
group_choice_field = models.CharField(
        max_length=2,
        choices=MEDIA_CHOICES,
        default='Audio',
        blank=True,
)
```

显示效果如图 18-13 所示。

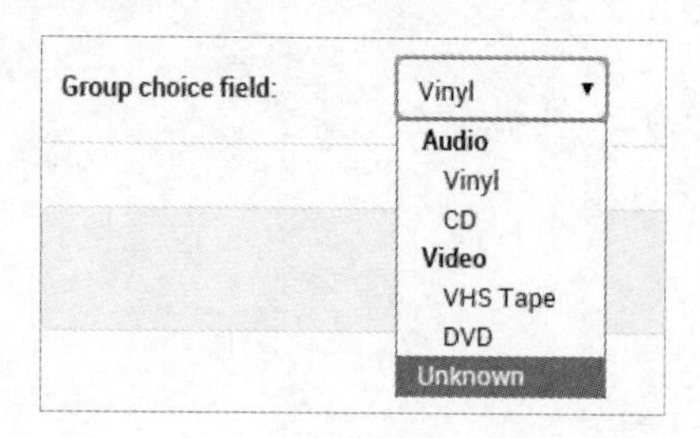

图 18-12

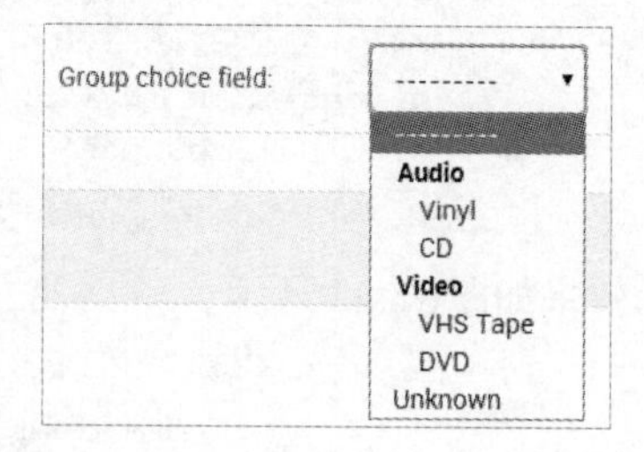

图 18-13

示例 4：

修改示例 2，在元素 MEDIA_CHOICES 中添加成员 (None, 'Please Select Media')：

```
MEDIA_CHOICES = (
    (None, 'Please Select Media'),
    ('Audio', (
            ('vinyl', 'Vinyl'),
            ('cd', 'CD'),
        )
    ),
    ('Video', (
            ('vhs', 'VHS Tape'),
            ('dvd', 'DVD'),
        )
    ),
    ('unknown', 'Unknown'),
)
```

显示效果如图 18-14 所示。

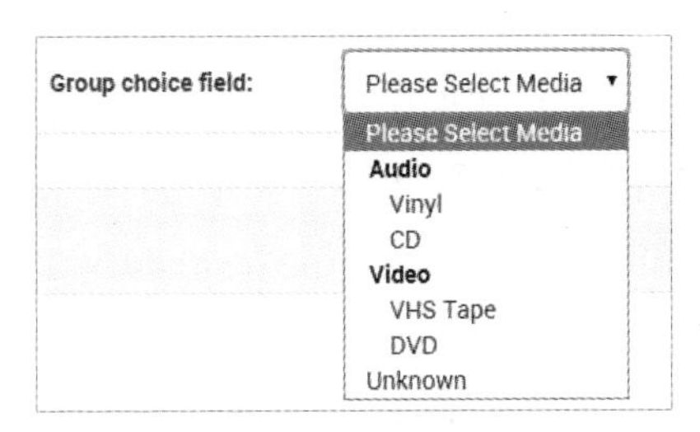

图 18-14

18.4.4 default

设置字段默认值。属性值可以是字符串也可以是方法。默认值不可以是可变对象，如列表。

18.4.5 help_text

HTML 元素的提示文本，在文本中可以使用 HTML 标记。

示例：

```
help_text = "Please select your <em>favorite</em> media"
```

显示效果如图 18-15 所示。

图 18-15

18.4.6 primary_key

将字段设置为数据表主键。如果模型中任何字段都不包含 primary_key=True 属性，Django 将会自动为模型添加一个 IntegerField 字段作为主键。

主键永远是只读的，当修改一个模型对象的主键后，如果保存将会在数据库中创建一个新对象。

18.4.7 unique

当字段的 unique 属性设置为 True 时，该字段的所有值在整张数据表中不能重复，每一行数据都必须有唯一的字段值。

18.4.8 verbose_name

verbose_name 属性类似于字段的说明。

除了 ForeignKey、ManyToManyField、OneToOneField 三种字段类型外，其他字段类型都包含一个默认的 verbose_name 属性，可以直接在字段属性列表的第一位输入文本作为 verbose_name 属性值。如果没有给出 verbose_name 属性，Django 会使用字段名作为 verbose_name 值，如果字段名中包含下画线时，下画线会被转换为空格。

ForeignKey、ManyToManyField、OneToOneField 三种字段类型要求第一个参数必须是模型类，因此必须使用 verbose_name 关键字。

示例：

```
date_field = models.DateField('This is publish day', default=datetime.datetime.now())
key = models.ForeignKey(Question, verbose_name='Foreign key')
```

18.5 表与表之间的关系

关系型数据库的表与表之间往往存在一定的关系，由于 Django 的模型是数据库表与 Python 类之间的映射，因此 Django 提供了对 3 种最常用的数据库表之间关系的支持：多对一、多对多、一对一。

18.5.1 多对一关系

多对一关系是一张数据表中的多条记录与另一张数据表中的一条记录相关的关联模式。

在关系型数据库中通常使用外键来表示多对一关系，Django 模型中的 ForeignKey 字段就是模型的外键。

与其他模型字段的使用基本相同，唯一不同之处是 FoieignKey 字段的第一个参数是与当前模型相关的类。例如，前面示例代码中的 Choice 类的外键是 Question 类：

```
class Question(models.Model):
    ...

class Choice(models.Model):
    question = models.ForeignKey(Question, on_delete=models.CASCADE)
...
```

在问卷调查系统中，每一个调查问卷都可以包含多个选项，而每一个选项只能属于一个调查问卷，因此选项与问卷之间就形成了多对一的关系。

在数据库中查看 polls_choice 表结构，如图 18-16 所示。

新建 保存 另存为 添加栏位 插入栏位 删除栏位 主键 上移 下移

栏位 索引 外键 触发器 选项 注释 SQL 预览

名	类型	长度	小数点	不是 null	
id	int	11	0	☑	1
choice_text	varchar	200	0	☑	
votes	int	11	0	☑	
question_id	int	11	0	☑	

图 18-16

虽然在模型 Choice 中并没有定义 question_id 字段，但是 Django 自动创建了 question_id 字段作为 Choice 的外键。

18.5.2 多对多关系

另一种比较常见的数据库表之间的关系是多对多关系，如用户和用户组之间的关系通常就是多对多关系，例如一家公司有很多员工，每一个员工都属于一个或多个部门，每个部门又会包括一个或多个员工，此时员工与部门之间就构成了多对多的关系。

图 18-17 是一张简单的人力资源表，表中的公司有 3 个部门：销售部、研发部、管理部，其中销售部的郝总与研发部的郑总又同时属于公司管理部。

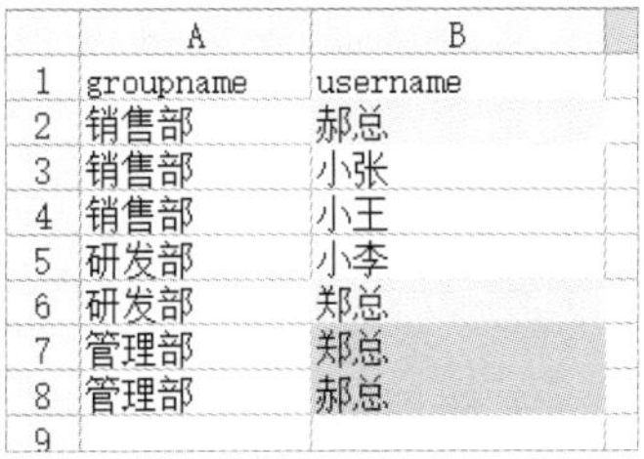

	A	B
1	groupname	username
2	销售部	郝总
3	销售部	小张
4	销售部	小王
5	研发部	小李
6	研发部	郑总
7	管理部	郑总
8	管理部	郝总
9		

图 18-17

此时可以通过 ManyToManyField 字段类型实现以上组织架构：

```
from django.db import models

class Department(models.Model):
    name = models.CharField(max_length=50)

class Employee(models.Model):
    departments = models.ManyToManyField(Department)
name = models.CharField(max_length=50)
```

Django 自带的 Auth 模块中存在大量多对多的数据关系，例如用户与用户组之间、用户与用户权限之间、用户组与用户权限之间就是多对多关系。对于多对多关系，Django 会在数据库中额外创建一张关系表，关系表的命名规则是：应用程序名 _ 模型 1 名 _ 模型 2 名 s，例如用户与用户组的关系表就叫作 auth_user_groups，数据库中查看 auth_user_groups 表结构，如图 18-18 所示。

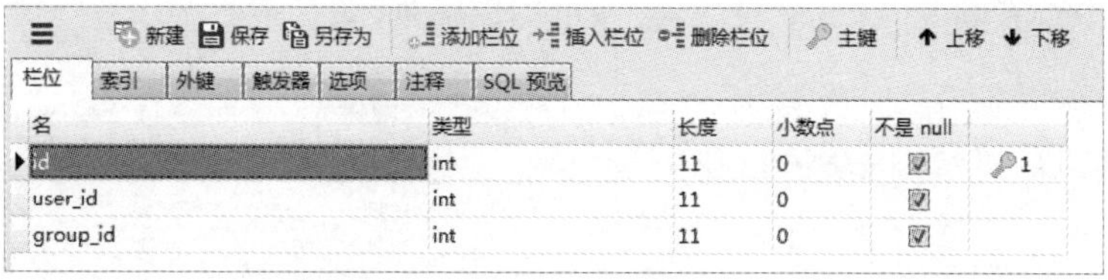

新建 保存 另存为 添加栏位 插入栏位 删除栏位 主键 上移 下移

栏位 索引 外键 触发器 选项 注释 SQL 预览

名	类型	长度	小数点	不是 null	
id	int	11	0	☑	1
user_id	int	11	0	☑	
group_id	int	11	0	☑	

图 18-18

在 Django 中使用多对多关系时，有以下几条建议：

- 多对多字段名使用复数形式。
- 可以在两个有多对多关系的模型中的任意一个模型中定义多对多字段，但是不能同时在两个模型中都定义多对多字段。

18.5.3 一对一关系

这种映射关系用得比较少，Django 使用 OneToOneField 表示一对一关系。

一对一关系的一个比较常用的场景是根据一张表的主键对这张表进行扩展，例如对 Django 自带的 user 表进行扩展，为每一个用户数据添加额外信息。

与前两种关系字段的使用相同，OneToOneField 也要求第一个参数是模型类名。

18.6 模型元属性

元属性是"模型中任意非模型字段的内容"，例如排序功能、数据表名、人类可读的名字（单数形式和复数形式），所有元属性都是可选的。

通过在模型中添加一个叫作 Meta 的子类，定义模型元属性。

在详细介绍模型元属性之前，先看一下如何在 Django 模型中使用元属性：

```
from django.db import models

class Ox(models.Model):
    horn_length = models.IntegerField()

    class Meta:
        ordering = ["horn_length"]
        verbose_name_plural = "oxen"
```

通过设置元属性，上面 Ox 模型将会默认使用 horn_length 排序，在 Admin 页面显示的复数形式名字叫 Oxen。

1. abstract

如果设置 abstract = True，当前模型将成为一个抽象类。例如：

```
from django.db import models

class CommonInfo(models.Model):
    name = models.CharField(max_length=100)
    age = models.PositiveIntegerField()

    class Meta:
        abstract = True

class Student(CommonInfo):
home_group = models.CharField(max_length=5)
```

2. app_label

如果模型定义没有注册到 INSTALLED_APPS，那么就必须使用 app_label 选项在 Meta 类指定所属的应用程序名字。

3. db_table

当前模型所使用的数据表名。

默认情况下，Django 会自动根据应用程序名 + 模型名生成数据表名。例如前面示例代码中的 polls 应用程序，生成的数据表叫作 polls_question、polls_choice。

如果觉得 Django 自动生成的表名不好看，那么可以通过 db_table 来重新定义表名。在这里即使表名不合法也没关系，Django 会替我们处理它，不过最好还是使用合规的名字。

4. Ordering

默认的排序字段，当从数据库中查找数据时会按照 Ordering 指定的字段排序显示。

该属性是一个元组、列表或者查询表达式，每一个元组或列表的元素就是一个字段名，默认是正序排序，如果给字段名前添加一个“-”符号则会按照倒序排序。如果在字段名前面加“?”的话就会随机提取数据。

例如，按照 pub_date 倒序、author 正序查找数据：

```
ordering = ['-pub_date', 'author']
```

在 Django 2.0 中增加了对查询表达式的支持，例如根据 author 字段进行排序，当 author 字段值为 null 时，数据放在最后显示：

```
from django.db.models import F

ordering = [F('author').asc(nulls_last=True)]
```

5. Indexes

用来定义数据库索引，形式如下：

```
from django.db import models

class Customer(models.Model):
    first_name = models.CharField(max_length=100)
    last_name = models.CharField(max_length=100)

    class Meta:
        indexes = [
            models.Index(fields=['last_name', 'first_name']),
            models.Index(fields=['first_name'], name='first_name_idx'),
        ]
```

6. unique_together

为数据库表设置联合主键，形式如下：

```
unique_together = (("driver", "restaurant"),)
```

联合主键是一个由元组组成的元组，每一个元组中的字段在数据库中的值的组合必须是唯一的。

如果只有一个联合主键，可以简化 unique_together，例如：

```
unique_together = ("driver", "restaurant")
```

7. verbose_name

便于人类读取的模型名称，单数形式。

代码形式如下：

```
verbose_name = "pizza"
```

如果没有指定 verbose_name，Django 会根据模型类名自动创建 verbose_name，如模型 CamelCase 对应的 verbose_name 为 camel case。

8. verbose_name_plural

便于人类读取的模型名称，复数形式。

代码形式如下：

```
verbose_name_plural = "stories"
```

如果没有指定 verbose_name_plural 的话，Django 会自动生成，形式为：verbose_name + “s”。

18.7 Manager 属性

Manager 是 Django 模型最重要的属性，通过使用 Manager 模型才可以操作数据库。默认情况下，Django 会为每一个模型提供一个名为 objects 的 Manager 实例。Manager 属性只能通过模型类访问。

18.7.1　自定义 Manager 类

默认情况下可以使用 Model.objects 所提供的方法操作数据库，也可以实现自定义 Manager 类：

```
from django.db import models

class Person(models.Model):
    #...
    people = models.Manager()
```

此时查找数据的方式如下：

```
Person.people.all()
```

18.7.2　直接执行 SQL 语句

虽然 Manager 类非常强大，但是有些情况下我们仍然希望自己手写 SQL 语句。对此 Django 提供了以下两种方法允许开发人员直接执行 SQL 语句。

1. 使用 Manager.raw() 方法

Manager.raw() 方法可以用来执行一段 SQL 语句并返回 Django 模型实例。

语法：

```
Manager.raw(raw_query, params=None, translations=None)
```

raw() 方法返回一个 django.db.models.query.RawQuerySet 实例，RawQuerySet 与前面的 QuerySet 一样可以被循环遍历。

图 18-19 是一个在 Shell 中使用 raw() 方法查看全部博客文章的例子。

```
D:\Django\demo\mysite>python manage.py shell
Python 3.6.3 (v3.6.3:2c5fed8, Oct  3 2017, 18:11:49) [MSC v.1900 64 bit (AMD64)]
Type 'copyright', 'credits' or 'license' for more information
IPython 6.2.1 -- An enhanced Interactive Python. Type '?' for help.

In [1]: from  blog.models import Blog

In [2]: blogs = Blog.objects.raw("select * from blog_blog")

In [3]: for b in blogs: print(b)
认识Django
Django版本选择
搭建Django开发环境
走进Django的世界

In [4]:
```

图 18-19

虽然 Django 允许用户在 raw() 方法中执行任意 SQL 语句，但是 Django 希望 SQL 语句能够返回一行或多行数据，如果执行结束没有返回任何数据，raw() 方法将会抛出异常。

Manager.raw() 方法能够自动将查询结果转换为对应的模型，即使在查询语句中使用了 AS 关键字对字段名进行了修改也没关系，只要数据库中的字段名与模型字段匹配成功即可，如图 18-20 所示。

```
In [5]: for b in blogs: print(type(b))
<class 'blog.models.Blog'>
<class 'blog.models.Blog'>
<class 'blog.models.Blog'>
<class 'blog.models.Blog'>
```

图 18-20

Manager.raw() 方法所执行的 SQL 语句中除了可以包含模型字段外，还可以包含其他聚合函数值，如在查找全部博客文章时顺便输出文章名字所包含的字符数（length 是 MySQL 函数），如图 18-21 所示。

```
In [14]: blogs = Blog.objects.raw("select *,length(name) as l from blog_blog")

In [15]: for b in blogs: print(b.name, b.l)
认识Django 12
Django版本选择 18
搭建Django开发环境 24
走进Django的世界 21

In [16]:
```

图 18-21

Manager.raw() 方法还可以对 SQL 语句进行参数化，参数可以是列表或者字典，如图 18-22（a）或图 18-22（b）所示。

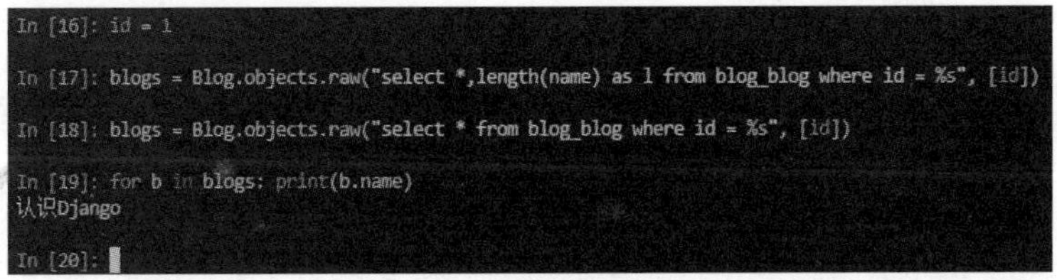

```
In [16]: id = 1

In [17]: blogs = Blog.objects.raw("select *,length(name) as l from blog_blog where id = %s", [id])

In [18]: blogs = Blog.objects.raw("select * from blog_blog where id = %s", [id])

In [19]: for b in blogs: print(b.name)
认识Django

In [20]:
```

（a）

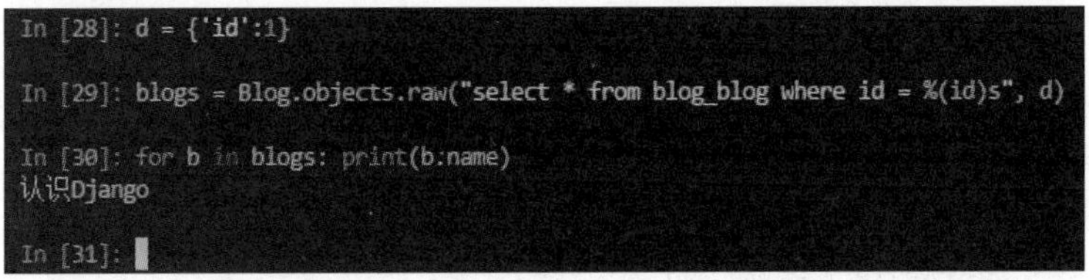

```
In [28]: d = {'id':1}

In [29]: blogs = Blog.objects.raw("select * from blog_blog where id = %(id)s", d)

In [30]: for b in blogs: print(b.name)
认识Django

In [31]:
```

（b）

图 18-22

2. 脱离模型，直接执行 SQL

由于 Manager.raw() 的执行结果总是对应一个模型，而真正软件产品中不只是查询单个模型，还会有更复杂的情况，例如执行更新、删除、插入等操作。因此我们需要跳出模型系统而直接执行 SQL 语句。

django.db.connection 对象提供了数据库连接操作，使用 connection.cursor() 方法可以得到一个游标对象，cursor.execute(sql, [params]) 方法用于执行指定的 SQL 语句。使用 cursor.fetchone() 或者 cursor.fetchall() 方法可以得到一个或全部结果。

示例：

```
from django.db import connection

def my_custom_sql(self):
    with connection.cursor() as cursor:
        cursor.execute("UPDATE bar SET foo = 1 WHERE baz = %s", [self.baz])
        cursor.execute("SELECT foo FROM bar WHERE baz = %s", [self.baz])
        row = cursor.fetchone()

    return row
```

如果当前工程包含多个数据库，可以使用 django.db.connections 对象获取数据库连接，例如连接数据库 polls 可以使用 connections['polls']。

需要注意的是，cursor 所返回的数据只是数据库中所有字段的值，也就是一个数值的列表，而不是一个同时包含字段名与字段值的字典，为了使返回的数据更方便使用，可以使用下面方法将返回结果转换为字典：

```
def dictfetchall(cursor):
    "Return all rows from a cursor as a dict"
    columns = [col[0] for col in cursor.description]
    return [
        dict(zip(columns, row))
        for row in cursor.fetchall()
    ]
```

在 Shell 中重新执行查询操作，如图 18-23 所示。

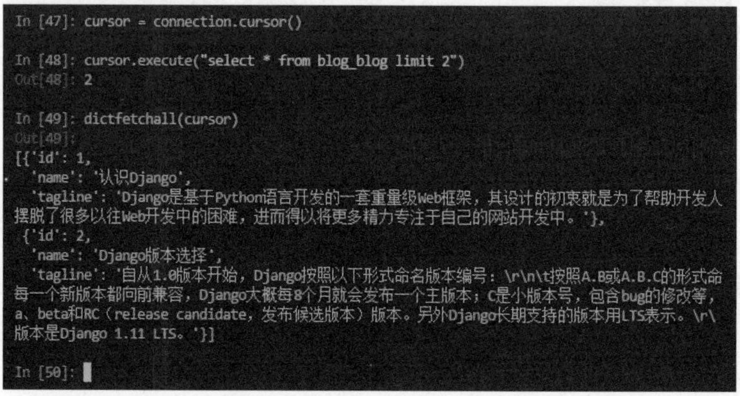

```
In [47]: cursor = connection.cursor()

In [48]: cursor.execute("select * from blog_blog limit 2")
Out[48]: 2

In [49]: dictfetchall(cursor)
Out[49]:
[{'id': 1,
  'name': '认识Django',
  'tagline': 'Django是基于Pythom语言开发的一套重量级Web框架，其设计的初衷就是为了帮助开发人
摆脱了很多以往Web开发中的困难，进而得以将更多精力专注于自己的网站开发中。'},
 {'id': 2,
  'name': 'Django版本选择',
  'tagline': '自从1.0版本开始，Django按照以下形式命名版本编号：\r\n\t按照A.B或A.B.C的形式命
每一个新版本都向前兼容，Django大概每8个月就会发布一个主版本；C是小版本号，包含bug的修改等，
a、beta和RC（release candidate，发布候选版本）版本。另外Django长期支持的版本用LTS表示。\r\
版本是Django 1.11 LTS。'}]

In [50]:
```

图 18-23

3. 执行存储过程

语法：

```
CursorWrapper.callproc(procname, params=None, kparams=None)
```

注意，只有 Oracle 支持 kparams 参数。

示例：

```
with connection.cursor() as cursor:
    cursor.callproc('test_procedure', [1, 'test'])
```

18.8 数据增删改查

软件系统的基本操作就是对数据的增删改查，Django 通过模型以及 QuerySet API 为用户提供了丰富的数据库操作方法。

当创建好模型后，就可以立即进行添加、删除、更新、查找操作了，下面通过一个例子来展示如何直接使用 Django 模型类进行数据操作。

继续使用 MySite 工程，在工程下创建一个 blog 应用程序：

```
python manage.py startapp blog
```

首先创建一个 Blog 模型：

```
class Blog(models.Model):
    name = models.CharField(" 标题 ", max_length=100)
    body = models.TextField(" 内容 ")

    def __str__(self):
        return self.name
```

接下来创建一个用于添加博客文章的视图，每次访问视图的时候都会创建一篇新的博客文章，并且将新的博客文章传给模板显示。

```
def createblog(request, title, body):
    b = Blog(name=title, body=body)
    b.save()

    context = {
        "blog": b
    }
    rendered =  render_to_string("create.html", context)
    print(rendered)
    return HttpResponse(rendered)
```

添加模板 create.html，在模板中显示文章内容。

```
{% extends "base.html" %}
{% block content %}

<h2 class="blog_head">{{ blog.id }} - {{ blog.name }}</h2>
<p class="blog_body">
    {{ blog.body }}
</p>

{% endblock %}
```

添加 CSS 样式：

```
.blog_head {
    background-color: rgb(45, 243, 243);
    border: 1px black solid;
    width: 400px;
    margin-bottom: 3px;
}
```

```
.blog_body {
    color: rgb(13, 27, 230);
    background-color: rgb(157, 158, 158);
    border: 1px black solid;
    min-height: 50px;
    width: 400px;
    margin-bottom: 10px;
}
```

添加 URL：

```
path(r'create/<str:title>/<str:body>/', views.createblog, name='create'),
```

生成数据库：

```
python manage.py makemigrations blog。
```

启动网站：

```
python manage.py runserver。
```

在浏览器中访问该视图，如图 18-24 所示。

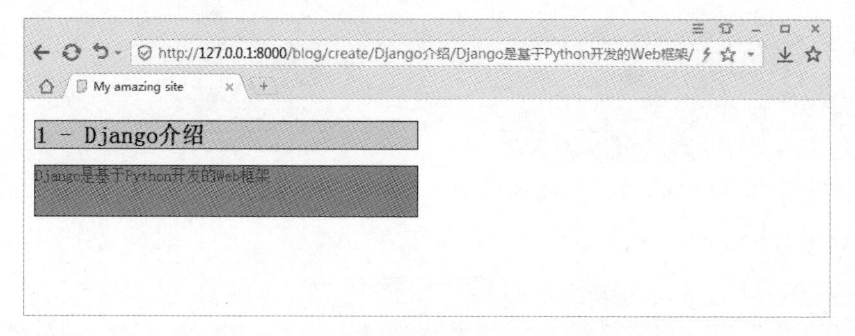

图 18-24

以上通过非常简单的几行代码就完成了数据添加操作，那么数据是不是真的写入数据库了呢？打开数据库，可以看到确实完成了创建新博客的工作，如图 18-25 所示。

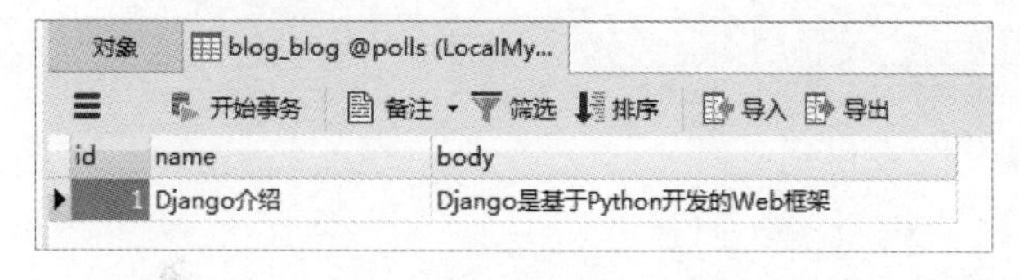

图 18-25

下面使用 Django objects 接口分别实现查找指定文章以及全部文章的视图。

创建一个 index 视图用于显示全部文章。

```
def index(request):
    blogs = Blog.objects.all()

    context = {
        "blogs": blogs
    }

    rendered =  render_to_string("index.html", context)
    return HttpResponse(rendered)
```

创建 index.html 模板：

```
{% extends "base.html" %}
{% load static %}

{% block content %}

    {% for blog in blogs %}
        <h2 class="blog_head">{{ blog.id }} - {{ blog.name }}</h2>
        <p class="blog_body">
            {{ blog.body }}
        </p>
    {% endfor %}

{% endblock %}

<p>{{ blog.body }}</p>
```

添加 URL：

```
path('', views.index, name='default'),
path(r'index/', views.index, name='index'),
```

打开浏览器查看视图，如图 18-26 所示。

图 18-26

上面视图会显示全部博客信息，实际工作中我们往往需要显示指定的某一篇文章，下面创建一个 SearchBlog 视图：

```
def SearchBlog(request, blog_id):
    blog = Blog.objects.filter(id=blog_id)

    context = {
        "blog": blog
    }

    rendered =  render_to_string("detail.html", context)
    return HttpResponse(rendered)
```

创建 detail.html 模板：

```
{% extends "base.html" %}

{% block title %}My amazing blog{% endblock %}

{% block content %}
<div class="center">
    <h2 class="blog_head">{{ blog.id }} - {{ blog.name }}</h2>
    <p class="blog_body">
        {{ blog.body }}
    </p>
</div>
{% endblock %}
```

添加 URL：

```
path(r'<int:blog_id>/', views.SearchBlog, name='detail'),
```

在浏览器里面查看，如图 18-27 所示。

图 18-27

下面编写 UpdateBlog 视图用于更新指定文章：

```
def UpdateBlog(request, id, title='', body=''):
    blog = Blog.objects.get(id=id)
    blog.body = body
    blog.title = title
    blog.save()

    blog = Blog.objects.get(id=id)

    context = {
        "blog": blog
    }

    rendered =  render_to_string("detail.html", context)
return HttpResponse(rendered)
```

添加 URL：

```
path(r'update/<int:id>/<str:title>/<str:body>/', views.UpdateBlog, name='update'),
```

在浏览器中访问 UpdateBlog 更新 id 为 2 的文章，如图 18-28 所示。

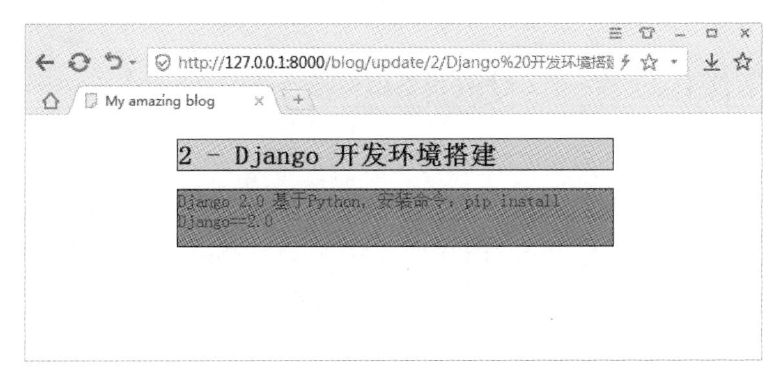

图 18-28

最后来看看删除操作，同样创建一个视图：

```
def DeleteBlog(request, id):
    Blog.objects.get(id=id).delete()

    blogs = Blog.objects.all()

    context = {
        "blogs": blogs
    }

    rendered =  render_to_string("index.html", context)
    return HttpResponse(rendered)
```

添加 URL：

```
path(r'delete/<int:id>/', views.DeleteBlog, name='delete'),
```

在浏览器中访问 DeleteBlog 并删除 id 为 2 的文章，操作结束返回首页显示剩余的全部文章，如图 18-29 所示。

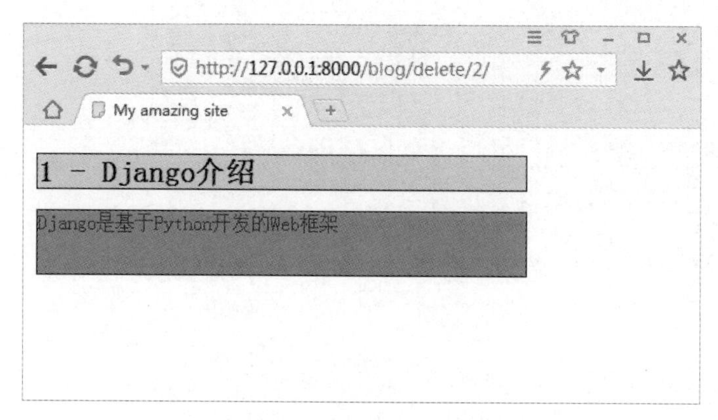

图 18-29

18.9 数据操作进阶——QuerySets

18.8 节使用了模型的 objects 属性完成了数据的增删改查操作，如 save()、all()、filter()、get()、delete()，这些方法是 QuerySet 对象所提供的最常用的方法。模型类的 Manage 接口可以创建 QuerySet 实例，默认的 QuerySet 实例名为 objects。QuerySet 是数据库中一系列数据的集合，与 SQL 查询语句一样，QuerySet 可以接收 0 个、1 个或多个过滤条件。

本节将对 QuerySet 进行详细介绍，本节实例代码如下：

```
from django.db import models

class Blog(models.Model):
    name = models.CharField(max_length=100)
    tagline = models.TextField()

    def __str__(self):
        return self.name

class Author(models.Model):
    name = models.CharField(max_length=200)
    email = models.EmailField()

    def __str__(self):
```

```
        return self.name

class Entry(models.Model):
    blog = models.ForeignKey(Blog, on_delete=models.CASCADE)
    headline = models.CharField(max_length=255)
    body_text = models.TextField()
    pub_date = models.DateField()
    mod_date = models.DateField()
    authors = models.ManyToManyField(Author)
    n_comments = models.IntegerField()
    n_pingbacks = models.IntegerField()
    rating = models.IntegerField()

    def __str__(self):
        return self.headline
```

18.9.1　更新 ForeignKey

更新模型的 ForeignKey 字段与更新其他普通字段一样，只需要直接给 ForeignKey 字段赋值即可。例如：

```
>>> from blog.models import Blog, Entry
>>> entry = Entry.objects.get(pk=1)
>>> cheese_blog = Blog.objects.get(name="Cheddar Talk")
>>> entry.blog = cheese_blog
>>> entry.save()
```

代码解读：

Entry.objects.get(pk=1)：在数据库中取得主键为 1 的 Entry。

Blog.objects.get(name="Cheddar Talk")：在数据库中查找 name 为"Cheddar Talk"的 Blog。

entry.blog = cheese_blog：更新 entry 的 blog 属性。

entry.save()：保存新 Entry 对象。

18.9.2　更新 ManyToManyField

由于 ManyToManyField 字段不像其他字段一样可以直接在数据表中保存属性值，ManyToManyField 字段需要通过一张关系表来保存所有相关联的数据，所以更新 ManyToManyField 字段的方式也与其他字段不完全相同。

添加一个外键：

```
>>> from blog.models import Author
>>> joe = Author.objects.create(name="Joe")
>>> entry.authors.add(joe)
```

添加多个外键：

```
>>> john = Author.objects.create(name="John")
>>> paul = Author.objects.create(name="Paul")
>>> george = Author.objects.create(name="George")
>>> ringo = Author.objects.create(name="Ringo")
>>> entry.authors.add(john, paul, george, ringo)
```

18.9.3 数据查询

我们可以直接使用 QuerySet 对象的 all() 方法查询数据表中的全部数据，如：

```
>>> all_entries = Entry.objects.all()
```

也可以使用恰当的过滤方法查询特定数据，下面是 Django 中最常用的数据过滤语句。

1. filter(**kwargs)

返回一个新的 QuerySet 对象，新对象只包含符合过滤条件的数据。

2. exclude(**kwargs)

返回一个新的 QuerySet 对象，新对象不包含符合过滤条件的数据。

前面过滤语句的参数 **kwargs 与 SQL 脚本中的 WHERE 条件语句一样用于过滤数据，它们在 QuerySet 对象方法中以关键字参数的形式存在，书写格式为：field__lookuptype=value（注意 field 与 lookuptype 之间是两个下画线）。例如，查询发布日期早于或等于 2016 年 1 月 1 日的所有文章：

```
>>> Entry.objects.filter(pub_date__lte='2006-01-01')
```

等效的 SQL 语句如下：

```
SELECT * FROM blog_entry WHERE pub_date <= '2006-01-01';
```

通常，过滤语句中的 field 是模型的字段名，唯一的例外情况是 ForeignKey 字段，如果需要通过外键过滤数据的话，则需要使用 ForeignKey 字段名 + "_id" 的形式。例如，查找所有博客 id 为 4 的 Entry 数据：

```
>>> Entry.objects.filter(blog_id=4)
```

18.9.4 查询条件

前面讲到 QuerySet 的查询参数的书写格式为 field__lookuptype=value，其中 lookuptype 是查询条件，类似于 SQL 脚本中 WHERE 语句的比较运算符。下面是 Django 自带的查询条件。

1. exact

完全匹配运算符。由于完全匹配的使用频率最高，所以 Django 将 exact 定义为默认查询条件，如果在过滤语句中没有指定查询条件，那么 Django 将按照完全匹配查找数据，例如：

```
Entry.objects.get(id=14)
```

等价于

```
Entry.objects.get(id__exact=14)
```

注意，如果在 exact 运算符右侧指定 None，那么在翻译成 SQL 语句时就会按照 SQL 中的 NULL 进行比较。

例如下面的 Django 语句：

```
Entry.objects.get(id__exact=14)
Entry.objects.get(id__exact=None)
```

等价于 SQL 语句：

```
SELECT ... WHERE id = 14;
SELECT ... WHERE id IS NULL;
```

2. iexact

等同于 exact 运算符，但是不区分字母大小写。

例如下面的 Django 语句：

```
Blog.objects.get(name__iexact='beatles blog')
Blog.objects.get(name__iexact=None)
```

等价于 SQL 语句：

```
SELECT ... WHERE name ILIKE 'beatles blog';
SELECT ... WHERE name IS NULL;
```

注意上面第一个查询语句将会查找到所有包含 beatles blog 的文章，如包含 Beatles Blog、beatles blog 和 BeAtLes BLoG 的文章。

3. contains

包含查询，区分字母大小写。

例如查找标题包含 Django 的博客：

```
Entry.objects.get(headline__contains='Django')
```

对应的 SQL 语句：

```
SELECT ... WHERE headline LIKE '%Django%';
```

注意此时只会查找到标题包含 Django 的文章，而不会查找包含 django 或者 DJANGO 的文章。

4. icontains

等同于 contains 运算符，但是忽略大小写。

同样使用上面的查询语句，但是换作 icontains 过滤条件将会检索到所有包含 Django 的文章，而不关心字母的大小写形式。

5. in

字段值存在于一个可迭代列表中，如用列表、元组等。等价于 SQL 的 IN 操作。

例如：

```
Blog.objects.filter(id__in=[1, 3, 5])
```

等价于：

```
SELECT ... WHERE id IN (1, 3, 5);
```

除此之外，in 还可以进行更复杂的对象比较，例如：

```
inner_qs = Blog.objects.filter(name__contains='Cheddar')
entries = Entry.objects.filter(blog__in=inner_qs)
```

对应 SQL 语句：

```
SELECT ... WHERE blog.id IN (SELECT id FROM ... WHERE NAME LIKE '%Cheddar%')
```

In 运算符还可以和 values、values_list 结合使用，但是一定要注意此时 values 和 values_list 只能接收一个字段，例如下面写法是合法的：

```
inner_qs = Blog.objects.filter(name__contains='Ch').values('name')
entries = Entry.objects.filter(blog__name__in=inner_qs)
```

而下面写法就是非法的：

```
inner_qs = Blog.objects.filter(name__contains='Ch').values('name', 'id')
entries = Entry.objects.filter(blog__name__in=inner_qs)
```

在此，还要注意性能问题，很多数据库没有对混合的 SQL 语句进行优化，如下代码可能会带来很大的性能问题。

```
SELECT * FROM Entry WHERE blog_id IN (SELECT id FROM Blog WHERE NAME LIKE '%Django%')
```

Django 推荐使用 values 方法进行查询，并且将复杂的查询拆分为多个简单查询。

（1）gt、gte、lt、lte

对应 SQL 中的 >、>=、<、<=。

（2）startswith

字段以给定值开始，区分字母大小写。

例如下面的 Django 查询语句：

```
Entry.objects.filter(headline__startswith='Lennon')
```

对应 SQL 语句：

```
SELECT ... WHERE headline LIKE 'Lennon%';
```

（3）istartswith

等同于 startswith 运算符，但是忽略字母大小写。

例如下面 Django 查询语句：

```
Entry.objects.filter(headline__istartswith='Lennon')
```

对应 SQL 语句：

```
SELECT ... WHERE headline ILIKE 'Lennon%';
```

（4）endswith

字段以给定值结束，区分字母大小写。

例如下面 Django 查询语句：

```
Entry.objects.filter(headline__endswith='Lennon')
```

对应 SQL 语句：

```
SELECT ... WHERE headline LIKE '%Lennon';
```

（5）iendswith

等同于 istartswith 运算符，但是忽略字母大小写。

例如下面的 Django 查询语句：

```
Entry.objects.filter(headline__iendswith='Lennon')
```

对应 SQL 语句：

```
SELECT ... WHERE headline ILIKE '%Lennon';
```

（6）range

字段值出现在一个区间中。

例如：

```
import datetime
start_date = datetime.date(2005, 1, 1)
end_date = datetime.date(2005, 3, 31)
Entry.objects.filter(pub_date__range=(start_date, end_date))
```

对应 SQL 语句：

```
SELECT ... WHERE pub_date BETWEEN '2005-01-01' and '2005-03-31';
```

（7）date、year、month、day、week_day、hour、minute、second

分别比较日期、年、月、日、星期、时、分、秒，一般要结合 gt、lt 等运算符。例如：

```
Entry.objects.filter(pub_date__date=datetime.date(2005, 1, 1))
Entry.objects.filter(pub_date__date__gt=datetime.date(2005, 1, 1))
Entry.objects.filter(pub_date__year__gte=2005)
```

（8）quarter

对于日期（date）或者日期时间（datetime）字段，比较日期所属季节，可选值为 1、2、3、4，分别代表一年中的四个季节。

下面 Django 语句用于查找发布于第二季度（4 月 1 日至 6 月 30 日）的所有文章：

```
Entry.objects.filter(pub_date__quarter=2)
```

（9）time

比较日期时间（datetime）字段的时间部分，例如：

```
Entry.objects.filter(pub_date__time=datetime.time(14, 30))
Entry.objects.filter(pub_date__time__between=(datetime.time(8), datetime.time(17)))
```

（10）isnull

对应 SQL 语句的 IS NULL 和 IS NOT NULL，可接收参数值为 True、False。例如查找发布日期为空的博客：

```
Entry.objects.filter(pub_date__isnull=True)
```

对应 SQL 语句：

```
SELECT ... WHERE pub_date IS NULL;
```

（11）regex

使用正则表达式过滤模型字段，注意区分正则表达式中的字母大小写。正则表达式将应用于数据库中，例如：

```
Entry.objects.get(title__regex=r'^(An?|The) +')
```

对应 SQL 语句：

```
SELECT ... WHERE title REGEXP BINARY '^(An?|The) +'; -- MySQL
SELECT ... WHERE REGEXP_LIKE(title, '^(An?|The) +', 'c'); -- Oracle
SELECT ... WHERE title ~ '^(An?|The) +'; -- PostgreSQL
SELECT ... WHERE title REGEXP '^(An?|The) +'; -- SQLite
```

建议在正则表达式前使用 r'' 防止字符转义。

（12）iregex

等同于 regex 运算符，但是忽略字母大小写。例如：

```
Entry.objects.get(title__iregex=r'^(an?|the) +')
```

对应 SQL 语句：

```
SELECT ... WHERE title REGEXP '^(an?|the) +'; -- MySQL
SELECT ... WHERE REGEXP_LIKE(title, '^(an?|the) +', 'i'); -- Oracle
SELECT ... WHERE title ~* '^(an?|the) +'; -- PostgreSQL
SELECT ... WHERE title REGEXP '(?i)^(an?|the) +'; -- SQLite
```

18.9.5　模型深度检索

SQL 查询可以通过使用 JOIN 语法跨越多张数据库表进行检索，而 Django 可以通过模型之间的关系进行深度查询。如本章示例代码中，Blog 是 Entry 的外键，如果想查询所有 Blog 名为 Beatles Blog 的 Entry，可以使用以下代码：

```
>>> Entry.objects.filter(blog__name='Beatles Blog')
```

代码中使用两个下画线查找 blog 的 name 字段，在这里，name 是模型 Blog 的字段，而 blog 是 Entry 的字段，此时 name 与 Entry 之间通过“__”建立了联系。

QuerySet 允许进行任意深度检索，同时还支持反向检索，作为反向查询的参数时，模型的名字必须使用小写字母，如 entry。以查找所有符合条件的博客为例，这些博客在 Entry 中至少有一条记录并且对应的 Entry 的 headline 字段值是 Lennon，Django 代码如下：

```
>>> Blog.objects.filter(entry__headline__contains='Lennon')
```

如果进行多层查询时，中间模型没有符合条件的数据，Django 会按照 NULL 对其处理，并且不会出现任何异常。

例如，Entry 表中存在这样一条数据：它的 blog 字段指向了博客表中的一条真实数据，它的 authors 字段为空。此时使用下面语句查询 Blog 时，Django 会认为 authors 的 name 字段为空，而不会因为 authors 是 NULL 而抛出异常（NULL__name 是错误的）：

```
Blog.objects.filter(entry__authors__name='Lennon')
```

下面查询语句将会返回所有作者名为空的博客：

```
Blog.objects.filter(entry__authors__name__isnull=True)
```

如果不想查找作者为空的博客，可以使用下面查询代码：

```
Blog.objects.filter(entry__authors__isnull=False, entry__authors__name__isnull=True)
```

18.9.6 多条件查询

介绍多条件查询前，先来创建几条测试数据。

1. 创建 4 篇博客文章

创建 4 篇博客文章，如图 18-30 所示。

2. 添加一个作者

添加一个作者，如图 18-31 所示。

id	name	tagline
1	认识Django	Django是基于Python语言开发的一套重量级W
2	Django版本选择	自从1.0版本开始，Django按照以下形式命名版
3	搭建Django开发环境	1. 安装Python2. 安装Django
4	走进Django的世界	Django

图 18-30

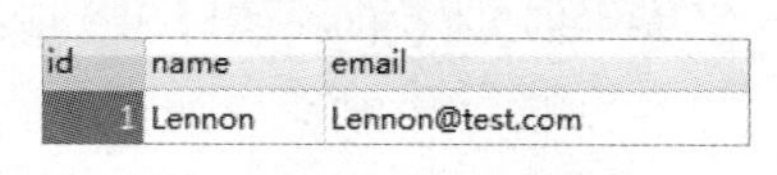

id	name	email
1	Lennon	Lennon@test.com

图 18-31

3. 创建 3 条 Entry 记录

创建 3 条 Entry 记录，如图 18-32 所示。

id	headline	body_text	pub_date	blog_id
1	Lennon	Django是基于Python语言开发的一	2015-12-08	1
2	Lennon	Django推荐使用Python 3进行开发	2016-11-22	2
3	搭建Django开发环境	1. 安装Python2. 安装Django	2017-12-21	3
4	走进Django的世界	Django是一款基于BSD协议并完全	2017-12-21	1

图 18-32

查询所有符合条件的博客，这些博客在 Entry 表中包含数据：1. headline 是“Lennon”的 Entry；2. pub_date 是 2017 年的 Entry。

查询语句：

```
Blog.objects.filter(entry__headline__contains='Lennon', entry__pub_date__year=2017)
```

查询结果：

没有符合条件的博客。

查询语句：

```
Blog.objects.filter(entry__headline__contains='Lennon').filter(entry__pub_date__year=2017)
```

查询结果：

查询到 id 为 1 的博客文章。

代码解释：

第一条查询语句中的查询条件是逻辑与的关系，即只有同时满足所有条件的博客才会被查询出来。而第二条查询语句可以被认为是由两部分组成的，该语句可以分解为以下两条查询语句：

```
temp = Blog.objects.filter(entry__headline__contains='Lennon')
blogs = temp.filter(entry__pub_date__year=2017)
```

其中 temp 返回所有 Entry 的 headline 为 Lennon 的博客，本例中符合条件的博客的 id 是 1 和 2。

接下来对 temo 进行过滤，仅查找发布日期为 2017 年的博客，由于 id 为 2 的博客发布于 2016 年所以不符合条件。

最后只有 id 为 1 的博客被检索出来。

18.9.7　F() 函数

前面示例代码中所有的查询条件都是将一个模型字段与常量进行比较，那么如何将同一个模型中的两个字段进行比较呢？为此 Django 专门提供了一个 F 表达式。

例如，查询所有 comments 数量大于 pingbacks 数量的博客。仍然以上面的数据库为例，图 18-33 展示了数据库中的所有 Entry。

id	headline	blog_id	n_comments	n_pingbacks
1	Lennon	1	0	3
2	Lennon	2	1	2
3	搭建Django开发环境	3	2	1
4	走进Django的世界	4	3	0

图 18-33

创建视图：

```
from django.db.models import F
```

```
def FSearch(request):
    blogs = Entry.objects.filter(n_comments__gt=F('n_pingbacks'))

    context = {
        "blogs": blogs
    }

    rendered =  render_to_string("entry.html", context)
return HttpResponse(rendered)
```

创建模板：

```
{% extends "base.html" %}
{% load static %}

{% block content %}

    {% for entry in entries %}
        <h2 class="blog_head">{{ entry.headline }}</h2>
        <p class="blog_body">
            {{ entry.body_text }}
        </p>
    {% endfor %}

{% endblock %}
```

创建 URL：

```
path(r'fsearch/', views.FSearch, name='FSearch'),
```

查询结果：

查询到 id 为 3 和 4 的 Entry，如图 18-34 所示。

图 18-34

除了直接使用 F() 函数外，还可以对 F() 进行任意数学运算，如：

```
Entry.objects.filter(n_comments__gt=F('n_pingbacks') * 2)
Entry.objects.filter(rating__lt=F('n_comments') + F('n_pingbacks'))
```

另外在 F() 函数中也可以使用两个下画线进行深度查找：

```
Entry.objects.filter(authors__name=F('blog__name'))
```

最后 F() 函数还支持按位运算，如按位与 .bitand()、按位或 .bitor()、按位左移 .bitrightshift()、按位右移 .bitleftshift()，例如使用下面代码修改 FSearch 视图，那么视图将只能查询到 id 为 4 的 Entry：

```
Entry.objects.filter(n_comments__gt=F('n_pingbacks').bitleftshift(1))
```

18.9.8 主键查询

为了代码书写方便，Django 提供了一个主键查询的快捷方式，前面我们已经用过了，这个快捷方式就是 pk，在查询条件中代表当前模型的主键。以下代码是等价的：

```
Entry.objects.get(pk=1)
Entry.objects.get(id=1)
```

使用 pk 时并不限制查询条件，例如可以使用 __gt 查找博客：

```
Blog.objects.filter(pk__gt=10)
```

pk 还可以用在深度检索中：

```
Entry.objects.filter(blog__pk=3)
```

18.9.9 查询条件中的 % 和 _

SQL 查询语句中的“%”和“_”有着特殊意义：“%”匹配多个字符；“_”匹配单个字符。为了方便使用，Django 的查询语句不对这些字符进行特殊处理，例如查找文字是否包含“%”可以直接编写以下代码：

```
Entry.objects.filter(headline__contains='%')
```

Django 后台会将以上代码转换为如下 SQL 查询语句：

```
SELECT ... WHERE headline LIKE '%\%%';
```

18.9.10 QuerySet 和缓存

第一次创建 QuerySet 对象的时候，Django 不会为 QuerySet 生成任何缓存。而当第一次执行 QuerySet 的时候，Django 会将查询结果进行缓存，后续的查询语句都可以使用当前的缓存内容。

在编写查询语句时，合理地使用 QuerySet 缓存可以极大地提高代码执行效率、减少内存使用，例如下面两条语句将会访问两次数据库并生成两个不同的 QuerySet 对象：

```
>>> print([e.headline for e in Entry.objects.all()])
>>> print([e.pub_date for e in Entry.objects.all()])
```

通常情况下，我们不需要这么频繁地读取数据库，只要执行一次查询操作即可，后续操作只需要使用之前的查询结果就可以了，因此对以上代码进行如下修改：

```
>>> queryset = Entry.objects.all()
>>> print([p.headline for p in queryset])
>>> print([p.pub_date for p in queryset])
```

上面第二行代码是对 QuerySet 的第一次执行，此时执行结果将会被缓存，当第二次执行时，操作对象就是内存中的缓存数据了，不会继续读取数据库。

需要注意的是，执行 QuerySet 并不是总能够生成缓存。当 QuerySet 的执行操作只影响 QuerySet 的一部分数据时，系统将不会生成缓存，这种情况通常会出现在数组的切片操作以及使用下标查询数组时，请看下面代码：

```
>>> queryset = Entry.objects.all()
>>> print(queryset[5])
>>> print(queryset[5])
```

虽然使用 queryset[5] 执行了两次 QuerySet 查询，但是这两次操作都没有进行缓存，也就是说，两次操作都直接进行了数据库查找。然而，如果 QuerySet 操作影响到整个查询结果的话，QuerySet 将会被缓存，如以下代码：

```
>>> queryset = Entry.objects.all()
>>> [entry for entry in queryset]
>>> print(queryset[5])
>>> print(queryset[5])
```

第二行代码 [entry for entry in queryset] 遍历了整个 QuerySet，此时 Django 为查询结果创建缓存，因此后面两次 queryset[5] 操作都是从缓存中提取数据而没有直接查找数据库。

除了遍历 QuerySet 会创建缓存外，还有其他操作也会创建缓存，如：

```
>>> [entry for entry in queryset]
>>> bool(queryset)
>>> len(queryset)
>>> list(queryset)
```

18.9.11　复杂查询与 Q 对象

前面讲的所有查询条件都是“逻辑与”运算，例如下面代码就是两个条件的“与”运算：

```
Blog.objects.filter(entry__headline__contains='Lennon', entry__pub_date__year=2017)
```

对于复杂查询来说，只有“与”运算就不够了，此时需要使用 Q 对象。Q 对象封装了一系列关键字参数，这些关键字参数就是前面用到的查询条件。

例如下面的 Q 对象封装了一个 LIKE 查询：

```
from django.db.models import Q
Q(question__startswith='What')
```

Q 对象之间可以使用“&”或者“|”运算符组合起来，多个 Q 对象通过运算符组合起来之后形成一个新的 Q 对象，例如下面语句将会返回一个新的 Q 对象用于 question__startswith 之间的“逻辑或”运算。

```
Q(question__startswith='Who') | Q(question__startswith='What')
```

以上 Q 对象等价于下面的 SQL 语句：

```
WHERE question LIKE 'Who%' OR question LIKE 'What%'
```

对于复杂查询，可以使用括号将 Q 对象进行分组，另外 Q 对象可以使用波折线（~）进行取反操作，取反操作等价于 SQL 语句中的 NOT 运算，例如：

```
Q(question__startswith='Who') | ~Q(pub_date__year=2005)
```

QuerySet 中任何查询语句（如 filter()、exclude()、get()）的关键字参数都可以使用 Q 对象替代。多个 Q 对象之间使用“逻辑与”运算关联，例如：

```
Poll.objects.get(
    Q(question__startswith='Who'),
    Q(pub_date=date(2005, 5, 2)) | Q(pub_date=date(2005, 5, 6))
)
```

上面的 get() 方法接收两个 Q 对象：

```
Q(question__startswith='Who')
Q(pub_date=date(2005, 5, 2)) | Q(pub_date=date(2005, 5, 6))
```

两个 Q 对象之间使用“逻辑与”运算，近似的 SQL 语句如下：

```
SELECT *
FROM polls
WHERE question LIKE 'Who%'
AND (pub_date = '2005-05-02' OR pub_date = '2005-05-06')
```

注意

QuerySet 的查询语句可以同时接收 Q 对象和关键字参数，所有参数之间使用“逻辑与”运算。在此需要注意的一点是，如果查询语句同时接收了 Q 对象和关键字参数，那么 Q 对象一定要放置在关键字参数之前，例如：

```
Poll.objects.get(
    Q(pub_date=date(2005, 5, 2)) | Q(pub_date=date(2005, 5, 6)),
    question__startswith='Who',
)
```

18.9.12 模型比较

与 Python 一样，Django 的模型实例支持比较运算，比较运算符用“==”表示。默认情况下，模型实例是对主键进行比较，以下两种书写形式是一样的：

```
>>> some_entry == other_entry
>>> some_entry.id == other_entry.id
```

如果模型的主键不是“id”也没有关系，Django 会自动识别主键并进行比较。

18.9.13 删除操作

可以使用 delete() 函数删除一个或多个模型实例，函数立即返回删除的对象数量以及每种对象类型所删除的数量，例如：

```
>>> e.delete()
(1, {'weblog.Entry': 1})

>>> Entry.objects.filter(pub_date__year=2005).delete()
(5, {'webapp.Entry': 5})
```

注意

- 当被删除的对象是其他模型数据的外键时，其他模型中相应的数据也会被删除。
- delete() 是唯一一个不是由 Manager 提供的方法，这样可以在一定程度上防止用户不小心使用 Entry.objects.delete() 删除全部数据，如果用户确实需要删除全部数据应该使用如下方式：

```
Entry.objects.all().delete()
```

18.9.14　复制模型实例

虽然 Django 没有直接提供方法来复制模型实例，但是可以通过将已有模型实例的主键简单设置为 None 的方式创建一个完全一样的新对象实例，例如：

```
blog = Blog(name='My blog', tagline='Blogging is easy')
blog.save() # blog.pk == 1

blog.pk = None
blog.save() # blog.pk == 2
```

18.9.15　批量更新

使用 update() 方法可以批量更新数据，例如将所有发布日期为 2007 年的博客的 headline 修改为“过期文章”：

```
Entry.objects.filter(pub_date__year=2007).update(headline='过期文章')
```

如果批量更新外键字段，只需要给外键字段重新赋值一个实例对象即可，例如：

```
>>> b = Blog.objects.get(pk=1)
>>> Entry.objects.all().update(blog=b)
```

使用 update() 更新数据库时唯一需要注意的事情就是，update() 方法只能更新当前模型的数据。例如下面代码，虽然可以使用 Blog 对象查找 Entry，但是并不能更新 Blog 表，只能更新 Entry：

```
>>> b = Blog.objects.get(pk=1)
>>> Entry.objects.select_related().filter(blog=b).update(headline='Everything is the same')
```

调用 update() 方法后将会立即执行，不需要额外调用 save() 方法。

注意

在 update() 方法中也可以使用 F() 表达式，但是不能在 F() 表达式中使用深度查询，例如下面的代码就是错误的：

```
>>> Entry.objects.update(headline=F('blog__name'))
```

18.9.16　模型关系

在 Django 中可以通过模型之间的关系查找数据。下面继续使用 Blog、Author、Entry 模型讲解如何利用模型之间的关系查询数据。

1. 一对多关系

前向查询：通过 Entry 外键查询 Blog。

```
>>> e = Entry.objects.get(id=2)
>>> e.blog
```

反向查询：通过 Blog 查询相关的 Entry。

```
>>> b = Blog.objects.get(id=1)
>>> b.entry_set.all()
```

注意 entry_set 同样是 Manager 的实例，在模型中查询所有外键实例时可以使用 FOO_set 格式的 Manager 实例，其中 FOO 是模型名字的小写格式。FOO_set 同样返回一个 QuerySet。

2. 多对多关系

多对多关系中，模型之间互相访问的方式类似于一对多关系中的反向查询。唯一的区别是 Manager 对象的命名方式。

```
class Author(models.Model):
    ...

class Entry(models.Model):
    authors = models.ManyToManyField(Author)
    ...
```

上面是 Entry 和 Author 模型的定义，其中 Entry 中定义了 ManyToManyField 字段。此时在 Entry 中查询 Author 时可以直接使用 Entry.authors.filter() 的方式，而如果通过 Author 模型查找 Entry 的话必须使用“entry_set”的格式。

下面是多对多模型中的查询示例：

```
e = Entry.objects.get(id=3)
e.authors.all()
e.authors.count()
e.authors.filter(name__contains='John')

a = Author.objects.get(id=5)
a.entry_set.all()
```

3. 一对一关系

一对一关系中的模型的查询方式与多对多关系中的查询方式一样。

假设存在一个模型 EntryDetail 与 Entry 是一对一关系：

```
class EntryDetail(models.Model):
    entry = models.OneToOneField(Entry, on_delete=models.CASCADE)
    details = models.TextField()
```

可以使用以下代码查询相应模型：

```
ed = EntryDetail.objects.get(id=2)
ed.entry

e = Entry.objects.get(id=2)
e.entrydetail
```

这里与多对多关系中唯一的区别是：多对多关系中查询结果是 QuerySet 而一对一关系中的查询结果是模型实例。例如上面的 ed.entry 返回一个 Entry 实例，e.entrydetail 返回一个 EntryDetail 实例。

第 19 章 视图

Django 中的视图就是一个 Python 方法，它可以接收一个 Web request 对象并向客户端返回一个 Web response 对象。在视图方法中可以进行任意的业务逻辑处理，例如查询数据库操作等。

19.1 视图结构

下面是一个用于显示当前日期和时间的视图：

```
from django.http import HttpResponse
import datetime

def current_datetime(request):
    now = datetime.datetime.now()
    html = "<html><body>It is now %s.</body></html>" % now
    return HttpResponse(html)
```

代码解释：

首先需要导入 HttpResponse 包用于向客户端返回 Web response 对象。

current_datetime 是视图方法名，每一个视图方法的第一个参数都是 request 用于接收客户端发送过来的 Web request。

视图方法返回 HttpResponse 对象。

19.2 HTTP 状态处理

HTTP 请求包含多种状态，如最常见的 404 错误，Django 对此提供了很多可以处理这些状态的类。例如可以使用 HttpResponseNotFound 处理 404 错误：

```
return HttpResponseNotFound('<h1>Page not found</h1>')
```

Django 中所有 Web response 类都是 HttpResponse 的子类，包括如表 19-1 所示的几种。

表 19-1

HTTP 状态码	Response
302	HttpResponseRedirect
301	HttpResponsePermanentRedirect
304	HttpResponseNotModified
400	HttpResponseBadRequest
404	HttpResponseNotFound
403	HttpResponseForbidden
405	HttpResponseNotAllowed
410	HttpResponseGone
500	HttpResponseServerError

由于 404 错误比较常见，Django 专门提供了 Http404 类用于处理它：

```
from django.http import Http404
from django.shortcuts import render
from polls.models import Poll

def detail(request, poll_id):
    try:
        p = Poll.objects.get(pk=poll_id)
    except Poll.DoesNotExist:
        raise Http404("Poll does not exist")
    return render(request, 'polls/detail.html', {'poll': p})
```

19.3 快捷方式

19.3.1 render_to_string()

在前面的视图中，我们把 HTML 文档写在了一个变量中，使用的时候将它传递给 HttpResponse 对象：

```
html = "<html><body>It is now %s.</body></html>" % now
return HttpResponse(html)
```

这样做虽然没有问题，但是如果当 HTML 文档非常大时，就会导致变量内容很长，读写困难。对此首先想到的解决方案就是将 HTML 文档写在文件中，在使用的时候加载到变量中，根据这个思路修改上面代码：

1. 创建一个 templates/time.html 文件

创建一个 templates/time.html 文件，如图 19-1 所示。

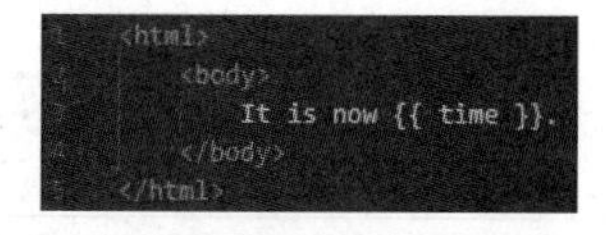

图 19-1

2. 修改视图

```
def current_datetime(request):
    now = datetime.datetime.now()
    context = { 'time' : now }
    rendered = render_to_string('time.html', context=context)
    return HttpResponse(rendered)
```

3. 添加 URL 映射

```
path(r'time/', views.current_datetime, name='time'),
```

此时重启服务器，访问 current_datetime 视图仍然能够正常显示当前时间。

虽然使用 render_to_string() 方法已经实现了目的，但是代码仍然不够简练，如果项目中包含很多视图的话，就需要编写很多遍类似代码：

```
context = { 'time' : now }
rendered = render_to_string('time.html', context=context)
return HttpResponse(rendered)
```

为了提高开发速度、减少代码错误，Django 提供了一些快捷方式用于创建 Web response 对象。下面对这些快捷方式进行详细介绍。

19.3.2 render()

作用：组装模板和上下文对象并生成 HttpResponse 对象。

语法：render(request, template_name, context=None, content_type=None, status=None, using=None

必填参数如下。

1. request

Web request 对象，通常是视图方法的第一个参数。

2. template_name

一个或多个模板文件名，如果是多个模板文件名的话，render() 方法将选择第一个可以使用的模板进行渲染。

以下为可选参数。

3. context

一个字典对象，字典中的元素值可以填充到模板中。

4. content_type

生成的文档 MIME 类型，默认使用 DEFAULT_CONTENT_TYPE 值。

5. status

HTTP 状态码，默认为 200。

6. using

用于加载模板的模板引擎名。

示例：

```
from django.shortcuts import render

def my_view(request):
    # View code here...
    return render(request, 'myapp/index.html', {
        'foo': 'bar',
    }, content_type='application/xhtml+xml')
```

19.3.3　redirect()

作用：返回 HttpResponseRedirect 对象用以进行 URL 跳转。

语法：redirect(to, permanent=False, *args, **kwargs)

参数如下：

1. to

参数 to 可以是以下一种类型：

- ❑ 包含 get_absolute_url() 方法的模型；
- ❑ 其他视图名；
- ❑ 新的 url 值。

2. permanent

默认为非永久重定向，设置 permanent=True 将进行永久重定向。

示例：

```
def my_view(request):
    ...
    return redirect('视图名', foo='bar')

def my_view(request):
    ...
    return redirect('/some/url/')
```

19.3.4 get_object_or_404()

作用：从模型中提取数据，如果数据不存在则抛出 Http404 异常。

语法：get_object_or_404(klass, *args, **kwargs)

必填参数如下。

1. klass

一个模型类、Manager 或者 QuerySet 对象实例。

2. **kwargs

查询参数，可以用于 get() 或者 filter() 方法。

示例：

```
from django.shortcuts import get_object_or_404

def my_view(request):
    my_object = get_object_or_404(MyModel, pk=1)
```

以上示例代码等价于：

```
from django.http import Http404

def my_view(request):
    try:
        my_object = MyModel.objects.get(pk=1)
    except MyModel.DoesNotExist:
        raise Http404("No MyModel matches the given query.")
```

19.3.5 get_list_or_404()

作用：使用 filter() 方法从模型中提取一组数据，如果数据不存在则抛出 Http404 异常。

语法：get_object_or_404(klass, *args, **kwargs)

必填参数如下。

1. klass

一个模型类、Manager 或者 QuerySet 对象实例。

2. **kwargs

查询参数，可以用于 get() 或者 filter() 方法。

示例：

```
from django.shortcuts import get_list_or_404

def my_view(request):
    my_objects = get_list_or_404(MyModel, published=True)
```

以上示例代码等价于：

```
from django.http import Http404

def my_view(request):
    my_objects = list(MyModel.objects.filter(published=True))
    if not my_objects:
        raise Http404("No MyModel matches the given query.")
```

19.4 视图装饰器

视图装饰器是一系列视图方法的属性，用于提供对 HTTP 请求报文的设置。

19.4.1 HTTP 方法装饰器

HTTP 方法装饰器用于约束访问视图的请求类型，该装饰器位于 django.views.decorators.http 模块。当访问视图的请求类型不正确时，HTTP 方法装饰器将会返回 django.http.HttpResponseNotAllowed 异常错误。

代码示例：

```
from django.views.decorators.http import require_http_methods

@require_http_methods(["GET", "POST"])
def my_view(request):
    # I can assume now that only GET or POST requests make it this far
    # ...
    Pass
```

需要注意的是，HTTP 请求类型必须使用大写字母。

如果仅允许使用 GET、POST 或者其他安全类型（如 GET 和 HEAD 方法）的话，可以使用 django.views.decorators.http 模块下面的其他装饰器：

- require_GET()
- require_POST()
- require_safe()

19.4.2 GZip 压缩

GZip 是目前 Internet 上非常流行的数据压缩格式，对于纯文本文件来说，GZip 压缩效果非常明显，大约可以压缩文件 60% 至 70%。当用户访问网页时，Web 服务器使用 GZip 算法对网页内容进行压缩，然后将压缩后的内容传输到客户端浏览器。由于需要传递的字节数大大减少，所以网页的访问速度也会得到改善。

Django 中的 GZip 视图装饰器位于 django.views.decorators.gzip 模块。GZip 装饰器还会相应地设置 HTTP Vary 头信息。

19.4.3 Vary

Vary 是一个 HTTP 响应头部信息，它决定了对于未来的一个请求头，应该用一个缓存的回复（response）还是向源服务器请求一个新的回复。它被服务器用来表明在 content negotiationalgorithm（内容协商算法）中选择一个资源代表的时候应该使用哪些头部信息（headers）——来自 mozilla.org。

通俗地讲，Vary 决定了哪些 HTTP Header 会被用来检验页面是否被缓存的标准。例如同一个网址分别为桌面浏览器和移动浏览器设置了不同内容，并且在 Vary 中设置了 User-Agent，那么即使用户使用移动浏览器访问过网页并生成了缓存，但是如果此时用户改用桌面浏览器访问网页时，也不会使用移动端的缓存。

Django 中关于 Vary 可用的装饰器包括 vary_on_cookie 和 vary_on_headers。

代码示例：

```
@vary_on_headers('User-Agent', 'Cookie')
def my_view(request):
    ...
```

将 cookie 设置为 Vary：

```
@vary_on_cookie
def my_view(request):
    ...

@vary_on_headers('Cookie')
def my_view(request):
    ...
```

除了直接为视图添加装饰器外，还可以使用 patch_vary_headers() 方法设置 HttpResponse 对象，例如：

```
from django.shortcuts import render
from django.utils.cache import patch_vary_headers

def my_view(request):
    ...
    response = render(request, 'template_name', context)
    patch_vary_headers(response, ['Cookie'])
    return response
```

19.4.4　Caching

Caching 装饰器位于 django.views.decorators.cache 模块，用于设置服务器端和客户端缓存。

1. cache_control(**kwargs)

设置浏览器响应的 Cache-Control 头，可选参数包括以下几种，如表 19-2 所示。

表 19-2

cache-directive	说　明
public	表示任意响应内容都可能被缓存到任何位置，这些响应内容包括本来不应该缓存的内容或者应该被缓存在私有缓存区的内容
private	表示全部或部分响应内容都会被当作单独用户所使用，并且只缓存到私有缓存中（仅客户端可以缓存，代理服务器不可缓存）
no-cache	如果没有为 no-cache 提供字段，那么后续请求将不会使用现有的缓存，后续请求必须重新进行服务区验证 如果为 no-cache 提供了一个或多个字段，那么后续请求将会使用现有的缓存，但是缓存不包含前面提供的字段
no-store	no-store 指令可以防止由于疏忽而发布或保存敏感信息，对 HTTP 请求或响应信息有效。请求和响应都禁止被缓存
max-age=xxx	指示客户端只能接受有效期小于指定时间的响应，单位为秒（s），这个选项只在 HTTP 1.1 中可用

代码示例：

```
from django.views.decorators.cache import cache_control

@cache_control(private=True, max_age=3600)
def Index(request):
    blogs = Blog.objects.all()

    context = {
        "blogs": blogs
    }
```

```
    rendered =  render_to_string("index.html", context)
    return HttpResponse(rendered)
```

2. never_cache(view_func)

禁用缓存，使用 never_cache 装饰器将会为视图方法添加以下 cache_control：max-age=0, no-cache, no-store, must-revalidate。

代码示例：

```
from django.views.decorators.cache import never_cache

@never_cache
def Index(request):
    blogs = Blog.objects.all()

    context = {
        "blogs": blogs
    }

    rendered =  render_to_string("index.html", context)
    return HttpResponse(rendered)
```

使用浏览器调试工具查看 Response Headers，如图 19-2 所示。

```
▼ Response Headers      view source
    Cache-Control: max-age=0, no-cache, no-store, must-revalidate
    Content-Length: 1814
    Content-Type: text/html; charset=utf-8
    Date: Mon, 25 Dec 2017 04:20:29 GMT
    Expires: Mon, 25 Dec 2017 04:20:29 GMT
    Server: WSGIServer/0.2 CPython/3.6.3
    X-Frame-Options: SAMEORIGIN
```

图 19-2

关于更多 cache-directive 介绍可参阅 RFC 2616：https://tools.ietf.org/html/rfc2616#section-14.9

19.5 Django 预置视图

19.5.1 serve

为了方便开发人员调试代码，Django 预先设置了一个 serve 视图。serve 视图可以用来查看任意路径下的文件，例如当用户上传完成后，使用 server 视图查看文件是否保存成功。

Serve 视图的定义如下：

```
static.serve(request, path, document_root, show_indexes=False)
```

使用 serve 视图时可以直接在 URLconf 中调用，例如：

```
from django.conf import settings
from django.urls import re_path
from django.views.static import serve

# ... the rest of your URLconf goes here ...

if settings.DEBUG:
    urlpatterns += [
        re_path(r'^media/(?P<path>.*)$', serve, {
            'document_root': settings.MEDIA_ROOT,
        }),
    ]
```

此时所有保存在 MEDIA_ROOT 路径下的文件都可以直接使用“/media/文件名”的方式进行访问。

19.5.2 Error 视图

异常处理是开发人员一直需要进行的任务，由于 HTTP 异常固定就是几种，所有 Django 框架中对这些异常处理进行了封装。

1. HTTP 404 视图

当视图程序抛出 Http404 异常时，Django 会调用一个视图去处理它，默认时，这个视图是 django.views.defaults.page_not_found()。page_not_found() 会在网页中输出简单的“Not Found”字样或者加载 404.html。

page_not_found() 视图的定义如下：

```
defaults.page_not_found(request, exception, template_name='404.html')
```

使用 page_not_found() 视图时需要注意以下几点：

- 当 Django 无法找到匹配的 URL 时也会抛出 404 错误。
- HTTP 404 视图可以接收模板上下文中的变量。
- 当 DEBUG 设置为 True 时 HTTP 404 视图将被禁用。

2. HTTP 500 视图

当 Django 出现运行时异常时会调用 HTTP 500 视图，默认为 django.views.defaults.server_error。server_error 会在网页中输出简单的“Server Error”字样或者加载 500.html。注意，HTTP 500 视图不会向 500.html 传递任何变量，当 DEBUG 设置为 True 时 HTTP 500 视图将被禁用。

server_error 视图的定义如下：

```
defaults.server_error(request, template_name='500.html')
```

3. HTTP 403 视图

对于 HTTP 403 异常，Django 默认的视图是 django.views.defaults.permission_denied，该视图会在网页中输出“403 Forbidden”或者加载 403.html。

permission_denied 视图的定义如下：

```
defaults.permission_denied(request, exception, template_name='403.html')
```

4. HTTP 400 视图

当出现 SuspiciousOperation 异常并且代码中没有进行处理时，Django 会发生“bad request”异常。默认处理“bad request”请求的视图是 django.views.defaults.bad_request。bad_request 视图同样要求 DEBUG=False。

19.6 HttpRequest 对象

当网页被请求时，Django 会自动创建一个 HttpRequest 对象，这个对象包含了所有请求中的必要数据。每一个 Django 视图都会在第一个参数位置接收 HttpRequest 对象。

19.6.1 属性

除非特殊说明，所有的 HttpRequest 对象属性都是只读的，下面是全部 HttpRequest 对象属性。

1. HttpRequest.scheme

表示请求所用网络协议，通常是 http 或者 https。

2. HttpRequest.body

HTTP 请求的 body 部分。

3. HttpRequest.path

请求资源的全路径，例如“/music/bands/the_beatles/”。

4. HttpRequest.path_info

URL 中主机名后面的内容。

如 http://127.0.0.1:8000/blog/ 的 path_info 是 /blog/；http://127.0.0.1:8000/blog/1/ 的 path_ info 是 /blog/1/。

5. HttpRequest.method

HTTP 请求所使用的方法，属性值必须是大写，如 GET、POST。

6. HttpRequest.encoding

用于处理表单提交数据的编码类型。HttpRequest.encoding 是可编辑属性，当请求所提交的数据与 DEFAULT_CHARSET 不一致时，可以通过修改属性值的方式保证能够正确取得请求数据。

7. HttpRequest.content_type

表示 MIME 类型的字符串。

8. HttpRequest.content_params

表示 CONTENT_TYPE 头的值，格式为字典。

例如：<meta http-equiv="content-type" content="text/html;charset=utf-8">

9. HttpRequest.GET

类似字典类型的对象，包含所有 HTTP GET 参数。

10. HttpRequest.POST

类似字典类型的对象，包含所有 HTTP POST 参数，通常是表单数据。

注意 POST 不包含文件上传信息。

11. HttpRequest.COOKIES

字典对象，用于保存所有 cookie，字典的 Key 和 Value 都是字符串。

12. HttpRequest.FILES

字典对象，用于保存所有被上传的文件。字典的 Key 是 HTML 元素 <input type="file" name="" /> 的 name，字典的值是 UploadedFile 对象。

13. HttpRequest.META

字典对象，包含所有 HTTP 头。下面是一些常用的 Header：

- ❑ CONTENT_LENGTH——Request body 的长度。
- ❑ CONTENT_TYPE——Request body MIME 类型。
- ❑ HTTP_ACCEPT——HTTP response 可以接收的文档类型。
- ❑ HTTP_ACCEPT_ENCODING——HTTP response 可以接收的文档编码类型。
- ❑ HTTP_ACCEPT_LANGUAGE——HTTP response 可以接收的文档语言。

- HTTP_HOST——客户端发送的 HTTP Host header。
- HTTP_USER_AGENT——客户端的 user-agent。
- QUERY_STRING——URL 中的查询字符串，通常是“?”后面的部分。

19.6.2 中间件属性

一些 Django 的中间件也包含 HttpRequest 属性，如以下几种。

1. HttpRequest.session

SessionMiddleware 提供的用于存储当前 session 信息的属性，属性值是一个类似字典的对象，属性值可以被修改。

2. HttpRequest.site

CurrentSiteMiddleware 提供的用于存储当前网站信息的属性。属性值是 get_current_site() 方法返回的 Site 或者 RequestSite 对象。

3. HttpRequest.user

AuthenticationMiddleware 提供的用于存储当前用户的属性。属性值是 AUTH_USER_MODEL 的实例对象。如果当前没有用户登录的话，属性值是 AnonymousUser 对象。

在代码中可以使用 is_authenticated 判断用户是否登录：

```
if request.user.is_authenticated:
    ...
else:
    ...
```

19.6.3 方法

1. HttpRequest.get_host()

取得 HTTP_X_FORWARDED_HOST 和 HTTP_HOST 的值。如果这两个 Header 都没有值的话，get_host() 方法返回 SERVER_NAME + SERVER_PORT。如 127.0.0.1:8000。

2. HttpRequest.get_port()

返回网站端口号。

3. HttpRequest.get_full_path()

返回 URL 主机名后面的全部信息，例如 /music/bands/the_beatles/?print=true。

4. HttpRequest.build_absolute_uri(location)

根据 localtion 返回绝对 URI，如果没有给定 location 的话，默认会使用 HttpRequest.get_full_path() 替代 location。

下面在 Search 视图中调用 build_absolute_uri() 方法：

```
print("build_absolute_uri: ", request.build_absolute_uri('5'))
print("build_absolute_uri: ", request.build_absolute_uri())
```

输出结果：

```
build_absolute_uri:  http://localhost:8000/blog/1/5
build_absolute_uri:  http://localhost:8000/blog/1/
```

Search 视图的原始 URL 是：http://localhost:8000/blog/1/。

5. HttpRequest.get_signed_cookie(key, default=RAISE_ERROR, salt='', max_age=None)

返回一个已签名的 cookie 的值，如果签名已失效则抛出异常。

如果调用方法时指定了 default 的值，那么默认的异常信息将会被 default 值替代。

调用方法时给出了 salt 值，可以有效地防止网站暴力破解攻击。例如：

```
request.get_signed_cookie('name', salt='name-salt')
```

6. HttpRequest.is_secure()

如果网站启用了 HTTPS 协议，is_secure() 方法返回 True，否则返回 False。

7. HttpRequest.is_ajax()

如果请求是通过 XMLHttpRequest 对象发送的，is_ajax() 方法返回 True，否则返回 False。

19.6.4 QueryDict 对象

前面多次提到“类似字典的对象”，其实这就是一个 QueryDict 对象。QueryDict 与普通字典对象最大的区别就是，QueryDict 对象允许一个 Key 对应多个 Value。

QueryDict 实现了字典的所有方法，下面是 QueryDict 额外提供的方法。

1. QueryDict.__init__(query_string=None, mutable=False, encoding=None)

QueryDict 的构造方法，例如：

```
>>> QueryDict('a=1&a=2&c=3')
<QueryDict: {'a': ['1', '2'], 'c': ['3']}>

>>> QueryDict.fromkeys(['a', 'a', 'b'], value='val')
<QueryDict: {'a': ['val', 'val'], 'b': ['val']}>
```

2. QueryDict.__getitem__(key)

返回指定 Key 的值，如果 Key 包含多个值则返回最后一个值。如果 Key 不存在的话，抛出 django.utils.datastructures.MultiValueDictKeyError 异常。

3. QueryDict.__setitem__(key, value)

为 Key 赋值，新值为 [value]（包含一个元素的列表）。

4. QueryDict.__contains__(key)

对于判断 Key 是否存在，由于这个方法的存在使得判断 Key 更加简单，例如：

```
if "foo" in request.GET:
...
```

19.7 HttpResponse 对象

HttpResponse 对象是对用户访问的响应，与 HttpRequest 对象不同的是，HttpResponse 对象需要开发人员在视图中创建。

HttpResponse 对象属于 django.http 模块。可以直接向 HttpResponse 对象中传递文本、迭代器。在传递文本的同时可以指定浏览器对文本的处理方式，例如：

```
>>> from django.http import HttpResponse
>>> response = HttpResponse("Here's the text of the Web page.")
>>> response = HttpResponse("Text only, please.", content_type="text/plain")
```

如果文本内容过长的话，还可以像文件对象一样，将文本分批写入，例如：

```
>>> response = HttpResponse()
>>> response.write("<p>Here's the text of the Web page.</p>")
>>> response.write("<p>Here's another paragraph.</p>")
```

另外可以直接操作 HttpResponse 的 Header 信息，例如：

```
>>> response = HttpResponse()
>>> response['Age'] = 120
>>> del response['Age']
```

注意，不像字典对象，如果删除一个不存在的 Key，del 方法并不会抛出异常。

19.7.1 属性

1. HttpResponse.content

HTTP 响应的内容。

2. HttpResponse.charset

HTTP 响应所使用的编码格式。

3. HttpResponse.status_code

HTTP 响应的状态码。除非显式地设置了 HttpResponse.reason_phrase，否则对 HttpResponse.status_code 的修改也会改变 HttpResponse.reason_phrase。

4. HttpResponse.reason_phrase

W3C 定义的 Reason-Phrases，每一个 HTTP 状态码都对应一个 Reason-Phrases 字符串，如表 19-3 所示。

表 19-3

状 态 码	Reason-Phrases
100	Continue
200	OK
403	Forbidden
404	Not Found
500	Internal Server Error

关于更详细的 HTTP Status Code 与 Reason-Phrases 信息请参阅 https://urivalet.com/reason-phrases。

5. HttpResponse.streaming

该属性值永远为 False。由于 HttpResponse.streaming 属性的存在，Django 中间件才可以使用不同的方式来处理流响应。

6. HttpResponse.closed

如果响应已经关闭则返回 True。

19.7.2 方法

1. HttpResponse.__init__(content='', content_type=None, status=200, reason=None, charset=None)

使用指定的文档内容和文档类型构造 HttpResponse 对象。

参数说明：

content：字符串或者迭代器。

content_type：MIME 类型以及字符集，content_type 用于创建 Content-Type 头。

status：HTTP 状态码。

reason：HTTP Reason-Phrases。

charset：字符集。

2. HttpResponse.__setitem__(header, value)

设置 HTTP 头，header 和 value 都是字符串。

3. HttpResponse.__delitem__(header)

删除指定 HTTP 头，如果删除失败不会抛出异常。区分字母大小写。

4. HttpResponse.__getitem__(header)

返回指定 HTTP 头的值。区分字母大小写。

5. HttpResponse.has_header(header)

判断 HTTP 头是否存在，header 区分字母大小写。

6. HttpResponse.setdefault(header, value)

如果指定的 HTTP 头还没有设置则进行设置。

7. HttpResponse.set_cookie(key, value='', max_age=None, expires=None, path='/', domain=None, secure=None, httponly=False)

设置一个 cookie。

参数说明：

max_age：cookie 的最长生命周期，单位为秒（s）。默认值为 None, 此时 cookie 的生命周期与浏览器 session 一样。

Expires：cookie 的过期时间，格式为 "Wdy, DD-Mon-YY HH:MM:SS GMT" 或者 UTC 格式的 datetime.datetime 对象。

Domain：cookie 的域。

httponly=True：阻止客户端 JavaScript 访问 cookie。

8. HttpResponse.set_signed_cookie(key, value, salt='', max_age=None, expires=None, path='/', domain=None, secure=None, httponly=True)

与 set_cookie() 方法相似，不过 set_signed_cookie() 方法在设置 cookie 之前会进行加密。

9. HttpResponse.delete_cookie(key, path='/', domain=None)

删除 cookie。删除失败不会抛出异常。

除了以上方法外，HttpResponse 对象还可以像文件或者流一样进行读写操作，具体方法如下：

- HttpResponse.write(content)
- HttpResponse.flush()
- HttpResponse.tell()
- HttpResponse.getvalue()
- HttpResponse.readable()
- HttpResponse.seekable()
- HttpResponse.writable()
- HttpResponse.writelines(lines)

19.7.3 HttpResponse 子类

为了处理不同类型的 HTTP 响应，Django 还提供了一些 HttpResponse 子类。

1. class HttpResponseRedirect

将请求跳转到其他地址。对应的 HTTP 状态码是 302。

2. class HttpResponsePermanentRedirect

与 HttpResponseRedirect 相似，进行页面跳转，不过 HTTP 状态码是 301。

3. class HttpResponseNotModified

表示从用户最后一次访问到现在，页面没有发生改变，HTTP 状态码是 304。

4. class HttpResponseBadRequest

HTTP 状态码是 400。

5. class HttpResponseNotFound

HTTP 状态码是 404。

6. class HttpResponseForbidden

HTTP 状态码是 403。

7. class HttpResponseNotAllowed

HTTP 状态码是 405。构造函数的第一个参数是必需的，参数值是一组任意允许的 HTTP method，例如：['GET', 'POST']。

8. class HttpResponseGone

HTTP 状态码是 401。

9. class HttpResponseServerError

HTTP 状态码是 500。

19.8 TemplateResponse 对象

由于 HttpResponse 对象在初始化结束后文档内容就已经固定了，很难再进行修改，所以在使用中可能会遇到一些不便，例如修改 HttpResponse 对象所使用的模板，或者在现有模板中添加新数据，这些都很难实现。为了解决这些问题，Django 提供了一个全新的对象：TemplateResponse。与 HttpResponse 不同的是，TemplateResponse 会保留模板和上下文对象，直到需要输出时才将模板编译成 HTML 文档。

19.8.1 SimpleTemplateResponse 对象

1. 属性

SimpleTemplateResponse 是 TemplateResponse 的基类，包含以下属性。

（1）SimpleTemplateResponse.template_name

SimpleTemplateResponse 对象所使用的模板，可接收的参数包括：模板对象（可以使用 get_template() 方法取得）、单个模板名、一组模板名。

例如：['foo.html', 'path/to/bar.html']

（2）SimpleTemplateResponse.context_data

渲染模板时所使用的上下文对象，必须是字典类型。

例如：{'foo': 123}

（3）SimpleTemplateResponse.rendered_content

使用当前的模板以及上下文对象所渲染的 HTML 文档内容。

（4）SimpleTemplateResponse.is_rendered

布尔值，表示当前 HTML 文档对象是否已经渲染完成。

2. 方法

SimpleTemplateResponse 对象包含以下方法：

（1）SimpleTemplateResponse.__init__(template, context=None, content_type=None, status=None, charset=None, using=None)

使用给定的模板、上下文对象、文档类型、HTTP状态码、字符集初始化SimpleTemplateResponse对象。

参数说明：

Template：可以是模板对象（可以使用get_template()方法取得）、单个模板名、一组模板名。

Context：渲染模板时所使用的上下文对象，字典类型。默认为None。

content_type：用于指定HTTP Content-Type头的MIME类型和字符集。

Status：HTTP状态码。

Charset：文档所使用的字符集。

Using：模板引擎名。

（2）SimpleTemplateResponse.resolve_context(context)

上下文对象的预处理方法，接收一个字典类型的上下文对象。默认返回相同的字典。

（3）SimpleTemplateResponse.resolve_template(template)

将模板转换为模板对象，方法可以接收模板对象（可以使用get_template()方法取得）、单个模板名、一组模板名。

（4）SimpleTemplateResponse.add_post_render_callback()

为模板渲染程序添加回调函数。通过回调函数可以有效地推迟默认进程的执行，如使用回调函数可以保证只有模板渲染结束之后才可以执行缓存程序。

当SimpleTemplateResponse对象渲染结束，回调函数将会被立即执行。回调函数只能接收一个SimpleTemplateResponse对象参数。

如果回调函数返回值不是None，返回值将会被用作新的HttpResponse对象。

（5）SimpleTemplateResponse.render()

为HTTP响应渲染HTML文档内容，如果文档已经被渲染过，render()方法将不执行任何操作。渲染后的HTML文档将会被赋值给SimpleTemplateResponse.rendered_content对象。

19.8.2 TemplateResponse对象

TemplateResponse对象的构造方法定义如下：

```
TemplateResponse.__init__(request, template, context=None, content_type=None,
status=None, charset=None, using=None)
```

参数说明：

Request：HttpRequest对象实例。

Template：可以是模板对象（可以使用get_template()方法取得）、单个模板名、一组模板名。

Context：渲染模板时所使用的上下文对象，字典类型。默认为 None。

content_type：用于指定 HTTP Content-Type 头的 MIME 类型和字符集。

Status：HTTP 状态码。

Charset：文档所使用的字符集。

Using：模板引擎名。

19.8.3 TemplateResponse 对象渲染过程

TemplateResponse 对象实例在发送给客户浏览器之前必须要完成渲染工作。有以下三种情形 TemplateResponse 对象会被渲染：

- 明确调用 TemplateResponse.render() 方法的时候。
- 为 response.content 属性赋值的时候。
- 通过 template response 中间件之后，但是还没有通过 response 中间件。

注意 TemplateResponse 对象只能够被渲染一次，当渲染完成后，继续调用 render() 方法将不起任何作用。但是如果重新为 response.content 赋值的话，文档内容的改变还是会被应用上的。

下面是几种渲染 TemplateResponse 对象的方式：

```
# 初始化一个 TemplateResponse 对象
>>> from django.template.response import TemplateResponse
>>> t = TemplateResponse(request, 'original.html', {})
>>> t.render()
>>> print(t.content)
Original content

# 重新调用 render() 方法
>>> t.template_name = 'new.html'
>>> t.render()
>>> print(t.content)
Original content

# 直接修改 response.content 属性
>>> t.content = t.rendered_content
>>> print(t.content)
New content
```

19.8.4 回调函数

某些操作必须基于一个完全渲染结束的 response 对象，如缓存操作。如果使用中间件来处理这些操作的话，一切都能正常执行，因为中间件保证了所有操作都是在渲染结束之后才可以执行，但是如果使用视图装饰器的话就会出问题了，因为装饰器是被立即执行的。为了解决这些问题，TemplateResponse 允许开发人员注册回调函数，TemplateResponse 的回调函数是在模板渲染结束后被立即执行的。下面是一个回调函数示例代码：

```
from django.template.response import TemplateResponse

def my_render_callback(response):
    # 完成回调任务
    do_post_processing()

def my_view(request):
    # 创建 TemplateResponse 对象
    response = TemplateResponse(request, 'mytemplate.html', {})
    # 注册回调函数
    response.add_post_render_callback(my_render_callback)
    # 返回 response 对象
    return response
```

19.8.5 使用 TemplateResponse 对象

TemplateResponse 对象可以像 HttpResponse 对象一样使用，没有任何限制。

下面修改 blog/index 视图，使用 HttpResponse 对象替代 HttpResponse：

```
def Index(request):
    blogs = Blog.objects.all()
    context = {
        "blogs": blogs
    }
    return TemplateResponse(request, "index.html", context)
```

打开浏览器查看显示效果，如图 19-3 所示。

图 19-3

19.9 文件上传

文件上传是一个比较普遍的网站功能，在服务器端，Django 会使用一个叫作 request.FILES 的对象来处理上传的文件。本节主要介绍 Django 是如何保存文件的。

19.9.1 一般文件上传

编写表单类，该表单包含一个 FileField 字段。

```
from django import forms

class UploadFileForm(forms.Form):
    title = forms.CharField(max_length=50)
    file = forms.FileField()
```

下面是处理 UploadFileForm 表单的视图 form_view.py。

```
from django.http import HttpResponseRedirect
from django.shortcuts import render,reverse
from .forms import UploadFileForm
from django.conf import settings
import os
import sys

def upload_file(request):
    if request.method == 'POST':
        form = UploadFileForm(request.POST, request.FILES)
        if form.is_valid():
            f = request.FILES['file']
            handle_uploaded_file(f)
            return HttpResponseRedirect(reverse('blog:success', args=(f.name,)))
    else:
        form = UploadFileForm()
        return render(request, 'upload.html', {'form': form})

def handle_uploaded_file(f):
    p = os.path.join(settings.MEDIA_ROOT, 'upload', f.name)
    with open(p, 'wb+') as destination:
        for chunk in f.chunks():
            destination.write(chunk)

def success(request, name):
    return render(request, 'success.html', {'file': name})
```

创建模板文件。

```
upload.html:
<form action="{% url 'blog:upload' %}" method="post" enctype="multipart/form-data">
```

```
    {% csrf_token %}
    {{ form }}
    <input type="submit" value="Submit" />
</form>
success.html:
{{ file }} 上传成功!
```

添加 URL 路由。

```
from django.urls import path
from . import views, form_view
app_name = 'blog'

urlpatterns = [
...
    path('upload/', form_view.upload_file, name='upload'),
    path('success/<str:name>/', form_view.success, name='success'),
]
```

代码解析：

只有 POST 请求方式才会触发文件上传动作。

request.FILES 是一个字典对象，包含所有上传文件，字典的 key 是表单类的字段，本例中的 key 是 “file”。

用于文件上传操作的表单元素需要包含 enctype="multipart/form-data" 属性。

为了避免使用类似 read() 方法一次性将文件读取到内存中造成内存不够的问题，使用 f.chunks() 方式将文件分块处理。

文件上传到 settings.MEDIA_ROOT 所指定路径下的 upload 文件夹中。

19.9.2　多文件上传

由于标准的 HTML 只支持使用 <input type="file">，而 <input type="file"> 每次只能上传一个文件，所以对于需要进行大量文件上传的操作来说会很不方便，这在 Django 中就变得相对简单很多。

添加 FileFieldForm 表单类。

```
...
class FileFieldForm(forms.Form):
    file_field = forms.FileField(widget=forms.ClearableFileInput(attrs={'multiple': True}))
```

添加用于处理多个文件上传的表单类。

```
...
from django.views.generic.edit import FormView
```

```
from .forms import FileFieldForm

class FileFieldView(FormView):
    form_class = FileFieldForm
    template_name = 'multyupload.html'
    success_url = u'/blog/success/全部文件'

    def post(self, request, *args, **kwargs):
        form_class = self.get_form_class()
        form = self.get_form(form_class)
        files = request.FILES.getlist('file_field')
        if form.is_valid():
            for f in files:
                handle_uploaded_file(f)
            return self.form_valid(form)
        else:
            return self.form_invalid(form)
```

创建模板文件 multyupload.html。

```
<form action="{% url 'blog:multyupload' %}" method="post" enctype="multipart/form-data">
    {% csrf_token %}
    {{ form }}
    <input type="submit" value="Submit" />
</form>
```

添加 URL 路由。

```
path('multyupload/', form_view.FileFieldView.as_view(), name='multyupload'),
```

此时每个 HTTP 请求都可以上传多个文件了，浏览器访问效果如图 19-4 所示。

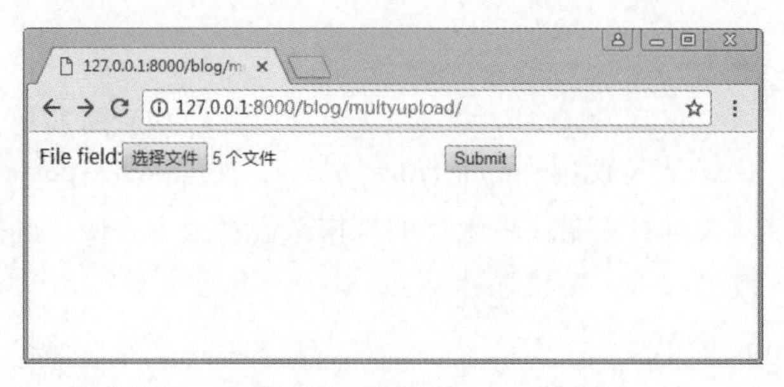

图 19-4

19.10 类视图

除了前面介绍的视图方法外，Django 还提供了一系列类视图，如通用视图。通过使用类视图可以提高代码重用率。Django 一共提供了几十个类视图，详细信息可以参考 Django 官方文档：https://docs.djangoproject.com/en/2.0/ref/class-based-views/。

本节将对 Django 的类视图进行简单介绍，并选择部分常用视图进行讲解。

19.10.1　类视图入门

Django 提供了一些基本的类视图，这些类视图能够直接拿来使用，下面用 TemplateView 来演示如何使用 Django 的类视图。

修改 URL：

```
from django.urls import path
from django.views.generic import TemplateView

urlpatterns = [
    path('about/', TemplateView.as_view(template_name="about.html")),
]
```

浏览器访问效果如图 19-5 所示。

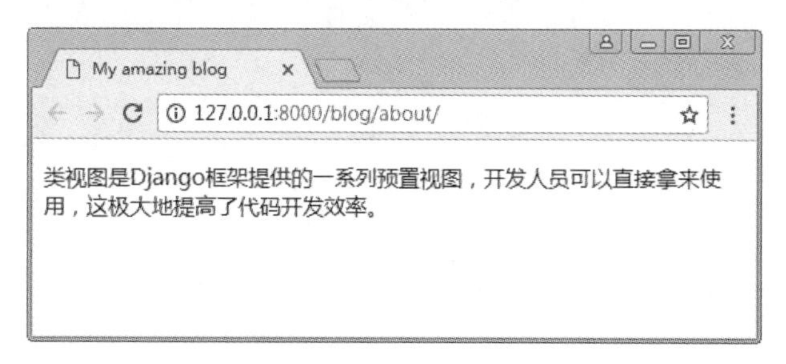

图 19-5

19.10.2　继承类视图

如果 Django 提供的类视图不能满足工作需要的话，我们还可以基于已有的类视图开发新的视图。

下面对 TemplateView 进行重写：

```
from django.views.generic import TemplateView

class AboutView(TemplateView):
    template_name = "about.html"
```

添加 URL：

```
path(r'about/', views.AboutView.as_view()),
```

此时重新访问 http://127.0.0.1:8000/blog/about/，显示效果一样。

开发新的类视图的好处就是，可以高度定制化类视图，如修改类属性、修改数据方法等。

19.11 通用视图

19.11.1 通用视图概述

很多情况下使用视图来显示一个列表或者一个对象的详细信息。正是由于类似的工作比较常见，因此 Django 提供了一些通用类视图。

下面仍然以 Blog 应用程序为例展示如何使用通用类视图。

编写视图。

```
from django.views.generic import ListView
from .models import Blog

class BlogListView(ListView):
    model = Blog
```

修改 URL。

```
path(r'index/', views.BlogListView.as_view(), name='index'),
```

创建模板。

以上就是全部的 Python 代码，下面添加模板。对于 ListView，Django 会自动查找名为“模型_list.html”模板，本例中默认模板名为“ blog_list.html”。在 templates 文件夹下创建“blog/blog_list.html”：

```
{% extends "base.html" %}
{% load static %}

{% block content %}

    {% for blog in object_list %}
        <h2 class="blog_head">{{ blog.id }} - {{ blog.name }}</h2>
        <p class="blog_body">
            {{ blog.tagline }}
        </p>
    {% endfor %}

{% endblock %}
```

注意，由于 ListView 是通用视图，所以它传递给模板的上下文对象是 object_list 而不是具体的模型名。

浏览器访问效果如图 19-6 所示。

图 19-6

19.11.2　修改通用视图属性

前面在使用 ListView 时采用的是默认属性，如模板名和上下文对象，默认值虽然方便但是却难以理解，下面我们就试着修改默认值：

```
class BlogListView(ListView):
    model = Blog
    template_name = 'blog_list.html'
    context_object_name = 'blogs'
```

将原有模板名重命名为“ blog_list.html”，上下文对象修改为“ blogs”。在浏览器中重新访问效果一样。

19.11.3 添加额外的上下文对象

有时我们在模板中不只需要默认的模型数据列表，可能还需要额外的一些信息，或者我们需要对数据列表进行一定的修改，此时可以通过重写 get_context_data() 方法达到这样的目的。

下面修改代码使博客列表中只显示最近发布的三篇文章，并显示全部作者：

修改模板：

```
class BlogListView(ListView):
    model = Blog
    template_name = 'blog_list.html'
    context_object_name = 'blogs'

    def get_context_data(self, **kwargs):
        context = super().get_context_data(**kwargs)
        context['entries'] = Entry.objects.all().order_by('pub_date')[0:3]
        context['author_list'] = Author.objects.all()
        return context
```

修改视图：

```
{% extends "base.html" %}
{% load static %}

{% block content %}

    <ul>
    {% for author in author_list %}
        <li>
            {{ author.name }}
        </li>
    {% endfor %}
    </ul>

    {% for entry in entries %}
        <h2 class="blog_head">{{ entry.blog.id }} - {{ entry.blog.name }}</h2>
        <p class="blog_body">
            {{ entry.blog.tagline }}
        </p>
    {% endfor %}

{% endblock %}
```

浏览器访问效果如图 19-7 所示。

图 19-7

19.11.4 queryset 属性

前面我们使用“model = Blog”在通用视图中指定模型，其实这句代码是 queryset 的简写形式，标准写法是：

```
queryset = Publisher.objects.all()
```

通过使用 queryset 可以对数据进行一定的修改，下面重新编写 BlogListView：

```
class BlogListView(ListView):
    queryset = Blog.objects.all()[:3]
    template_name = 'blog_list.html'
    context_object_name = 'blogs'

    def get_context_data(self, **kwargs):
```

```
        context = super().get_context_data(**kwargs)
        context['author_list'] = Author.objects.all()
        return context
```

此时网页将只显示前三篇博客文章。

19.11.5 通用视图参数

通用视图也可以传递参数，下面的 URL 允许接收 Author 作为过滤条件。

```
path(r'index/<author>/', views.BlogListView.as_view()),
```

修改 BlogListView 视图：

```
class BlogListView(ListView):
    model = Entry
    template_name = 'blog/blog_list.html'
    context_object_name = 'entries'

    def get_queryset(self):
        self.author = get_object_or_404(Author, name=self.kwargs['author'])
        return Entry.objects.filter(authors=self.author)

    def get_context_data(self, **kwargs):
        context = super().get_context_data(**kwargs)
        context['author_list'] = Author.objects.all()
        return context
```

修改模板：

```
{% extends "base.html" %}
{% load static %}

{% block content %}

    <ul>
    {% for author in author_list %}
        <li>
            {{ author.name }}
        </li>
    {% endfor %}
    </ul>

    {% for entry in entries %}
        <h2 class="blog_head">{{ entry.blog.id }} - {{ entry.blog.name }}</h2>
        <p class="blog_body">
            {{ entry.blog.tagline }}
        </p>
    {% endfor %}

{% endblock %}
```

浏览器显示效果如图 19-8 所示。

图 19-8

19.11.6 通用视图与模型

从上面示例代码不难发现，某些视图指定了 model 属性，而某些视图并没有给出 model 属性，但是所有这些视图都能够很好地工作，这是由于通用视图可以从以下三个方面确定模型：

- 视图的 model 属性指定模型。
- 视图的 get_object() 方法返回模型。
- 视图的 queryset 所使用的模型。

19.12 表单视图

Django 的表单视图可以处理一些基本的表单任务，如表单验证、编辑等。以前面的 FileFieldView 视图为例，如果当用户没有选择任何文件时就单击提交按钮进行提交，表单会阻止 HTTP 请求并弹出提示信息，如图 19-9 所示。

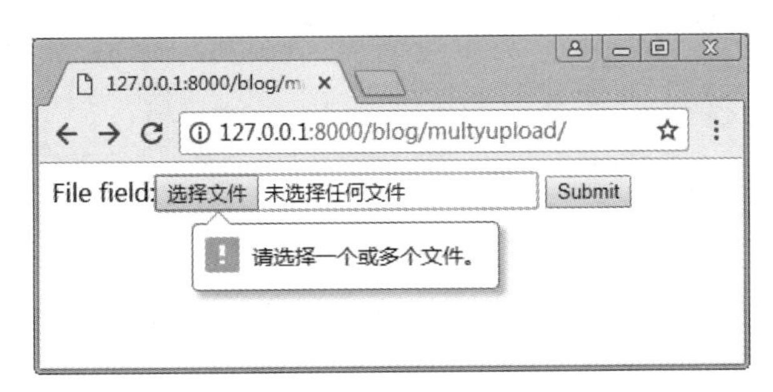

图 19-9

另外当用户提交了合法信息后，还可以使用 form_valid() 方法执行额外操作，下面修改 FileFieldView 视图，添加 form_valid() 方法：

```
class FileFieldView(FormView):
    ...

    def form_valid(self, form):
        print('data: ', form.data)
        return super().form_valid(form)

    def post(self, request, *args, **kwargs):
...
        if form.is_valid():
            for f in files:
                print(type(f)) # 打印文件信息
                handle_uploaded_file(f)
            return self.form_valid(form)
        else:
            return self.form_invalid(form)
```

重启 Web 服务并上传文件，此时服务器输出以下信息：

```
>>> [27/Dec/2017 11:16:51] "GET /blog/multyupload/ HTTP/1.1" 200 411
>>> <class 'django.core.files.uploadedfile.InMemoryUploadedFile'>
>>> <class 'django.core.files.uploadedfile.InMemoryUploadedFile'>
>>> data:  <QueryDict: {'csrfmiddlewaretoken': ['pEOHKlJwL9gqyONZt8z4CrJk9PjVVV
41xzOENft9GuqfaydKtyF4SGRvVOwveHul']}>
>>> [27/Dec/2017 11:17:03] "POST /blog/multyupload/ HTTP/1.1" 302 0
```

19.12.1 编辑表单视图

通过使用表单视图，可以在编写很少的代码的情况下完成模型的增删改操作。下面以 Author 模型为例看看如何使用表单视图编辑模型。

修改 Author 模型类：

```
from django.db import models
from django.shortcuts import reverse

class Author(models.Model):
    name = models.CharField(max_length=200)
    email = models.EmailField()

    def __str__(self):
        return self.name

    def get_absolute_url(self):
        return reverse('blog:author-detail', kwargs={'pk': self.pk})
```

添加视图：

```
from django.shortcuts import reverse
from django.views.generic.edit import FormView, CreateView, UpdateView, DeleteView
from django.urls import reverse_lazy

class AuthorDetail(DetailView):
    model = Author

class AuthorCreate(CreateView):
    model = Author
    fields = ['name', 'email']

class AuthorUpdate(UpdateView):
    model = Author
    fields = ['name', 'email']
    template_name = 'blog/author_update.html'

class AuthorDelete(DeleteView):
    model = Author
    success_url = reverse_lazy('blog:success', args=['删除成功'])
```

添加模板：

author_form.html：

```
<form action="{% url 'blog:author-add' %}" method="post">
    {% csrf_token %}
    {{ form }}
    <input type="submit" value="Submit" />
</form>
```

author_detail.html：

```
{% extends "base.html" %}
{% load static %}

{% block content %}

    <div>
        <div>{{ object.name }}</div>
        <div>{{ object.email }}</div>
    </div>

{% endblock %}
```

author_update.html：

```
<form action="{% url 'blog:author-update' object.id %}" method="post">{% csrf_token %}
    {{ form.as_p }}
    <input type="submit" value="Update" />
</form>
```

author_confirm_delete.html：

```
<form action="{% url 'blog:author-delete' object.id %}" method="post">{% csrf_token %}
    <p> 确定要删除 "{{ object.name }}" 吗? </p>
    <input type="submit" value="Confirm" />
</form>
```

添加 URL：

```
    path('author/<int:pk>/', form_view.AuthorDetail.as_view(), name='author-detail'),
    path('author/add/', form_view.AuthorCreate.as_view(), name='author-add'),
    path('author/<int:pk>/update/', form_view.AuthorUpdate.as_view(), name=
'author-update'),
path('author/<int:pk>/delete/', form_view.AuthorDelete.as_view(), name='author-
delete'),
```

需要注意的是，UpdateView 和 DeleteView 对于 POST 和 GET 请求都有不同的处理方式，GET 请求只会用于显示确认信息，而 POST 请求才会真正执行操作，例如更新 Author 时首先弹出确认框，只有单击 Update 按钮之后才会真正更新信息，如图 19-10 所示。

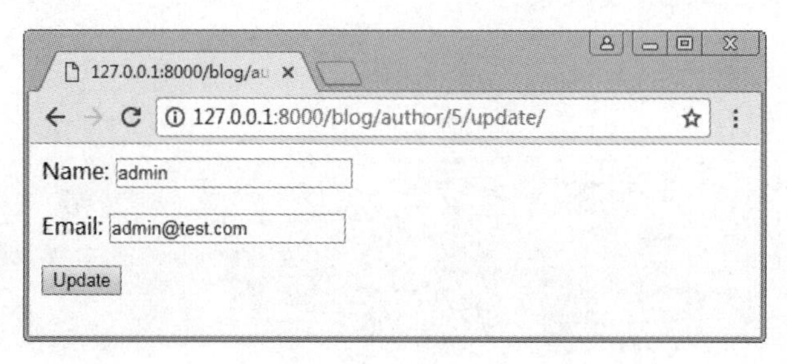

图 19-10

Delete 操作同样需要先进行确认才可以真正执行，如图 19-11 所示。

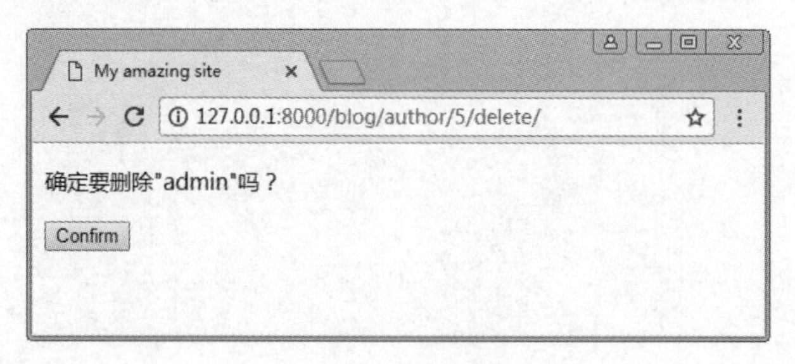

图 19-11

19.12.2 当前用户

一般进行数据操作时都需要记录执行人，也就是当前登录的用户，Django 使用 User 模块进行用户管理，下面修改 Author 模型使其能够记录添加 Author 操作的用户信息。

```
from django.contrib.auth.models import User

class Author(models.Model):
    ...
    created_by = models.ForeignKey(User, on_delete=models.CASCADE)
    ...
```

修改 AuthorCreate 视图：

```
class AuthorCreate(CreateView):
    model = Author
    fields = ['name', 'email']

    def form_valid(self, form):
        form.instance.created_by = self.request.user
        return super().form_valid(form)
```

执行 migrations 命令。

重新启动 Web 服务并登录到 Admin(目前网站只有 Admin 后台登录功能)，添加 Author。

第 20 章
模板

在前面章节中已经多次使用模板，在本章将会详细介绍 Django 的模板。模板可以看作创建 HTML 页面的样本，模板包含静态的 HTML 和用于描述如何动态生成 HTML 的特殊语法两个部分。模板的结构和 HTML 文件非常相似，甚至完全可以使用一个 HTML 文件来作为模板。

Django 使用模板引擎对模板文件进行解释，一个 Django 工程可以配置一个或者多个模板引擎。如果项目中没有使用模板，那么也可以不配置模板引擎。Django 自带了一个模板系统叫作 Django Template Language（DTL），通过该引擎可以方便地加载模板文件并在内存中进行编译，然后插入动态数据，最后返回一个字符串。

由于前面章节已经详细介绍了如何在 Django 中配置模板引擎，因此这里就不再赘述了。

20.1 加载模板

在 django.template.loader 模块中提供了两个方法用于加载模板：

```
get_template(template_name, using=None)
```

该方法接收一个模板名，返回 Template 对象。

```
select_template(template_name_list, using=None)
```

该方法接收一个模板名称的列表，返回第一个存在的 Template 对象。

当找不到对应的模板时，这两个方法都会返回 TemplateDoesNotExist 异常。如果模板找到了，但是模板中存在语法错误，返回 TemplateSyntaxError 异常。

对于不同的模板引擎，Template 对象也是不同的，但是 Template 对象必须包含一个 render() 方法。Render 的语法结构如下：

```
Template.render(context=None, request=None)。
```

参数说明：

- context 是一个需要被展示到 HTML 文件上的数据集合，它是一个字典对象。如果 render 没有接收任何 context，模板引擎就是直接渲染模板而不插入任何数据。
- request 是一个 HttpRequest 对象。不同的模板引擎对 request 对象的处理方式不同。

假设存在如下模板配置。

```
TEMPLATES = [
    {
        'BACKEND': 'django.template.backends.django.DjangoTemplates',
        'DIRS': [
            '/home/html/example.com',
            '/home/html/default',
        ],
    },
    {
        'BACKEND': 'django.template.backends.jinja2.Jinja2',
        'DIRS': [
            '/home/html/jinja2',
        ],
    },
]
```

下面是 get_template() 方法的模板查找顺序：

（1）/home/html/example.com/story_detail.html ('django' engine)

（2）/home/html/default/story_detail.html ('django' engine)

（3）/home/html/jinja2/story_detail.html ('jinja2' engine)

下面是 select_template(['story_253_detail.html', 'story_detail.html']) 方法的模板查找顺序：

（1）/home/html/example.com/story_253_detail.html ('django' engine)

（2）/home/html/default/story_253_detail.html ('django' engine)

（3）/home/html/jinja2/story_253_detail.html ('jinja2' engine)

（4）/home/html/example.com/story_detail.html ('django' engine)

（5）/home/html/default/story_detail.html ('django' engine)

（6）/home/html/jinja2/story_detail.html ('jinja2' engine)

一旦 Django 找到了匹配的模板引擎，查询工作就会停止，即使后面存在其他匹配的模板文件也不会继续查询了。这样做可以通过子文件夹将不同应用程序的模板文件分别管理，使整个工程结构变得清晰。

如果使用文件路径查找模板的话，例如：

```
get_template('news/story_detail.html')
```

对于同样的模板配置，将会在下面的路径进行查找：

（1）/home/html/example.com/news/story_detail.html ('django' engine)

（2）/home/html/default/news/story_detail.html ('django' engine)

（3）/home/html/jinja2/news/story_detail.html ('jinja2' engine)

20.2 模板语言

Django 的模板语言非常强大，对于有过 HTML 开发经验的人来说会感到非常亲切。本节将详细介绍 Django 的模板语言。

Django 的模板是一个简单的文本文件，可以是任何文本格式，如 HTML、XML、TXT 等，推荐使用 .HTML 格式。模板语言主要包括变量（variables）和标签（tags）两部分。变量在模板渲染时被具体的值所替代，而标签则用于处理代码逻辑。

20.2.1 变量

在模板中变量是使用 {{ 和 }} 包围起来的对象，它的值存放在上下文对象（context）中，context 中可能存在很多变量，这些变量按照字典（dict）的形式保存。

变量名可以包括字母、数字和下画线，但是绝对不可以包括空格和其他标点符号。

英文句点（.）在变量中有特殊意义，如果模板引擎遇到句点将会按照下面的顺序对其进行解释：

（1）字典查找。

（2）查找属性和方法。

（3）查找下标。

注意，如果句点后面的变量是一个方法，那么这个方法会按照空参数的方式调用，例如一个字典的 iteritems 方法可以在模板中用以下方式调用。

```
{% for k, v in defaultdict.items %}
    Do something with k and v here...
{% endfor %}
```

20.2.2 过滤器

过滤器可以用来修改变量的显示样式。

过滤器的使用方式：{{ 变量 | 过滤器方法 }}。过滤器可以连续使用，形式如：{{ 变量 | 过滤器方法 1| 过滤器方法 2}}。

注意变量、管道符（|）和过滤器方法之间不能有空格。

某些过滤器还可以接收参数，例如：{{ bio|truncatewords:30 }}，这句代码的意思是显示bio的前30个单词。

如果过滤器参数包含空格的话，参数就要用引号包括，例如：{{ list|join:", " }}。

Django大约提供了60个过滤器，具体介绍可以参看Django官方文档：https://docs.djangoproject.com/en/2.0/ref/templates/builtins/#ref-templates-builtins-filters。

下面介绍几种常用的过滤器。

1. add

加法运算：{{ value|add:"2" }}。

这个方法会先按照数值来计算，如果失败了就直接将两个值拼接在一起，如连接两个数组。

如果value是4，则输出6，如果value是“Django”，则输出“Django2”、如果value是列表，则会进行列表拼接。

2. capfirst

首字母大写：{{ value|capfirst }}。

3. center

使用指定宽度将值居中显示，例如：{{ value|center:"15" }}，如果value是“ Django”，则输出“   Django   ”。

4. cut

删除指定值，例如去掉字符串中的空格：{{ value|cut:" " }}。

如果value是“String with spaces”，那么输出“Stringwithspaces”。

5. date

格式化日期，例如{{ value|date:"D d M Y" }}，该方法参数较多请参考Django官网。

6. default

如果变量是false或者空，显示默认值。例如：{{ value|default:"nothing" }}，如果value是false，那么在页面上显示nothing。

7. escape

将字符串进行HTML转意，例如：

```
{% autoescape off %}
    {{ title|escape }}
{% endautoescape %}
```

如果 value 是“<Django>”，则输出 <Django>。

8. filesizeformat

将文件大小按照人类可读的形式显示，例如一个文件有 123456789 个字节，那么使用 filesizeformat 将会显示成 117.7 MB，语法形式：{{ value|filesizeformat }}。

9. Join

拼接多个元素，例如：{{ value|join:" // " }}。

10. length

显示一个字符串或者数组的长度，例如：{{ value|length }}。

11. linenumbers

在文本前显示编号。

例如：{{ value|linenumbers }}。

如果 value 是：

```
One
Two
Three
```

那么输出：

```
1. One
2. Two
3. Three
```

12. truncatewords

如果文字太长则缩短显示内容，例如：{{ value|truncatewords:2 }}，如果此时 value 是“Joel is a slug”，则输出“Joel is ...”。

13. upper

字母转换大写显示，例如：{{ value|upper }}，如果 value 是“Django”，则输出“DJANGO”。

20.2.3 标签

标签的用法类似于 {% tag %}。标签相对于变量来说更加复杂，标签可以用于输出文本、控制代码执行逻辑等。

有些标签还需要有开始标记和结束标记，这类标签的格式类似于：{% tag %} ... tag

contents ... {% endtag %}。

Django 大约内置了 20 多种标签，具体介绍可以参看 Django 官方文档：https://docs.djangoproject.com/en/2.0/ref/templates/builtins/#ref-templates-builtins-tags。

下面选择部分常用标签进行介绍。

1. block

用于定义一个模板块，这个模板块可以被字幕版重写，block 的用法如下：

```
{% block 模板块的名字 %}
...
{% endblock %}
```

在模板继承部分将会对 block 标签进行详细介绍。

2. comment

模板中的注释，模板引擎将会忽略 {% comment %} 和 {% endcomment %} 之间的任何代码。

comment 的用法如下：

```
{% comment "Optional note" %}
    <p>Commented out text with {{ create_date|date:"c" }}</p>
{% endcomment %}
```

3. cycle

循环提取 cycle 的值。例如下面代码：

```
{% for o in some_list %}
    <tr class="{% cycle 'row1' 'row2' %}">
        ...
    </tr>
{% endfor %}
```

假设 some_list 的长度大于 2，那么输出的第一个 <tr> 标签的 class 就是 row1，第二个 <tr> 标签的 class 就是 row2，第三个 <tr> 标签的 class 重新使用 row1 直到循环结束。

4. extends

用于标记当前模板继承自哪个父模板。

extends 标签有以下两种使用形式：

```
{% extends "base.html" %}
{% extends variable %}
```

在模板继承部分将会对 extends 标签进行详细介绍。

5. for

循环遍历一个列表。

例如下面代码使用 for 循环生成一个无序列表：

```
<ul>
{% for athlete in athlete_list %}
    <li>{{ athlete.name }}</li>
{% endfor %}
</ul>
```

还可以使用 reversed 对列表进行翻转：

```
{% for obj in list reversed %}
```

使用 for 循环遍历字典：

```
{% for key, value in data.items %}
    {{ key }}: {{ value }}
{% endfor %}
```

for 循环提供了一些变量，如表 20-1 所示。

表 20-1

变　量	说　明
forloop.counter	当前循环位置（以数字 1 位起始）
forloop.counter0	当前循环位置（以数字 0 位起始）
forloop.revcounter	反向循环位置（列表的最后一位是 1，列表第一位是 n）
forloop.revcounter0	反向循环位置（列表的最后一位是 0，列表第一位是 n-1）
forloop.first	如果是当前循环的第一位，返回 True
forloop.last	如果是当前循环的最后一位，返回 True
forloop.parentloop	上级循环

代码示例：

```
{% for n in numbers %}
        {% if forloop.first %}
            这是循环的起始位置 {{ n }}<br />
        {% endif %}

        {{ forloop.counter }} - {{ n }}<br />

        {% if forloop.last %}
            这是循环的结束位置 {{ n }}<br />
        {% endif %}

{% endfor %}
```

浏览器显示效果如图 20-1 所示。

代码示例：

```
{% for n in numbers %}
    {% for n in numbers %}
        {{ forloop.parentloop.counter0 }} - {{ n }}<br />
    {% endfor %}
{% endfor %}
```

浏览器显示效果如图 20-2 所示。

这是循环的起始位置 0
1 - 0
2 - 1
3 - 2
这是循环的结束位置 2

图 20-1

0 - 0
0 - 1
0 - 2
1 - 0
1 - 1
1 - 2
2 - 0
2 - 1
2 - 2

图 20-2

6. for ... empty

当被遍历对象为空时，显示 empty 标签内容，其他部分与 for 循环一致。

代码示例：

```
<ul>
{% for athlete in athlete_list %}
    <li>{{ athlete.name }}</li>
{% empty %}
    <li>Sorry, no athletes in this list.</li>
{% endfor %}
</ul>
```

7. if

条件判断标签，当判断条件为真时（存在、非空、非 False 值）输出标签内容。与 Python 一样，if 标签也支持 elif 和 else 条件分支语句。代码示例：

```
{% if athlete_list %}
    Number of athletes: {{ athlete_list|length }}
{% elif athlete_in_locker_room_list %}
    Athletes should be out of the locker room soon!
{% else %}
    No athletes.
{% endif %}
```

同样，if 标签还支持对判断条件进行逻辑运算，逻辑运算符包括 and、or、not：

```
{% if athlete_list and coach_list %}
    Both athletes and coaches are available.
{% endif %}
```

注意不能在 if 标签中使用圆括号对判断条件进行分组，如以下代码将会抛出“Could not parse the remainder: '(False' from '(False'”错误：

```
{% if numbers and (False or True) %}
    Pass
{% endif %}
```

除了逻辑运算符外，if 标签还支持以下运算符：

```
==, !=, <, >, <=, >=, in, not in, is, is not。
```

代码示例：

```
{% if somevar == "x" %}
  This appears if variable somevar equals the string "x"
{% endif %}
```

if 语句还可以使用过滤器，如使用 length 过滤器显示长度大于等于 100 个字符的信息：

```
{% if messages|length >= 100 %}
   You have lots of messages today!
{% endif %}
```

8. include

加载其他模板。例如加载 "foo/bar.html"：

```
{% include "foo/bar.html" %}
```

如果新模板中包含变量，include 标签还可以传递变量值，例如模板“name_snippet.html”形式如下：

```
{{ greeting }}, {{ person|default:"friend" }}!
```

可以使用 include 在引用“name_snippet.html”的同时传递参数：

```
{% include "name_snippet.html" with person="Jane" greeting="Hello" %}
```

如果在应用“name_snippet.html”的时候只需要传递一个变量值而忽略其他变量，可以使用 only 标签：

```
{% include "name_snippet.html" with greeting="Hi" only %}
```

9. load

加载自定义模板标签。例如加载注册到 somelibrary 和 package.otherlibrary 的全部标签：

```
{% load somelibrary package.otherlibrary %}
```

加载 somelibrary 中 foo 和 bar 两个标签：

```
{% load foo bar from somelibrary %}
```

10. now

显示当前日期时间。例如：

```
{% now "jS F Y H:i" %}
```

11. url

动态生成 url，详细使用方法可参见 17.8 节。

12. with

为复杂变量创建别名，尤其是使用句点访问多级变量时非常方便：

```
{% with total=business.employees.count %}
    {{ total }} employee{{ total|pluralize }}
{% endwith %}
```

20.2.4 人性化语义标签

除了上述功能性标签外，Django 还提供了很多辅助性标签，这些标签只是为了使变量输出变得更加可读，下面对这些标签进行简单介绍。

首先为了使用这些标签，需要在 INSTALLED_APPS 中注册“ django.contrib.humanize”，然后在模板中引用 humanize:{% load humanize %}。

下面是具体标签介绍：

1. apnumber

将数字 1 ~ 9 转换为英文单词，但是其他数字不转换，如数字 10 将被原样输出。

示例：

```
数字 1 被转换为 one;
数字 2 被转换为 two;
数字 10 仍显示 10;
```

如果当前工程语言是中文的话，数字将会被转换为对应的汉字，例如：

```
{{ 1|apnumber }}
{{ 2|apnumber }}
{{ 5|apnumber }}
```

输出：

```
一
二
五
```

2. intcomma

输出以逗号分隔的数字，如 4500 输出 4,500，4500.2 输出 4,500.2。

3. intword

以文字形式输出数字，如 1000000 输出“1.0 million”，1200000 输出“1,2 Million”。

对于中文系统，将会输出对应的中文，如 1200000 输出“1.2 百万”。

4. naturalday

将当前日期以及前后一天输出为 today、yesterday 和 tomorrow，而中文系统分别输出“今天”“昨天”和“明天”。

5. naturaltime

对于日期时间格式，时间值与系统当前时间比较，然后输出结果。如当前时间输出“ now”，29 秒前输出“29 seconds ago”。如果使用 naturaltime 输出今天、昨天、明天的话，就会变成“现在”“23 小时以后”“1 日 之前”。

6. ordinal

将数字转换为序数，如 1 输出“1st”；2 输出“2nd”；3 输出“3rd”。注意此时中文与英文的输出一样。

20.2.5 自定义标签和过滤器

虽然 Django 已经提供了很丰富的模板标签和过滤器，但是在实际工作中还是会遇到特殊需求是已有标签和过滤器所不能实现的，此时可以开发自定义模板标签和过滤器来实现特殊需求。

通常都会把自定义标签和过滤器放在 Django 应用程序的 templatetags 文件夹中，如果应用程序中没有 templatetags 文件夹，那么可以手动创建一个，这个文件夹与 models.py, views.py 文件平级，最后不要忘记在这个文件里面放一个 __init__.py 文件。对于手动创建的 templatetags 文件夹，必须要重新启动 server 才能生效。

注意

templatetags 中的文件名就是将来新标签或过滤器的名字，所以起名字要谨慎，不要和其他应用的标签、过滤器重名。

例如，下面是为应用程序 polls 添加自定义标签后的目录结构：

```
polls/
    __init__.py
    models.py
    templatetags/
        __init__.py
        poll_extras.py
    views.py
```

此时可以在模板中使用下面代码加载标签 poll_extras：

```
{% load poll_extras %}
```

为了使 Python 模块成为 Django 自定义标签或过滤器，每个模块都需要注册包含 template.Library 的实例：

```
from django import template

register = template.Library()
```

1. 自定义过滤器

自定义过滤器就是一个可以接收一个或者两个参数的 Python 方法：

- ❑ 接收的变量可以是任意类型，并不局限于字符串；
- ❑ 过滤器方法的参数可以有默认值。

例如过滤器 foo:{{ var|foo:"bar" }}，它接收的变量是 var，它的参数是 bar。

由于模板语言不能够处理异常，所以在过滤器方法中出现的异常都会成为服务器异常，因此应该避免在过滤器方法中出现异常情况。

下面是一个自定义过滤器的代码示例：

```
def cut(value, arg):
    """从字符串 value 中删除指定所有 agr"""
return value.replace(arg, '')
```

下面是过滤器 cut 的使用：

```
{{ somevariable|cut:"0" }}
```

对于大多数过滤器来说并不接收参数，所以这类过滤器的写法类似于：

```
def lower(value): # Only one argument.
    """ 将字符串中的所有字母转换为小写字母 """
    return value.lower()
```

一旦编写完自定义过滤器方法，需要使用 Library 实例对其进行注册否则不能使用，注册代码如下：

```
register.filter('cut', cut)
register.filter('lower', lower)
```

Library.filter() 方法接收两个参数：

- ❑ 第一个参数是过滤器的名字；
- ❑ 第二个参数是过滤器方法签名。

除了使用 filter() 方法注册过滤器外，还可以使用方法属性的方式，例如：

```
@register.filter(name='cut')
def cut(value, arg):
    return value.replace(arg, '')

@register.filter
def lower(value):
    return value.lower()
```

注意，如果省略 name 参数的话，Django 默认使用方法过滤器方法名作为过滤器名字。

如果需要限制过滤器接收的变量只能是字符串的话，可以使用 stringfilter 方法属性，例如：

```
from django import template
from django.template.defaultfilters import stringfilter

register = template.Library()

@register.filter
@stringfilter
def lower(value):
    return value.lower()
```

此时即使给过滤器传递数值类型也不会出现异常了。

2. 自定义标签

由于标签可以做更多的事情，所以开发自定义标签比开发过滤器更复杂，幸好 Django 为创建自定义标签提供了一些快捷方式，可以帮助开发人员快速开发出自定义标签。

其中 simple_tag() 是其中最简单的一类快捷方式：

```
django.template.Library.simple_tag()
```

很多标签的工作就是接收一些参数并进行简单运算，最后返回运算结果，对于这种类型的标签可以使用simple_tag进行开发。

下面以格式化输出当前日期为例，查看如何使用simple_tag：

```
import datetime
from django import template

register = template.Library()

@register.simple_tag
def current_time(format_string):
    return datetime.datetime.now().strftime(format_string)
```

在模板中应用：

```
{% load current_time %}
{% current_time "%y-%m-%d" %}
```

在simple_tag自定义标签中还可以使用模板的上下文对象，例如：

```
@register.simple_tag(takes_context=True)
def current_time(context, format_string):
    timezone = context['timezone']
return your_get_current_time_method(timezone, format_string)
```

注意此时自定义标签方法的第一个参数必须是“context”。

另外simple_tag还可以接收位置参数和关键字参数：

```
@register.simple_tag
def my_tag(a, b, *args, **kwargs):
    warning = kwargs['warning']
    profile = kwargs['profile']
    ...
    return ...
```

20.3 模板继承

前面讲解了Django模板的基本结构与语法，本节进一步讲解模板的另一个重要使用方法——模板继承。

Django的模板就像编程语言中的类一样是可以继承的，通过合理地使用模板继承可以减少开发工作量，提高代码可复用性，进而提升工作效率。如果我们仔细观察一下就会发现，绝大多数网站不论网站规模有多大，一个网站的不同页面之间都会有相同的部分，以

W3School 为例，可以看到，该网站的头部、主菜单、底部网站信息在任何页面都是一样的，甚至可以认为左侧菜单、右侧广告栏以及中间主窗体都是一样的，只是填充的内容不同而已，如图 20-3 所示。

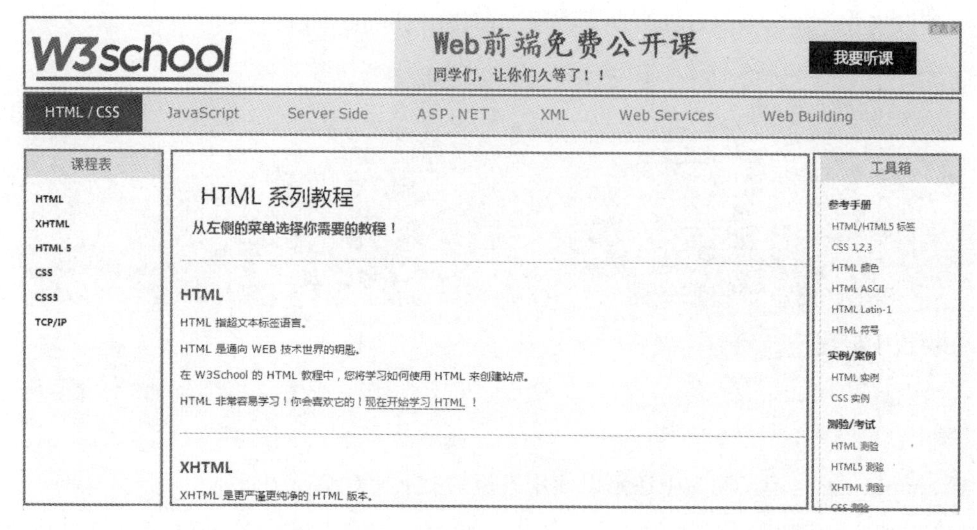

图 20-3

面对这样的网站如果开发员对每一个页面都单独开发，那么工作量会非常大，而一旦需要进行页面重构的话就会非常困难，需要修改所有页面。面对此类问题的通用做法就是将页面的通用部分提出来，进行单独开发，然后不同的页面同时继承这些公共部分，这样会在很大程度上减少维护成本。

Django 通过把网页中每一个通用部分定义在 block 中的方式实现了代码分离，下面是 Blog 应用程序所使用的 base.html 模板：

```
<!DOCTYPE html>
{% load static %}
<html lang="zh">
<head>
    <meta http-equiv="Content-Type" content="text/html; charset=gb2312" />
    <meta http-equiv="Content-Language" content="zh-cn" />
    <title>{% block title %}My amazing site{% endblock %}</title>
    <link rel="stylesheet" type="text/css" href="{% static 'css/myblog.css' %}" />
</head>

<body>
    <div id="sidebar">
        {% block sidebar %}
        <ul>
            <li><a href="/">Home</a></li>
```

```
            <li><a href="/about/">about</a></li>
        </ul>
        {% endblock %}
    </div>
    <div id="content">
        {% block content %}{% endblock %}
    </div>
</body>
</html>
```

它是网站的骨架，在这个模板骨架中没有定义任何代码实现，只定义了页面结构，该页面包括一个菜单栏以及页面主体。

下面是 detail.html 模板，用于显示博客的详细信息，通过使用 {% extends "base.html" %} 继承了 base.html。这个子模板实现了所有 base.html 中的 content，当用户访问子模板页面时，模板引擎将使用子模板中的 block 值重写 base.html：

```
{% extends "base.html" %}

{% block content %}
<div class="center">
    <h2 class="blog_head">{{ blog.id }} - {{ blog.name }}</h2>
    <p class="blog_body">
        {{ blog.tagline }}
    </p>
</div>
{% endblock %}
```

注意

extends 标签必须位于文件的第一行，即使它前面是注释也不行。

最终生成的 HTML 文件如图 20-4 所示。

在这里细心的读者可能会发现，子模板中并没有定义 {% block sidebar %}...{% endblock %}，但是在最后生成的 HTML 文件里面却包含了这一部分内容，这就是模板继承的优势，我们可以在一个公共的地方专注地开发公共内容，具体实现部分专注自己的业务实现。

注意，Django 中的模板虽然可以无限继承，但是一般建议 3 层即可：

- Base.html 层，这里定义网站的整体骨架。
- 具体模块 .html，这里定义具体的模块，例如页眉、页脚等独立内容。
- 具体网页 .html，这里是真正实现具体网页的模板，会重写具体模块并集成 base.html。

Django 官网给出了一些最佳实践，在开发自己网站的时候可以参考：

- ❑ 在 base.html 中尽可能多地使用 block。
- ❑ 如果发现在多个模板中都重复写了一些代码，那么可以考虑将这些代码放在上级模板的 block 中。

```
view-source:127.0.0.1:8000/blog/1/

1  <!DOCTYPE html>
2
3  <html lang="zh">
4  <head>
5      <meta http-equiv="Content-Type" content="text/html; charset=gb2312" />
6      <meta http-equiv="Content-Language" content="zh-cn" />
7      <title>My amazing site</title>
8      <link rel="stylesheet" type="text/css" href="/static/css/myblog.css" />
9  </head>
10
11 <body>
12     <div id="sidebar">
13
14         <ul>
15             <li><a href="/">Home</a></li>
16             <li><a href="/about/">about</a></li>
17         </ul>
18
19     </div>
20     <div id="content">
21
22 <div class="center">
23     <h2 class="blog_head">1 - 认识Django</h2>
24     <p class="blog_body">
25         Django是基于Python语言开发的一套重量级Web框架，其设计的初衷就是为了帮助开发人员以最小的代码量快速建站。Django通过丰富的内置功能使开发人员摆脱了很多以往Web开发中的困难，进而得以将更多精力专注于自己的网站开发中。
26     </p>
27 </div>
28
29     </div>
30 </body>
31 </html>
```

图 20-4

如果想在子模板中引用父模板中的 block，可以使用 {{ block.super }} 标签。例如在上面例子中，在菜单中添加更多的菜单，可以按照下面代码实现：

```
{% block sidebar %}
    {{ block.super }}
    <ul>
        <li><a href="/search/">Search</a></li>
    </ul>
{% endblock %}
```

浏览器访问，如图 20-5 所示。

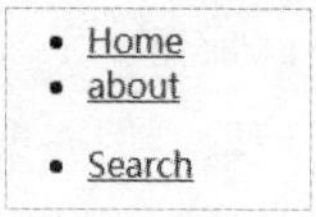

- Home
- about

- Search

图 20-5

需要注意的是，在一个模板文件中 block 的名字是唯一的不能重复。

第 21 章 表单系统

表单是 Web 应用的重要组成部分，可以用来接收用户输入信息，关于表单的详细介绍可以参考本书 Web 编程基础的表单部分。

Django 的表单系统可以完成绝大多数表单工作，包括显示表单内容、编辑表单、表单验证、表单提交等，同时使用 Django 表单相对于大多数开发人员自己开发来说会更安全。本节将详细介绍 Django 的表单系统。

21.1 Form 类

Django 表单系统的核心是 Form 类，Form 类用于描述表单并决定表单如何工作，Form 类的字段对应 HTML 元素，每一个表单字段都是一个类，这些字段用于管理表单数据并在表单提交时进行数据验证。

在 Django 模板中可以按照标准 HTML 的写法创建表单，例如：

```
<form action="/your-name/" method="post">
    <label for="your_name">Your name: </label>
    <input id="your_name" type="text" name="your_name" value="{{ current_name }}">
    <input type="submit" value="OK">
</form>
```

也可以使用 Form 类创建表单，下面代码是 form.py 内容用于渲染同样的 HTML 表单：

```
from django import forms

class NameForm(forms.Form):
    your_name = forms.CharField(label='Your name', max_length=100)
```

使用 NameForm 生成的 HTML 代码如下（注意在这里并没有生成 <form> 元素）：

```
<label for="your_name">Your name: </label>
<input id="your_name" type="text" name="your_name" maxlength="100" required />
```

创建视图用于处理表单请求：

```
from django.shortcuts import render
from django.http import HttpResponseRedirect

from .forms import NameForm

def get_name(request):
    # 处理 POST 请求
    if request.method == 'POST':
        # 使用已提交数据初始化 NameForm
        form = NameForm(request.POST)
        # 验证表单
        if form.is_valid():
            # 执行具体逻辑，页面跳转
            ...
            return HttpResponseRedirect('/thanks/')

    # 如果是 GET 请求，显示空表单，用于处理第一次访问表单
    else:
        form = NameForm()

    return render(request, 'name.html', {'form': form})
```

创建模板 name.html：

```
<form action="/your-name/" method="post">
    {% csrf_token %}
    {{ form }}
    <input type="submit" value="Submit" />
</form>
```

当完成页面渲染时，所有表单内容都会替换到 {{ form }} 标签。

到此为止，一个最简单的表单就完成了。

21.2 表单字段类型

前面的 NameForm 类只有一个字段，字段类型是 CharField，对应的 HTML 元素是 <input type="text" ...>，这里的 HTML 元素叫作字段的 Widget。除此之外，Django 的 Form 类还提供了几十种字段类型，每种类型分别对应不同的 HTML 元素，下面对这些类型进行简单介绍。如果需要更详细的表单字段介绍，可以参考 Django 官网：https://docs.djangoproject.com/en/2.0/ref/forms/fields/。

1. BooleanField

Widget：CheckboxInput(<input type="checkbox" ...>)。

空值：False。

标准值：True、False。

验证：如果设置了 required=True，则验证字段值是否为 True。

验证点：required。

2. CharField

Widget：TextInput(<input type="text" ...>)。

空值：empty_value。

标准值：字符串。

验证：如果设置了 max_length, min_length，则验证字段长度是否符合要求，否则不验证。

验证点：required, max_length, min_length。

3. ChoiceField

Widget：Select(<select><option ...>...</select>)。

空值：""。

标准值：字符串。

验证：验证字段值是否存在。

验证点：required, invalid_choice。

4. DateField

Widget：DateInput(<input type="text" ...>)。

空值：None。

标准值：Python datetime.date 对象。

验证：验证字段值是否是正确的时间格式字符串、datetime.date 对象、datetime.datetime 对象。

验证点：required, invalid。

5. DateTimeField

Widget：DateInput(<input type="text" ...>)。

空值：None。

标准值：Python datetime.datetime 对象。

验证：验证字段值是否是正确的时间格式字符串、datetime.date 对象、datetime.datetime 对象。

验证点：required, invalid。

6. DecimalField

Widget：当 Field.localize=False 时对应 NumberInput(<input type="number" ...>)，否则对应 TextInput(<input type="text" ...>)。

空值：None。

标准值：Python decimal 对象。

验证：验证字段值是否是数值类型。

验证点：required, invalid, max_value, min_value, max_digits, max_decimal_places, max_whole_digits。

7. FileField

Widget：ClearableFileInput(<input type="file" ...>)。

空值：None。

标准值：包含文件内容与文件名的 UploadedFile 对象。

验证：空文件或者没有选择文件。

验证点：required, invalid, missing, empty, max_length。

8. FilePathField

Widget：Select(<select><option ...>...</select>)。

空值：None。

标准值：字符串。

验证：选中的选项是否存在于下拉列表中。

验证点：required, invalid_choice。

9. ImageField

Widget：ClearableFileInput(<input type="file" ...>)。

空值：None。

标准值：包含文件内容与文件名的 UploadedFile 对象。

验证：空文件或者没有选择文件。

验证点：required, invalid, missing, empty, invalid_image。

10. IntegerField

Widget：当 Field.localize=False 时对应 NumberInput(<input type="number" ...>)，否则对应 TextInput(<input type="text" ...>)。

空值：None。

标准值：Python integer 对象。

验证：验证字段值是否是一个整数。

验证点：required, invalid, max_value, min_value。

11. MultipleChoiceField

Widget：SelectMultiple(<select multiple="multiple">...</select>)。

空值：[](空列表)。

标准值：一组字符串。

验证：所有选中值存在于下拉列表中。

验证点：required, invalid_choice, invalid_list。

21.3 表单字段通用属性

1. required

默认情况下，所有的表单字段都是必填字段，这样如果提交表单时没有为字段赋值，则会抛出 ValidationError 异常。

对于非必填字段可以设置 required=False 避免验证错误，例如：

```
forms.CharField(required=False)
```

2. label

为表单字段指定一个 label 元素用于显示字段信息，如上面 your_name 字段将会额外显示一个 label：

```
<label for="your_name">Your name: </label>
```

3. initial

为字段设置初始值。

4. help_text

为字段添加帮助性文字。

5. error_messages

重写字段的默认错误提示信息，error_messages 是一个字典类型。

例如设置当 CharField 的 'required' 验证失败时显示 '请输入你的名字'：

```
name = forms.CharField(error_messages={'required': '请输入你的名字'})
```

6. localize

设置表单字段是否启用本地化。

7. disabled

当设置 disabled=True 时，使用 HTML disabled 属性禁用字段。

21.4 表单与模板

在模板中渲染表单非常简单，只需要在模板中添加 form 标签即可：{{ form }}。可以使用以下方式对 form 格式进行设置：

- {{ form.as_table }} 使用 <tr> 标签显示表单字段，注意表单不会生成 <table> 标签。
- {{ form.as_p }} 使用 <p> 标签显示表单字段。
- {{ form.as_ul }} 使用 <li> 标签显示表单字段，注意表单不会生成 <ul> 标签。

除了使用 {{ form }} 自动生成表单外，还可以手动创建表单内容：

```
{# Include the hidden fields #}
{% for hidden in form.hidden_fields %}
{{ hidden }}
{% endfor %}
{# Include the visible fields #}
{% for field in form.visible_fields %}
    <div class="fieldWrapper">
        {{ field.errors }}
        {{ field.label_tag }} {{ field }}
    </div>
{% endfor %}
```

其中 hidden_fields 是表单的隐藏字段，visible_fields 是表单中可显示字段。

如果不需要判断表单字段是否显示则可以直接遍历 form 对象：

```
{% for field in form %}
    <div class="fieldWrapper">
        {{ field.errors }}
        {{ field.label_tag }} {{ field }}
        {% if field.help_text %}
        <p class="help">{{ field.help_text|safe }}</p>
        {% endif %}
    </div>
{% endfor %}
```

第 22 章 部署

通过前面的学习，读者应该能够独立开发 Django 应用程序了，在本章将会学习如何部署 Django 应用程序。

22.1 环境检查

由于互联网是一个开放的环境，在网络上存在各种各样的危险，所以在将 Django 应用程序部署到 Web 服务器之前我们需要检查应用程序的配置信息，包括安全、性能以及其他选项，保证 Django 应用能够以最优的状态在互联网中运行。

虽然 Django 自带了很多安全组件，但是并不是所有组件都默认被开启了，因为这些组件会为开发带来不必要的麻烦，例如并不是所有网站都需要 HTTPS，那么在开发过程中也完全没有必要启动它。

22.1.1 网络攻击与保护

Django 提供了对多种网络攻击的防护功能，下面是部分网络攻击类型以及 Django 对应的保护方式。

1. 跨站脚本攻击

跨站脚本攻击，英文全称为 Cross Site Scripting（XSS），指黑客在其他用户访问的网页中注入恶意代码或者引诱用户单击特定的网络连接而执行攻击脚本，从而达到攻击目的。

默认情况下 Django 模板会将每一个输出字符进行安全转义，尤其是以下 5 个字符：

- ❑ 将 < 转义为 <
- ❑ 将 > 转义为 >
- ❑ 将 '（英文单引号）转义为 '
- ❑ 将 "（英文双引号）转义为 "

- 将 & 转义为 &。

因此当黑客在网页中注入恶意代码时，代码将不会被执行。例如注入以下代码：

```
<script src="攻击脚本.js"></script>
```

Django 模板会将其转义为：

```
&lt;script src=&quot;攻击脚本.js&quot;&gt;&lt;/script&gt;
```

但是并不是所有特殊字符都需要转义，此时可以使用 safe 过滤器将字符标记为安全字符。例如当变量 data 是“<b>”时，以下两种写法将会有截然不同的输出结果：

```
This will be escaped: {{ data }}
This will not be escaped: {{ data|safe }}
```

输出结果：

```
This will be escaped: &lt;b&gt;
This will not be escaped: <b>
```

Safe 过滤器适用于单一变量的转义，如果代码段包含多个变量需要进行安全设置时，可以使用 autoescape 标签，autoescape 标签接收 on 或者 off 参数，on 表示启用模板的强制转换功能，off 禁用强制转换，以下是 autoescape 的简单应用：

```
{% autoescape off %}
    This will not be auto-escaped: {{ data }}.

    Nor this: {{ other_data }}
    {% autoescape on %}
        Auto-escaping applies again: {{ name }}
    {% endautoescape %}
{% endautoescape %}
```

最后需要注意的是，由于 Django 模板的变量值通常是从数据库中读取的，因此在保存数据时一定要注意数据的安全，尤其是保存 HTML 代码。

2. 跨站请求伪造攻击

跨站请求伪造攻击，英文全称为 Cross Site Request Forgery（CSRF），攻击者会在用户不知情的情况下使用用户的安全证书进行非法攻击。例如当用户登录完网银后，在没有退出系统的情况下访问了攻击者的恶意网站，此时恶意网站可以利用用户已有的 session 系统进行非法操作。

在前面的学习中我们已经接触了 Django 的 CSRF 保护，Django 的 CSRF 保护可以保护我们免受绝大多数的 CSRF 攻击。在使用 Django 的 CSRF 保护时仍存在一些限制，如开发人员人为地在全站或特定视图中禁用 CSRF 保护，或者网站存在一个全新的子站，主站与子站处于不同域。

Django 的 CSRF 保护会检查每一个 POST 请求，这使得攻击者不能通过简单的提交表单来进行非法操作。

如果使用 HTTPS 协议部署网站的话，CsrfViewMiddleware 将会检查每一个 HTTP 报文头以确认请求来自于同一个域。

3. SQL 注入

SQL 注入是攻击者在网站数据库中执行一段恶意 SQL 脚本的攻击方式，这类攻击通常会导致数据库被删除或者数据泄露。

Django 的 queryset 能够有效地阻止 SQL 注入攻击，由于 SQL 脚本中的参数可能来自于用户提交的数据，所以 queryset 将每一个参数都进行转义，这样保证了任何被执行的 SQL 脚本都是安全可靠的。

由于 Django 给予开发人员很大的自由空间，所以开发人员仍然可以编写自定义 SQL 脚本，对于这种情况，开发人员一定要注意代码的安全性。

4. 单击劫持

单击劫持是在恶意网站中嵌入一个 iframe 的方式诱使用户单击从而达到非法入侵的网络攻击方式，制造这种攻击的成本高，非常少见。

Django 对此提供了保护，利用中间件 XFrameOptionsMiddleware 可以有效地阻止自己的网站被其他网站以 frame 的方式引用。

如果网站不需要在 frame 中引用的话，强烈建议启用 XFrameOptionsMiddleware。

在 settings 中引用 XFrameOptionsMiddleware：

```
MIDDLEWARE = [
    ...
    'django.middleware.clickjacking.XFrameOptionsMiddleware',
    ...
]
```

22.1.2 检查配置信息

可以使用 manage.py check --deploy 命令检查当前配置信息是否存在安全隐患。

图 22-1 是本书示例代码的检查结果，从输出结果可见，当前系统存在 8 个安全隐患。

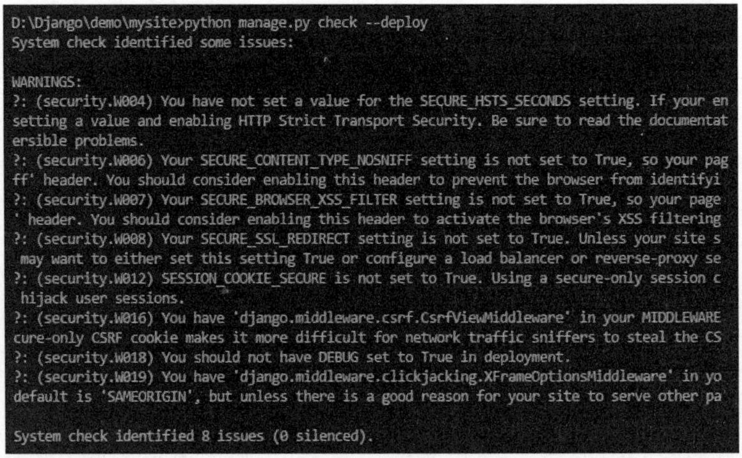

```
D:\Django\demo\mysite>python manage.py check --deploy
System check identified some issues:

WARNINGS:
?: (security.W004) You have not set a value for the SECURE_HSTS_SECONDS setting. If your en
setting a value and enabling HTTP Strict Transport Security. Be sure to read the documentat
ersible problems.
?: (security.W006) Your SECURE_CONTENT_TYPE_NOSNIFF setting is not set to True, so your pag
ff' header. You should consider enabling this header to prevent the browser from identifyi
?: (security.W007) Your SECURE_BROWSER_XSS_FILTER setting is not set to True, so your page
' header. You should consider enabling this header to activate the browser's XSS filtering
?: (security.W008) Your SECURE_SSL_REDIRECT setting is not set to True. Unless your site s
 may want to either set this setting True or configure a load balancer or reverse-proxy se
?: (security.W012) SESSION_COOKIE_SECURE is not set to True. Using a secure-only session c
 hijack user sessions.
?: (security.W016) You have 'django.middleware.csrf.CsrfViewMiddleware' in your MIDDLEWARE
cure-only CSRF cookie makes it more difficult for network traffic sniffers to steal the CS
?: (security.W018) You should not have DEBUG set to True in deployment.
?: (security.W019) You have 'django.middleware.clickjacking.XFrameOptionsMiddleware' in yo
default is 'SAMEORIGIN', but unless there is a good reason for your site to serve other pa

System check identified 8 issues (0 silenced).
```

图 22-1

以下是安全检查项。

1. SECRET_KEY

SECRET_KEY 必须是一个足够长的随机字符串，SECRET_KEY 只能在一个网站中使用，绝对不能泄露。

除了直接在 settings 中设置 SECRET_KEY 外，还可以在环境变量中加载它：

```
import os
SECRET_KEY = os.environ['SECRET_KEY']
```

也可以在文件中加载它：

```
with open('/etc/secret_key.txt') as f:
    SECRET_KEY = f.read().strip()
```

2. DEBUG

DEBUG 配置只可用于开发环境，在生产环境绝对不能启用，因为 DEBUG 配置将会把所有代码跟踪信息显示到网页中，这些信息包含很多敏感内容如数据库信息等。

3. ALLOWED_HOSTS

设置 Django 应用的主机名，只有访问 ALLOWED_HOSTS 中指定主机的请求才可以被 Django 处理。当设置 DEBUG = False 时，必须设置 ALLOWED_HOSTS，否则 Django 不允许任何请求访问网站，这个配置可以有效地阻止 CSRF 攻击。

4. CACHES

如果 Django 应用使用了缓存，那么开发环境与生产环境通常会引用不同的缓存地址，因此在部署 Django 应用时要检查缓存地址是否正确。

5. DATABASES

如果 Django 应用使用了数据库，那么开发环境与生产环境通常会使用不同的数据库，因此在部署 Django 应用时要检查数据库配置信息是否正确。

6. EMAIL_BACKEND

如果系统使用了邮件功能，那么需要保证在部署到生产环境时使用正确的配置，默认情况下，Django 使用 webmaster@localhost 和 root@localhost 发送邮件，如果希望使用其他邮件地址的话，需要修改 DEFAULT_FROM_EMAIL 和 SERVER_EMAIL。

7. STATIC_ROOT 和 STATIC_URL

在开发环境系统默认使用开发机器管理静态文件，但是在生产环境会使用其他地址，因此需要重新定义 collectstatic 能够访问的 STATIC_ROOT 路径。

8. MEDIA_ROOT 和 MEDIA_URL

由于媒体文件是用户上传的文件，因此这些文件是不安全文件，一定要保证 Django 系统不能够与这些文件进行交互，例如用户上传了一个 .py 文件，这个文件很可能会泄露系统数据或破坏系统安全。

9. CSRF_COOKIE_SECURE 和 SESSION_COOKIE_SECURE

在生产环境需要将这两个配置设置为 true 以防止人为地通过 HTTP 传递 CSRF cookie 和 session cookie。

10. CONN_MAX_AGE

数据库连接的生命周期，将 CONN_MAX_AGE 设置为 0 时，系统会在每个请求结束后自动关闭连接，如果设置为 None，数据库连接将成为一个持久连接，虽然这样会提高数据库访问速度但是会持续占有数据库资源，需要根据网站实际情况进行设置。

22.2 使用 Apache 和 mod_wsgi 部署 Django 应用

WSGI 是 Web Server Gateway Interface 的缩写，用于描述 Web 服务器与 Web 应用程序之间如何通信的文档，同时 WSGI 规定了多个 Web 应用程序之间如何协调工作，是 Django 应用的最主要的部署平台。通过使用 startproject 命令创建 Django 工程的时候会自动创建一个简单的 WSGI 配置文件。

Mod_wsgi 是 Apache 的一个模块，可以用于部署任何 Python WSGI 应用，包括 Django。

Apache 支持两种安装 mod_wsgi 的方式：

- 作为传统的 Apache 模块直接安装在现有的 Apache 中，如果使用这种方式安装 mod_wsgi 的话，需要在 Apache 中手动配置 mod_wsgi 的加载路径以及将 Web 请求指向 WSGI 应用程序。
- 使用 pip 安装 mod_wsgi。这种方式将会直接把 mod_wsgi 安装在 Python 的安装路径，安装结束后会启用一个叫作 mod_wsgi-express 的应用，这个应用将使得 Apache 支持 mod_wsgi，通过这种方式安装 mod_wsgi 可以免去任何手动配置的步骤。

以上两种安装 wsgi 的方式都可以用于生产环境，而第（2）种方式更适用于 Docter 容器。

虽然 mod_wsgi 支持所有最新的 Apache 版本，但是为了减少配置错误，推荐使用 Apache 2.4。

22.2.1 CentOS 上安装 mod_wsgi 模块

首先执行以下命令检查系统中是否已经安装过 Apache：

```
# rpm -qa httpd
```

由于本书使用 CentOS 7 作为演示平台，系统默认已经安装 Apache，因此输出结果如图 22-2 所示。

```
[root@localhost ~]# rpm -qa httpd
httpd-2.4.6-67.el7.centos.6.x86_64
[root@localhost ~]# █
```

图 22-2

执行以下命令检查 Apache 服务状态：

```
# service httpd status
```

如果当前服务不可用则输出如图 22-3 所示的信息。

```
[root@localhost ~]# service httpd status
Redirecting to /bin/systemctl status httpd.service
● httpd.service - The Apache HTTP Server
   Loaded: loaded (/usr/lib/systemd/system/httpd.service; disabled; vendor prese
t: disabled)
   Active: inactive (dead)
     Docs: man:httpd(8)
           man:apachectl(8)
```

图 22-3

如果当前服务正在运行中，则输出结果如图 22-4 所示。

可以使用以下命令启动 Apache 服务：

```
# service httpd start
```

输出结果如图 22-5。

```
[root@localhost ~]# service httpd status
Redirecting to /bin/systemctl status httpd.service
● httpd.service - The Apache HTTP Server
   Loaded: loaded (/usr/lib/systemd/system/httpd.service; disabled; vendor prese
t: disabled)
   Active: active (running) since Sat 2018-01-27 09:24:10 EST; 57s ago
     Docs: man:httpd(8)
           man:apachectl(8)
 Main PID: 2877 (httpd)
   Status: "Total requests: 10; Current requests/sec: 0; Current traffic:   0 B/
sec"
   CGroup: /system.slice/httpd.service
           ├─2877 /usr/sbin/httpd -DFOREGROUND
           ├─2878 /usr/sbin/httpd -DFOREGROUND
           ├─2879 /usr/sbin/httpd -DFOREGROUND
           ├─2880 /usr/sbin/httpd -DFOREGROUND
           ├─2881 /usr/sbin/httpd -DFOREGROUND
           ├─2882 /usr/sbin/httpd -DFOREGROUND
           ├─2883 /usr/sbin/httpd -DFOREGROUND
           ├─2895 /usr/sbin/httpd -DFOREGROUND
           ├─2896 /usr/sbin/httpd -DFOREGROUND
           └─2897 /usr/sbin/httpd -DFOREGROUND

Jan 27 09:24:09 localhost.localdomain systemd[1]: Starting The Apache HTTP Se...
Jan 27 09:24:10 localhost.localdomain httpd[2877]: AH00558: httpd: Could not ...
Jan 27 09:24:10 localhost.localdomain systemd[1]: Started The Apache HTTP Ser...
Hint: Some lines were ellipsized, use -l to show in full.
```

图 22-4

```
[root@localhost ~]# service httpd start
Redirecting to /bin/systemctl start httpd.service
```

图 22-5

此时在浏览器中访问 localhost，显示结果如图 22-6 所示。

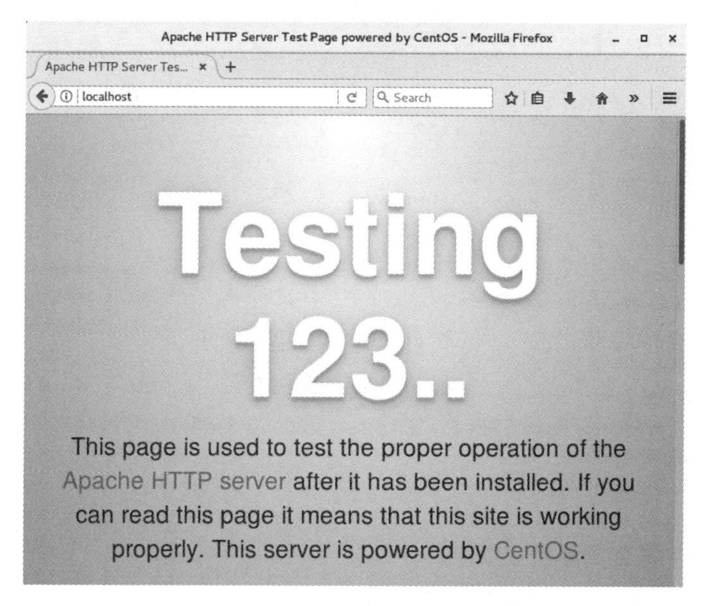

图 22-6

如果操作系统没有安装 Apache 或者安装的 Apache 版本太低，可以参考 Apache 官网安装或升级 Apache，官网地址：http://httpd.apache.org/docs/2.4/install.html。

安装 Apache 之前，先安装依赖组件。

1. 安装 apr

```
# wget http://apache.fayea.com/apr/apr-1.6.3.tar.bz2
# tar xjf apr-1.6.3.tar.bz2
# cd apr-1.6.3/
# ./configure
# make && make install
# cd ../
```

2. 安装 apr-util

```
# wget http://apache.fayea.com/apr/apr-util-1.6.1.tar.bz2
# tar xjf apr-util-1.6.1.tar.bz2
# cd apr-util-1.6.1/
# ./configure --with-apr=/usr/local/apr/
# make && make install
# cd ../
```

可用在以下网址查看可用的 apr 和 apr-util 版本：http://apache.fayea.com/apr/。

3. 安装 pcre

```
# yum -y install gcc-c++
# wget ftp://ftp.csx.cam.ac.uk/pub/software/programming/pcre/pcre-8.41.tar.bz2
# tar xjf pcre-8.41.tar.bz2
# cd pcre-8.4/
# ./configure --prefix=/usr/local/pcre
# make && make install
# cd ../
```

4. 完成准备工作后安装 Apache

```
# yum -y install perl
# wget http://apache.fayea.com/httpd/httpd-2.4.29.tar.bz2
# tar xjf httpd-2.4.29.tar.bz2
# cd httpd-2.4.29/
# ./configure --prefix=/usr/local/httpd --with-pcre=/usr/local/pcre
# make && make install
# cd ../
```

5. 将 Apache 添加到环境变量

```
# export PATH=/usr/local/httpd/bin:$PATH
# . /etc/profile
```

准备好 Apache 服务之后，下面开始安装 mod_wsgi。

首先在 Python 官网下载最新的 mod_wsgi 安装包：https://pypi.python.org/pypi/mod_wsgi。

```
# tar xzf mod_wsgi-4.5.24.tar.gz
# cd mod_wsgi-4.5.24/
# ./configure --with-apxs=/usr/local/httpd/bin/apxs --with-python=/usr/bin/python
# make && make install
# chmod 755 /usr/local/httpd/modules/mod_wsgi.so
# cd ../
```

注意

如果在安装 mod_wsgi 时出现无法加载 libpythonX.Ym.so.1.0 的错误，请检查 Python 的安装方式，正确的 Python 配置如下（其中 CFLAGS=-fPIC 是必填项）：

```
./configure --enable-shared --prefix=/usr/local CFLAGS=-fPIC
```

安装结束，打开 httpd.conf 添加以下内容：

```
LoadModule wsgi_module /usr/local/httpd/modules/mod_wsgi.so
```

保存退出，接下来编辑 ld.so.conf 文件，将 Python 安装路径添加到配置中：

```
# sudo vi /etc/ld.so.conf
```

重新激活 ld.so.conf 文件：

```
sudo  /sbin/ldconfig -v
```

此时 Apache 服务应该已经安装成功，重启服务即可。如果重启过程中出现无法找到 libpythonX.Y.so.1.0 的错误，可以尝试将这个文件从 Python 安装目录复制到 /usr/local/lib 并添加软连接：

```
# cp /usr/local/bin/libpython3.6.so.1.0 /usr/local/lib
# cd /usr/local/lib
# ln -s libpython3.6.so.1.0 libpython3.6.so
```

此时在浏览器中访问 localhost 应显示如图 22-7 所示的页面。

图 22-7

22.2.2 Windows 上安装 mod_wsgi 模块

由于 Apache 官方只提供源代码并不提供编译后的安装程序，所以需要下载源代码进行编译安装，然而很多情况下用户可能不具有编译 Apache 源代码的条件，此时可以选择 Apache 贡献者提供的编译后的安装包。打开 Apache 官网，找到“Downloading Apache for Windows”节点，下面列举了一些著名的 Apache 编译版本，本书选择 ApacheHaus 进行安装，如图 22-8 所示。

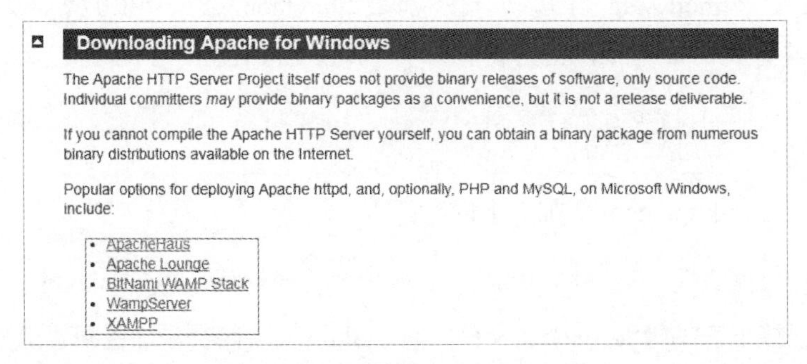

图 22-8

Apache 官网地址：http://httpd.apache.org/docs/2.4/platform/windows.html。

单击打开 ApacheHaus 后，网页上列举了可用的 Apache 安装文件，读者需要根据个人操作系统选择合适的版本，如图 22-9 所示。

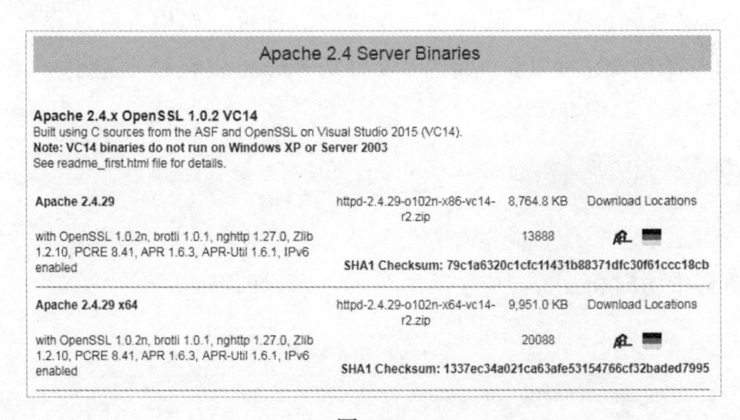

图 22-9

ApacheHaus 的命名规则：压缩文件名字中带有 x86 表示适用于 32 位操作系统，例如 httpd-2.4.29-o102n-x86-vc14-r2.zip；压缩文件名字中带有 x64 表示适用于 64 位操作系统，例如 httpd-2.4.29-o102n-x64-vc14-r2.zip。

注意 Apache 2.4 是使用 VC14 编译的。

选择好安装文件后，单击图标进行下载。下载结束后将 zip 包解压，本书以解压到 C 盘根目录为例，解压路径 C:\httpd-2.4.29\Apache24，解压后的目录结构如图 22-10 所示。

名称	修改日期	类型	大小
bin	2018/1/27 20:10	文件夹	
cgi-bin	2018/1/27 20:10	文件夹	
conf	2018/1/27 20:10	文件夹	
error	2018/1/27 20:10	文件夹	
htdocs	2018/1/27 20:10	文件夹	
icons	2018/1/27 20:10	文件夹	
include	2018/1/27 20:10	文件夹	
lib	2018/1/27 20:10	文件夹	
logs	2018/1/27 20:10	文件夹	
modules	2018/1/27 20:10	文件夹	
ABOUT_APACHE.txt	2015/4/16 4:54	文本文档	14 KB
CHANGES.txt	2017/10/16 17:54	文本文档	243 KB
INSTALL.txt	2016/5/18 1:59	文本文档	4 KB
LICENSE.txt	2017/12/8 15:25	文本文档	39 KB
NOTICE.txt	2017/12/8 15:25	文本文档	3 KB
OPENSSL-NEWS.txt	2017/12/8 15:25	文本文档	35 KB
OPENSSL-README.txt	2017/12/8 15:25	文本文档	5 KB
README.txt	2014/1/24 0:33	文本文档	5 KB

图 22-10

其中，conf 文件夹是 Apache 的配置目录。

为了更好地管理 Apache，我们需要将它安装成 Windows 服务。用管理员身份打开命令行窗口，跳转到 Apache 的 bin 目录。输入以下命令创建一个名为 Apache 的 Windows 服务（见图 22-11）：

```
> httpd.exe -k install -n "MyServiceName"
```

图 22-11

命令执行结束，从输出信息可以判断 Apache 安装成功但是服务没有正常启动，失败的原因是 Apache 服务无法找到正确的安装目录。打开 conf/httpd.conf 文件，找到 Define SRVROOT "/Apache24"，将 /Apache24 替换为 Apache 程序存放路径，本例为 C:\httpd-2.4.29\Apache24，修改后的配置信息为“Define SRVROOT "C:\httpd-2.4.29\Apache24"”。

下面是其他常用命令。

启动 Apache 服务：

```
httpd.exe -k start -n "服务名"
```

停止 Apache 服务：

```
httpd.exe -k stop -n "服务名"
```

或者：

```
httpd.exe -k shutdown -n "服务名"
```

重启 Apache 服务：

```
httpd.exe -k restart -n "服务名"
```

Apache 服务安装成功后，安装 mod_wsgi。在 Windows 系统中安装 mod_wsgi 前需要完成以下准备工作：

- 添加环境变量：MOD_WSGI_APACHE_ROOTDIR，变量值对应 Apache 安装目录，本例使用 C:/httpd-2.4.29/Apache24，注意路径中一律使用 /，路径结尾不能包含 /。
- 安装最新版 .NET Framework。
- 安装最新 Microsoft Visual C++ 编译程序，编译程序下载地址：http://landinghub.visualstudio.com/visual-cpp-build-tools。

准备工作完成之后，打开命令行提示符，执行以下命令安装 mod_wsgi（见图 22-12）：

```
> pip install mod_wsgi
```

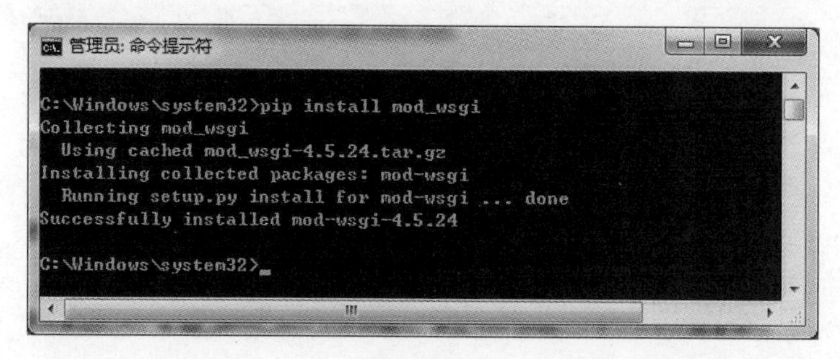

图 22-12

安装完 mod_wsgi，执行以下命令查看 mod_wsgi 配置信息（见图 22-13）：

```
> mod_wsgi-express module-config
```

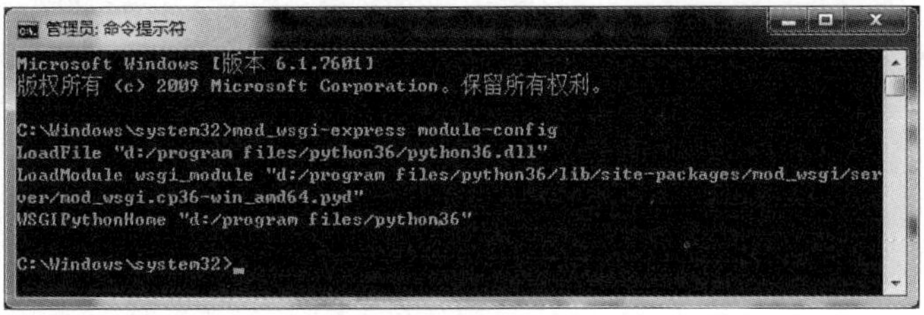

```
管理员: 命令提示符
Microsoft Windows [版本 6.1.7601]
版权所有 (c) 2009 Microsoft Corporation。保留所有权利。

C:\Windows\system32>mod_wsgi-express module-config
LoadFile "d:/program files/python36/python36.dll"
LoadModule wsgi_module "d:/program files/python36/lib/site-packages/mod_wsgi/server/mod_wsgi.cp36-win_amd64.pyd"
WSGIPythonHome "d:/program files/python36"

C:\Windows\system32>
```

图 22-13

注意

如果安装过程中出现无法找到文件的错误，这可能是由于 Apache 第三方贡献者所提供的安装包不完整，解决办法是到 GitHub 下载对应的文件，GitHub 地址：https://github.com/traviscross/apr。

以丢失 apr_perms_set.h 文件为例，打开 GitHub include 文件夹，找到 apr_perms_set.h 文件并单击打开。在 apr_perms_set.h 文件详细页，单击 Raw 按钮以文本文件形式查看源代码，复制文件内容到记事本，将新文件以 Unicode 格式保存到 C:\httpd-2.4.29\Apache24\include。

打开 C:\httpd-2.4.29\Apache24\conf\httpd.conf 配置文件，找到 LoadModule 部分，将全部输出信息追加到 LoadModule 结尾。

完成以上操作后，重启 Apache 服务。

22.2.3　配置 mod_wsgi

对于初次使用 WSGI 部署网站的人来说，不建议直接部署复杂的网站，例如使用了 Django 或者 Flask 框架的网站，可以先尝试部署一个 Hello World 程序以检查 mod_wsgi 是否能够正常工作。

下面是一个简单的 WSGI 应用程序，访问后将会在网页中输出 Hello World!，用于检查 mod_wsgi 是否安装成功：

```
import sys

def application(environ, start_response):
    status = '200 OK'
    output = b'Hello World!'

    response_headers = [('Content-type', 'text/plain'),
```

```
                              ('Content-Length', str(len(output)))]
    start_response(status, response_headers)

    print(sys.stderr, 'sys.prefix = %s' % repr(sys.prefix))
    print(sys.stderr, 'sys.path = %s' % repr(sys.path))

    return [output]
```

将以上代码保存为 hello.wsgi。

注意

默认情况下，mod_wsgi 要求 WSGI 应用程序的入口必须是 application，如果需要使用其他名称作为应用程序入口的话，需要修改 mod_wsgi。

1. 在 CentOS 上执行 hello.wsgi

首先打开 http.conf，根据 Apache 安装情况修改以下配置项：

- ServerRoot "/usr/local/httpd"
- Listen 80
- ServerName localhost
- DocumentRoot "/usr/local/httpd/htdocs"

将 hello.wsgi 文件复制到 /usr/local/httpd/htdocs。在 http.conf 根节点添加 WSGI 别名：WSGIScriptAlias / ${SRVROOT}/htdocs/hello.wsgi。

此时已经完成全部 Apache 配置，重启服务，打开浏览器访问 http://localhost/hello.wsgi。显示效果如图 22-14 所示。

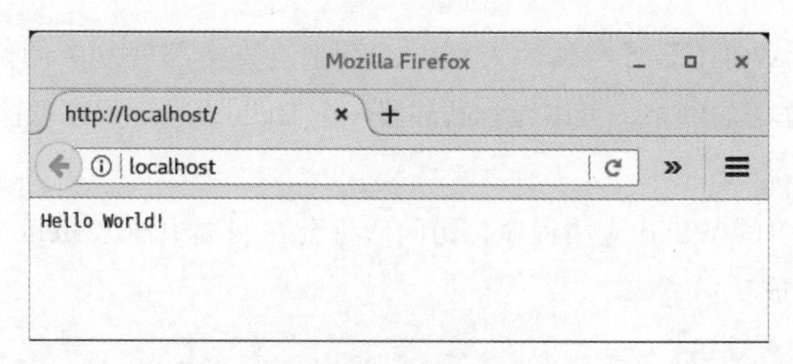

图 22-14

2. 在 Windows 上执行 hello.wsgi

首先打开 http.conf，根据 Apache 安装情况修改以下配置项：

- Define SRVROOT "C:\httpd-2.4.29\Apache24"

- ❑ Listen 8000
- ❑ ServerName localhost
- ❑ DocumentRoot "${SRVROOT}/htdocs"

将 hello.wsgi 文件复制到 ${SRVROOT}/htdocs，本书的 ${SRVROOT}/htdocs 路径为 C:\httpd 2.4.29\Apache24\htdocs。

在 http.conf 根节点添加 WSGI 别名：

```
WSGIScriptAlias / ${SRVROOT}/htdocs/hello.wsgi
```

此时已经完成全部 Apache 配置，重启服务，打开浏览器访问 http://localhost:8000/hello.wsgi。

显示效果如图 22-15 所示。

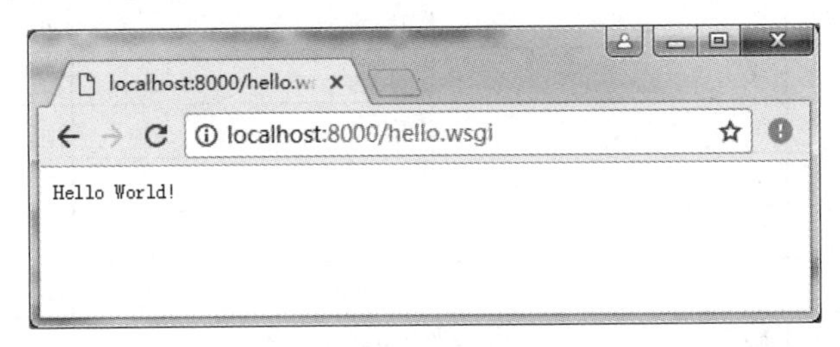

图 22-15

附录

ISO 639-1 语言代码

语　言	ISO Code	语　言	ISO Code
Abkhazian	ab	Croatian	hr
Afar	aa	Czech	cs
Afrikaans	af	Danish	da
Albanian	sq	Divehi	
Amharic	am	Dutch	nl
Arabic	ar	Edo	
Armenian	hy	English	en
Assamese	as	Esperanto	eo
Aymara	ay	Estonian	et
Azerbaijani	az	Faeroese	fo
Bashkir	ba	Farsi	fa
Basque	eu	Fiji	fj
Bengali (Bangla)	bn	Finnish	fi
Bhutani	dz	Flemish	
Bihari	bh	French	fr
Bislama	bi	Frisian	fy
Breton	br	Fulfulde	
Bulgarian	bg	Galician	gl
Burmese	my	Gaelic (Scottish)	gd
Byelorussian (Belarusian)	be	Gaelic (Manx)	gv
Cambodian	km	Georgian	ka
Catalan	ca	German	de
Cherokee		Greek	el
Chewa		Greenlandic	kl
Chinese (Simplified)	zh	Guarani	gn
Chinese (Traditional)	zh	Gujarati	gu
Corsican	co	Hausa	ha

续表

语　言	ISO Code	语　言	ISO Code
Hawaiian		Malayalam	ml
Hebrew	he, iw	Maltese	mt
Hindi	hi	Maori	mi
Hungarian	hu	Marathi	mr
Ibibio		Moldavian	mo
Icelandic	is	Mongolian	mn
Igbo		Nauru	na
Indonesian	id, in	Nepali	ne
Interlingua	ia	Norwegian	no
Interlingue	ie	Occitan	oc
Inuktitut	iu	Oriya	or
Inupiak	ik	Oromo (Afan, Galla)	om
Irish	ga	Papiamentu	
Italian	it	Pashto (Pushto)	ps
Japanese	ja	Polish	pl
Javanese	jv	Portuguese	pt
Kannada	kn	Punjabi	pa
Kanuri		Quechua	qu
Kashmiri	ks	Rhaeto-Romance	rm
Kazakh	kk	Romanian	ro
Kinyarwanda (Ruanda)	rw	Russian	ru
Kirghiz	ky	Sami (Lappish)	
Kirundi (Rundi)	rn	Samoan	sm
Konkani		Sangro	sg
Korean	ko	Sanskrit	sa
Kurdish	ku	Serbian	sr
Laothian	lo	Serbo-Croatian	sh
Latin	la	Sesotho	st
Latvian (Lettish)	lv	Setswana	tn
Limburgish (Limburger)	li	Shona	sn
Lingala	ln	Sindhi	sd
Lithuanian	lt	Sinhalese	si
Macedonian	mk	Siswati	ss
Malagasy	mg	Slovak	sk
Malay	ms	Slovenian	sl

续表

语　言	ISO Code	语　言	ISO Code
Somali	so	Turkish	tr
Spanish	es	Turkmen	tk
Sundanese	su	Twi	tw
Swahili (Kiswahili)	sw	Uighur	ug
Swedish	sv	Ukrainian	uk
Syriac		Urdu	ur
Tagalog	tl	Uzbek	uz
Tajik	tg	Venda	
Tamazight		Vietnamese	vi
Tamil	ta	Volapuk	vo
Tatar	tt	Welsh	cy
Telugu	te	Wolof	wo
Thai	th	Xhosa	xh
Tibetan	bo	Yi	
Tigrinya	ti	Yiddish	yi, ji
Tonga	to	Yoruba	yo
Tsonga	ts	Zulu	zu